방구석
역사여행

유정호 지음

알고 가면 재밌는 대한민국 역사 이야기

방구석
역사여행

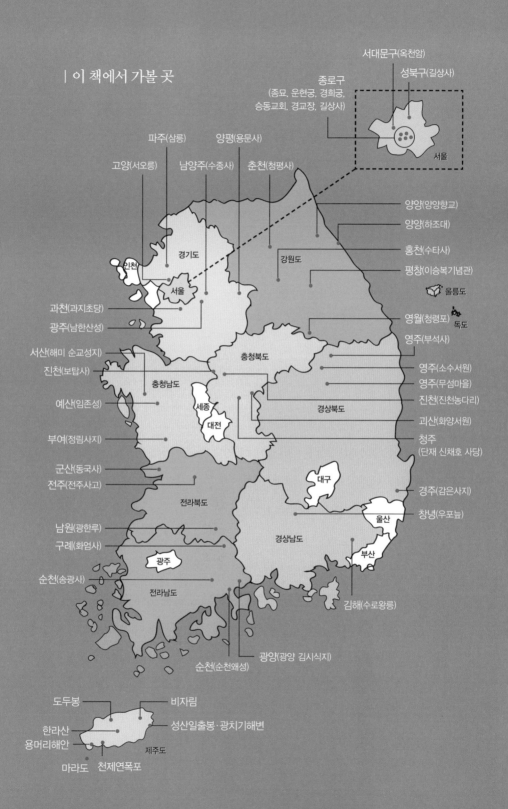

| 이 책에서 가볼 곳

서대문구(옥천암)
성북구(길상사)
종로구
(종묘, 운현궁, 경희궁,
승동교회, 경교장, 길상사)
서울

파주(삼릉)
고양(서오릉)
남양주(수종사)
양평(용문사)
춘천(청평사)

양양(양양향교)
양양(하조대)
홍천(수타사)
평창(이승복기념관)
울릉도
영월(청령포)
독도
영주(부석사)

경기도
인천
서울
강원도

과천(과지초당)
광주(남한산성)

서산(해미 순교성지)
진천(보탑사)

예산(임존성)

부여(정림사지)

충청북도

충청남도

세종
대전

경상북도

영주(소수서원)
영주(무섬마을)
진천(진천농다리)
괴산(화양서원)
청주
(단재 신채호 사당)

군산(동국사)
전주(전주사고)

전라북도

대구

경주(감은사지)
창녕(우포늪)

남원(광한루)
구례(화엄사)

광주

울산

부산

순천(송광사)

전라남도

경상남도

김해(수로왕릉)

광양(광양 김시식지)
순천(순천왜성)

도두봉
비자림
한라산
성산일출봉·광치기해변
용머리해안
마라도
천제연폭포
제주도

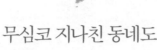

무심코 지나친 동네도
소중한 역사여행지다!

사람마다 여행을 떠나는 이유가 다르다. 누군가는 사랑하는 사람과 행복한 시간을 보내기 위해 떠나고, 어떤 이는 지친 마음을 위로받고 새로운 활력을 얻기 위해 떠난다. 그도 아니면 새로운 사람과의 만남과 특색 있는 음식을 맛보기 위해 여행을 떠나는 사람도 있을 것이다. 이처럼 사람들이 여행을 떠나는 이유는 저마다 다르다. 하지만 어떠한 이유로 떠나든 여행하는 자체만으로도 우리는 삶의 활력을 얻는다. 그렇기에 지금 이 순간에도 많은 사람들이 여행을 떠나고 있다.

출발 전의 설렘과 흥분과는 달리, 여행이 끝난 뒤에는 어디를 갔고 무엇을 보았는지 기억하기가 쉽지 않다. 시간이 좀 더 흐르면 누구와 떠난 여행이었는지조차 가물가물할 때도 있다. 특히 우리에게 낯

설고 가기 더 어려운 해외여행보다는 국내여행이 더 잘 잊히곤 한다. 그래서일까? 국내에는 볼 것이 많지 않다고 투덜대는 사람을 자주 만나게 된다. 그들에게 이유를 물어보면 "대한민국은 어디를 가도 거기서 거기다."라는 대답을 듣는다. 그들은 해외는 다양하고 웅장한 볼거리가 많은 반면, 한국은 볼 수 있는 것이 한정되어 있어 식상하다고 말한다. 이 말에 반박하기라도 하면 해외를 많이 나가보지 않은 '우물 안 개구리' 취급을 받기 일쑤다.

사람들은 왜 우리나라에 갈 만한 장소가 없다고 생각하는 걸까? 오랜 고민 끝에 찾은 나의 대답은 '우리의 역사를 모르기 때문'이다. 역사란 이 땅에서 살아왔던 수많은 선조들의 생각과 행동 그리고 삶이다. 유구한 시간 동안 한반도를 넘어 광활한 만주와 연해주에서 각기 다른 풍토에 맞춰 살아가던 선조들의 삶이 하나둘 모여 만들어진 것이 우리의 역사다. 그렇기에 우리 강토는 어디든 똑같이 보이지만, 막상 여행을 다녀보면 어느 한 장소도 똑같은 것을 찾아볼 수 없을 정도로 다양한 색채를 가지고 있다.

지역마다 고유의 역사와 삶이 담겨 있어, 역사를 알고 다가가면 우리가 평소에 접하지 못했던 색다른 모습을 만날 수 있다. 다른 지역과 협력하고 상생하는 모습, 경쟁하고 시기 질투하는 모습, 상처 입으면서도 때론 보듬어주는 각양각색의 모습을 보게 된다. 마치 우리 모두가 비슷하면서도 모두 다른 존재인 것처럼 말이다.

그러나 역사라는 단어만 들어도 고개를 절레절레 흔들며 멀리하는 사람이 많다. 오랜 시간 우리는 시험을 보기 위해 아무 의미 없이 외워야 하는 죽은 지식으로 역사를 배워왔기 때문이다. 사실 지금의 교육 상황도 크게 다르지 않다. 학생들은 시험에 나오는 중요한 역사 지식을 외우기에도 벅찬 것이 현실이다. 그런 학생들에게 여행지에 얽혀 있는 재미난 이야기를 해주면, 여행지의 역사에 국한되지 않고 전반적인 우리 역사에 흥미를 갖고 공부한다.

2018년 내가 다녀온 여행지의 역사를 담은 『작은 행복을 담은 여행』을 출간했을 때 많은 분들이 놀라워했다. 우리의 역사를 알고 보니 정작 봐야 할 것을 놓치고 왔다는 사실에 아쉬워하며, 다시 가봐야겠다고 이야기했다. 이번에 출판사 믹스커피에서 감사하게도 나에게 아주 좋은 기회를 주었다. 덕분에 더 많은 독자들에게 『방구석 역사여행』으로 나의 일상적인 이야기와 더불어 우리의 역사를 전할 수 있게 되었다.

이 책은 여행지에 관련된 역사를 담고 있다. 그러나 두 딸의 아빠이자 남편으로서 가족에게 하고 싶었던 말과 추억도 함께 담았다. 국내 여행지에 관련된 역사를 담은 책에 가족의 이야기를 실은 까닭은 아이에게 좋은 추억을 선물해줄 만한 교육적인 여행을 계획하는 수많은 부모님에게 도움이 되기를 바라는 마음에서다. 아이를 키우는 부모들은 자신만을 위한 여행을 계획하지 않는다. 여행을 다녀온 후 아이들이 한층 더 성장하기를 바란다. 그렇기에 내가 고민을 거듭하며 아이들에게 전달하고자 했던 메시지가 이 책을 읽는 부모님에게 조금이나마 도움이 되지 않을까 싶다.

그리고 우리의 역사를 사랑하는 사람으로서 하고 싶은 말도 담아두었다. 여행을 통해 생생하게 살아 있는 우리의 역사를 만나고, 그 속에서 우리가 무엇을 고민하고 배워야 할지 이야기하고 싶었다. 우리의 역사를 사랑하고 기억하고자 하는 많은 분들에게 이 책이 조금이나마 도움이 되면 좋겠다. 그리고 자신만의 여행을 준비하고 떠나는 모든 분들이 안전하게 다녀오기를 기도한다. 더불어 소중한 추억과 함께 역사를 통해 우리나라를 한층 더 사랑할 수 있는 여행이 되기를 바란다.

유정호

7장. 제주도

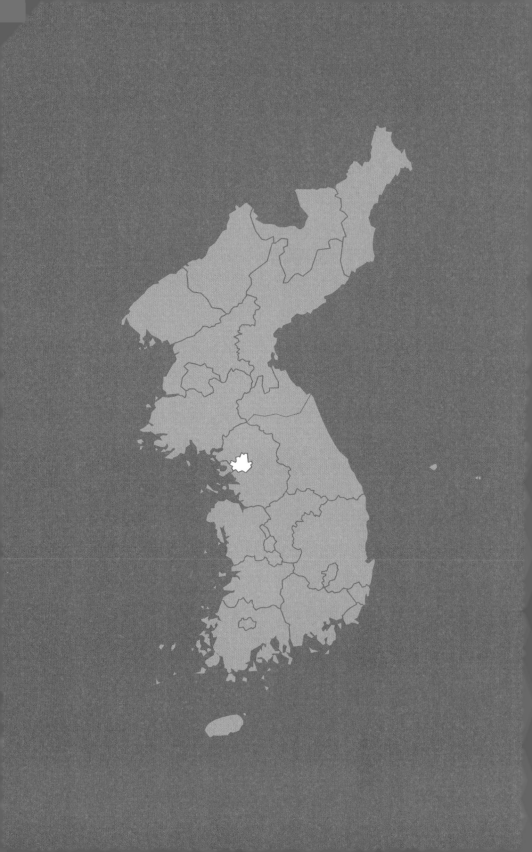

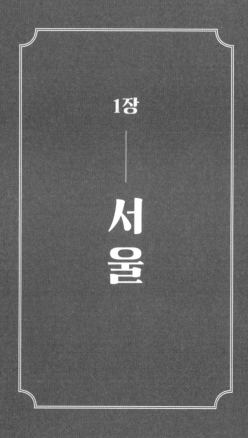

1장

—

서울

옥천암 종묘 운현궁 경희궁 승동교회 경교장 길상사

서울은 백제와 조선 그리고 대한민국의 수도로 늘 역사의 한복판에 있었다. 그만큼 좋은 일도 많았지만 가슴 아픈 일도 많았다. 안타깝게도 근현대사에는 아픔과 슬픔이 더 많이 서려 있다. 조선의 이야기를 모두 담을 수 있는 종묘를 시작으로 아픔을 이겨내고 희망을 써 내려간 이야기를 접해보면 어떨까?

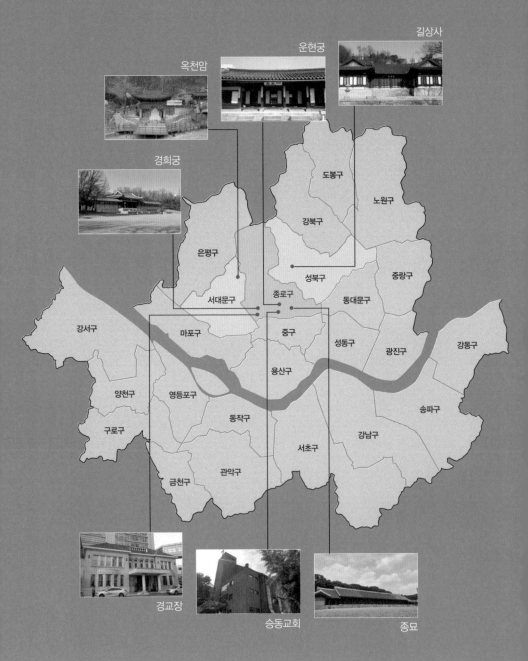

| 서울에서 가볼 곳

평생의 짝을 만나게 해준다는 백불

옥천암

─── 조선의 시작과 끝에 등장하는 옥천암

한 웹툰을 통해 서울 서대문구 홍은동에 위치한 옥천암(玉泉庵)을 알게 되었다. 옥천암 근처에 있는 대학교를 졸업한 친구에게 옥천암에 가봤는지 물었으나 금시초문이라는 반응이었다. 옥천암이 우리나라 4대 관음기도 도량 중 하나로 알려져 있을 정도로 유명하다는데, 그 근처 대학에서 4년을 있었으면서도 몰랐다는 사실이 처음에는 의아했다. 그러나 직접 옥천암을 가보니 관심을 두지 않으면 모를 수도 있겠구나 싶었다. 옥천암은 주변 중심지에서 약간 벗어나 있으면서, 사찰 규모도 작아 주의 깊게 살피지 않으면 찾기 어렵기 때문이다.

삼각산과 인왕산 경계에 있는 옥천암은 '보도각 백불(普渡閣白佛)'

자그마한 옥천암의 전경

로 예전부터 유명한 사찰이지만, 옥천암을 창건한 사람과 시기는 정확하게 알려지지 않고 있다. 그러나 옥천암은 조선을 건국한 이성계부터 조선 후기 고종에 이르는 오랜 시간 동안 많은 이야기를 담고 있다. 조선을 건국한 이성계는 서울에 도읍을 정할 때 이곳에 와서 기도를 올렸다고 한다. 이성계가 옥천암에 와서 기도하고 서울을 도읍으로 정한 것은 이성계의 정신적 스승이었던 무학대사의 영향이 크지 않았나 싶다. 무학대사가 왕십리에 도읍을 정하고자 했을 때 선인이 나타나 서쪽으로 10리를 더 가라고 했던 일화가 있다. 왕십리 지명에 관한 이런 이야기를 통해 보았을 때 이성계는 도읍을 선정하는 데 부처님의 도움이 컸다고 여겼으리라 짐작된다. 부처님의 도움으로 도읍을 정한 만큼, 조선의 영원한 번영을 바라며 이곳 옥천암에서 기도하지 않았을까?

흥선대원군의 아내이자 고종의 어머니였던 부대부인도 이곳에서 고종을 위해 많은 기도를 올렸다. 당시 최고 권력자의 아내가 이곳에 와서 기도를 드렸으니 작은 사찰이 많은 사람들로 북적거렸을 것이다. 이 외에 명성황후의 지시로 관음전을 지은 것을 봐도 옥천암은 조선 왕실과 오랫동안 연을 맺고 있던 사찰이다.

─── 보도각 백불을 통해 조선을 보다

보도각 또는 해수관음이라 불리는 백불은 정면과 측면에서 바라보는 모습이 확연하게 다르다. 앞에서 볼 때는 관음보살이 앞으로 튀어나온 것처럼 보이지만, 옆에서 보면 안쪽으로 휘어 있음을 확인할 수 있다. 보는 위치에 따라 다르게 보이는 백불의 모습이 신기하기만 하다. 이처럼 보도각 백불이 보여주는 착시현상은 옥천암을 방문하는 사람들에게 더욱 신비감을 주며 종교적 경이감을 갖게 한다.

백불의 또 다른 특이점은 관모를 쓰고 있다는 점이다. 관모는 벼슬아치들이 쓰는 모자로, 대부분의 사찰에 모셔져 있는 관음보살은 관모를 쓰고 있지 않다. 보도각 백불이 관모를 쓰고 있는 것은 정치와 종교를 분리하고, 왕의 권위를 높이고자 했던 조선시대의 풍토가 반영된 것이다. 이는 조선 500년 동안의 억불 정책으로 불교계가 왕실의 통제에 따라야 했음을 보여준다. 또한 숭유억불(유교를 숭상하고 불교를 배척함) 정책으로 왕실의 안녕과 번영을 비는 공식적인 불교행사를 열지 못하던 조선 왕실이 부처님에게 기도를 올리기 위한 차선책이기도 했다.

옥천암의 백불에는 재미있는 전설이 내려져온다. 순조 때 나무를

옆에서 본 옥천암 백불. 안쪽으로 휜 것처럼 보인다.

팔아 생계를 근근이 이어가던 윤덕삼이란 젊은이가 있었다. 나무를 지게에 지고 서울로 들어가는 자하문을 지날 때마다, 가난한 윤덕삼은 늘 삶이 외롭고 힘들게 느껴졌다. 고달픈 삶에서 벗어나고 싶었던 윤덕삼은 나무를 팔러 서울에 들어올 때마다 하루도 빠지지 않고 옥천암을 방문해 부처님께 기도를 드렸다. 예쁜 여자를 만나 자식도 많이 낳고 돈도 많이 벌어서 행복하게 살게 해달라고 정성스러운 기도를 올렸다. 옥천암의 부처님께 100일 정도 기도했을 무렵, 윤덕삼의 꿈에 한 노파가 나타났다. 노파는 내일 새벽 자하문에서 맨 처음 문을 나서는 여인과 결혼을 하면 행복한 삶을 살 수 있다고 알려주었다.

꿈에서 깨어난 윤덕삼은 밥 한술 뜨지 않고 부리나케 자하문으로 달려갔다. 자하문이 열리기를 손꼽아 기다리며 꿈속 노파의 말이 진실이기를 바라고 또 바랐다. 드디어 자하문이 열리자 성문에서 아리따운 여인이 나왔다. 이 여인이 꿈속 노파가 알려준 배필임을 짐작한 윤덕삼은 용기를 내어 여인에게 다가갔다. 여인에게 꿈 이야기를 들려주며, 부처님이 점지해준 여인이 당신이라며 용기를 내어 손을 잡았다. 윤덕삼에게 손이 잡힌 여인도 고개를 숙이며 부끄럽게 말문을 열었다. 꿈속에서, 자하문에 가면 윤씨 성을 가진 남자가 기다리고 있으니 그 남자와 혼인해 살라는 계시를 듣고 자신도 한걸음에 달려왔노라고 답했다.

두 남녀는 부처님이 자신들을 만나게 해주었음을 알고, 백불 앞에서 혼례를 올렸다. 이후 여인이 가지고 있던 패물로 근처의 산과 논을 산 윤덕삼 부부는 언제나 늘 함께하며 열심히 일했다. 부처님이 맺어준 인연을 소중히 여기고 서로를 아껴주며 사랑한 윤덕삼 부부는 얼마 지나지 않아 큰 부자가 되었다. 이후 윤덕삼이 옥천암 백불에 간절한 기도를 올려, 큰 부자가 되고 예쁜 아내와 노후까지 행복하게 살았다는 이야기는 수많은 사람들의 희망이 되었다.

── 깨끗한 물이 흐르는 홍제천을 바라다

옥천암이 있는 홍제천은 윤덕삼의 이야기보다 훨씬 오래전인 병자호란의 아픔도 담고 있다. 청나라 군대에 끌려간 수많은 여인들이 목숨을 걸고 도망쳐 고국으로 돌아왔지만, 이들을 받아주는 집은 어디에도 없었다. 오히려 정조를 잃은 부도덕한 화냥년이라며 손가락질

평생의 짝을 만나게 해준다는 옥천암 백불

을 했다. 인조가 홍제천에서 몸을 씻으면 정절을 회복한 것이라 이야기하자, 수많은 여인들이 이곳에서 몸을 씻으며 집으로 무사히 돌아가기를 바라며 기도를 올리고 또 올렸다. 물론 홍제천에서 몸을 씻은 후에도 청에 끌려갔던 여인을 받아들여준 집은 없었지만 말이다.

옥천암은 조선시대 민중들의 어려운 삶을 대변해주며 그들을 어루만져주었다. 이들이 어려운 삶 속에서도 희망을 잃지 않도록 용기를 불어넣어주었다. 옥천암에 얽혀 내려오는 윤덕삼이란 젊은이의 이야기에는 민초들이 어려운 현실을 극복하고 희망을 찾고자 하는 마음이 담겨 있다. 그리고 홍제천에서 가족의 품으로 돌아가기를 염원하던 여인들의 아픔을 치유하고자 했던 마음이 옥천암에 깃들어 있다.

이처럼 왕실에서 백성에 이르기까지 많은 이들이 찾아와 사랑하던 옥천암은 그대로인데, 홍제천은 오늘날 더러운 하천이 되었다. 과거 옥같이 깨끗한 물 옆에 사찰이 위치하고 있다고 해서 옥천암이라 명명한 것인데, 현재는 오직 백불만이 깨끗하다는 사실에 아쉬움이 커진다. 100년 전 맑고 투명한 물이 흐르는 홍제천 옆 옥천암은 분명 멋진 경관을 보여주었을 것이다. 옥천암을 휘도는 홍제천 물이 다시 깨끗해져서 사람들이 언제든 마음 편하게 쉴 수 있는 휴식처가 되면 좋겠다.

조선의 시작과 끝은 종묘에 있다

종묘

── 종묘사직을 통해 조선을 읽다

우리는 영화와 드라마에서 신하들이 임금을 향해 "종묘사직을 생각하시옵소서!"라고 외치며 머리를 조아리는 장면을 어렵지 않게 만난다. 도대체 종묘사직이 무엇이기에 임금마저도 옴짝달싹 못 하게 만드는 것일까? 종묘사직의 의미를 알면 드라마 내용을 이해하는 것을 넘어 조선의 역사를 파악하고 이해하는 데 큰 도움을 받을 수 있다.

조선은 성리학의 나라로 효(孝)를 가장 중요한 가치로 여기고 생활하던 시대였다. 왕조차도 효를 행하지 않으면 사람의 도리를 모르는 자로 낙인찍혀 쫓겨나기도 했다. 광해군이 인목대비를 폐위하자, 서인들이 불효를 저지른 자는 왕이 될 자격이 없다며 반정을 일으킨 역사가 이를 보여준다. 그래서 조선의 왕들은 효를 행하는 모습을 보이기 위해 선왕의 영혼을 담은 신주를 모셔놓고 정성 들여 제를 올렸다. 왕들이 선조를 향해 제를 올린 장소가 바로 종묘다.

선왕의 신주를 종묘에 모셔놓는 것만큼이나 왕에게 중요한 것이 있었는데, 이는 바로 백성을 위한 농업 진흥이었다. 농사가 잘되기 위해선 벼가 잘 여물게 하는 따사로운 햇살과 대지를 적셔주는 비를 내려주는 하늘에 제사를 올려야 했다. 그러나 중국에 사대관계를 맺고 있던 조선은 하늘에 제사를 올릴 수 없었다. 당시에는 중국 황제만이 하늘에 제사를 올릴 수 있었기 때문이다. 조선의 왕들은 어쩔 수 없이 하늘 대신 농사에 영향을 주는 토지와 곡식의 신에게 제사를 올렸고, 그 장소가 바로 사직단이다.

정리하면, 선왕에게 효를 다하고 농업을 장려하는 것이 조선의 왕이 해야 할 역할이자 책무였다. 즉 신하들이 "종묘사직을 생각하시옵소서!"라고 외치는 소리는 선왕의 유지를 받들어 나라와 백성을 위한 현명한 통치를 요구하는 것으로 해석된다.

그러나 현재 우리는 종묘사직을 모두 만날 수 없다. 사직단이 일제에 의해 훼손된 뒤 오늘날까지 제대로 복원되지 않았기 때문이다. 그나마 다행인 것은 종묘가 세계문화유산으로 등재되면서 체계적으로 보존·관리되고 있다는 점이다.

── 물고기가 살지 않는 작은 연못 지당

조선시대 왕이 사는 궁궐보다도 더 중요한 위치를 차지하고 있던 종묘는 외삼문이라 불리는 창엽문에서 시작된다. 조선 궁궐 전각에

위 | 종묘의 첫 번째 입구 창엽문
아래 | 생명체가 살지 않는 종묘의 연못 지당

많은 이름을 붙였던 정도전은 종묘의 전각에도 의미를 부여하며 이름을 지었다. 종묘의 첫 번째 문인 창엽문도 정도전이 이름을 붙인 것으로, 조선이 푸른 나무처럼 오래도록 유지되라는 의미를 담고 있다.

창엽문을 들어서면 지당이라고 불리는 작은 연못이 나온다. 종묘는 왕들의 영혼을 모시는 곳이라 살아 있는 생명체를 두지 않았다. 그렇기에 지당은 살아 있는 물고기가 없는 텅 빈 연못이어서 작은 바람에 일렁이는 물결 외에는 어떤 움직임도 없다. 그래서일까? 지당은 기이함을 넘어 신비롭기까지 하다. 물이 흐르지 않으면 연못은 썩어서 악취가 진동하는 것이 당연한데, 지당에서는 아무런 냄새가 나지 않는다. 그렇다면 지당 밑으로 물이 흐른다는 말인데, 흐르는 물에 어찌 생명체가 태어나지 않을 수 있을까? 흐르는 물에는 생명체가 태어나고 살아가는 것이 자연의 이치다. 종묘의 지당에 물만 존재한다는 것은 자연의 순리를 역행하고 있는 것이기에 당최 이해하기가 어렵다. 지당을 보고 있으면 식물과 물고기가 살지 않는 연못을 만들어 의미를 부여한 선조들의 기술과 지혜에 감탄만이 나올 뿐이다.

── 정전에서 여러 가치를 찾다

지당을 지나면 종묘가 존재하는 이유인 정전이 나온다. 정전은 조선 왕조의 역대 왕과 왕비의 영혼을 담아놓은 나무패인 신주를 모셔놓고 제를 올리는 전각이다. 이때 신주가 모셔져 있는 방을 신실 또는 감실이라고 한다.

1395년 종묘가 지어질 당시만 해도 정전은 지금처럼 긴 전각이 아니었다. 이성계가 종묘를 건설할 때는 자신의 4대조와 자신이 들어갈 신실만 만들었기에 정전은 작은 전각에 불과했다. 그러나 4대조와 이성계의 신주가 들어서자 다음 왕들의 신주를 모실 공간이 필요해졌다. 그래서 선왕에 비해 중요성이 떨어지는 4대조의 신주를 보관하기 위해 세종은 별도의 작은 전각인 영녕전을 마련했다. 이후 정전에 들어가기에는 업적이 부족하거나 중요도가 덜한 문종이나 경종을 비롯

위 | 종묘의 존재 이유인 정전은 한눈에 담기 어려울 정도로 길다.
아래 | 업적이 낮은 왕의 신주가 모셔진 영녕전은 정전보다 규모가 작다.

한 왕과 왕후 34위의 신주가 영녕전에 모셔졌다.

하지만 조선을 다스린 왕들의 신주가 늘어날수록 정전과 영녕전은 계속 증축되어야 했다. 그 결과 정전은 동서 길이만 101m로, 단일 목조 건축물로서는 세계에서 가장 긴 건축물이 되었다. 정전이 너무 길다 보니 전체적인 모습을 카메라에 한 번에 담는 것은 사진작가가 아니면 어려운 일이 되어버렸다.

정전을 자세히 바라보면 양쪽으로 전각이 꺾여 있는 것을 발견할수 있다. 이 부분을 동·서 월랑이라 부르는데, 여기에는 특별한 사연이 내려져온다. 태종이 정전을 중축할 때 월랑을 만들려고 하자 많은 신하들이 정전에 필요 없는 공간이라며 크게 반대했다. 그러나 태종은 선왕의 신주를 모시는 것도 중요하지만, 종묘제례를 위해 애쓰는 신하들이 뜨거운 햇볕이나 비를 피할 수 있는 공간이 꼭 필요하다며 월랑의 설치를 강력히 주장했다.

태종이 뜻을 굽히지 않은 결과, 정전에 모셔놓은 신주하고는 전혀 상관없는 동·서 월랑이 존재할 수 있게 되었다. 동월랑은 벽을 허물어 신하들이 비를 피하는 공간으로 활용했고, 서월랑은 제기를 보관하는 창고로 사용했다. 동·서 월랑이 만들어지면서 종묘에서 일하는 일꾼들이 먼 거리를 오가며 짐을 나르는 수고가 줄어들었다. 형제와 처남을 죽이며 왕권을 강화했던 태종이지만, 신하와 낮은 관료들까지 세심하게 배려하고 아끼는 모습에서 성군의 면모가 보인다. 그래서일까? 태종에게 폭군이라는 이미지가 남아 있지 않은 것은 신하들이 태종의 애민정신을 알았기 때문은 아니었을까 하는 생각이 든다.

── 굳이 선조의 치적을 찾는다면 종묘가 아닐까?

조선의 역사가 오래될수록 종묘의 규모는 점차 커져갔다. 그러나 임진왜란 때 왜군에 의해 종묘가 불태워지면서 아무것도 남지 않게 되었다. 당시 왕이었던 선조(1552~1608)는 백성을 버리고 의주로 도망가면서도 종묘에 있던 신주만은 잊지 않고 챙겼다. 그리고 선조는 신주를 잘 모셨기에 왜군을 내쫓고 국난을 극복할 수 있었다고 믿었다.

과연 신주를 잘 모셨기에 국난을 극복할 수 있었던 걸까? 개인적으로 신주의 효과도 일정 부분 있었다고 본다. 선조는 자신의 안위만을 챙긴 무능력하고 이기적인 왕이었다. 그럼에도 불구하고 임진왜란 당시 많은 의병들이 왜군과 맞서 싸운 것은 속된 말로 선조가 잘난 조상을 둔 덕분이었다. 선왕들이 쌓아놓은 업적들이 컸기에 백성들이 나라를 버리지 못한 것이지, 선조를 위해 왜군과 맞서 싸운 것이 아니었다.

임진왜란 발발 초기 도망치기에만 급급했던 선조는 서울로 돌아오자마자 신주를 보관할 장소를 제일 먼저 찾았다. 전쟁으로 힘들어하는 백성보다도 신주가 더 우선이었던 선조는 명종 때 영의정을 지낸 심연원의 집을 임시 종묘로 삼아 신주를 모셨다. 그리고 1608년 종묘가 중건되자 신주를 다시 종묘로 옮겨 모셨다.

우연의 일치일지도 모르지만, 선조는 자신이 들어갈 신실이 완성된 1608년에 죽었다. 이것만 본다면 선조의 일생은 종묘에 들어가기 위한 삶이었다. 서자 출신으로 종묘에 들어갈 자격이 없었지만 조상 덕분에 왕이 되었고, 왕이 된 이후에는 종묘에 들어갈 자격을 잃지 않기 위해 기축옥사(정여립을 비롯한 동인들이 역모 혐의를 받은 사건) 등을 통해 수많은 사람을 죽였다. 그리고 임진왜란이 발발하자 신주만 챙겨 도망 다니다가, 자신이 들어갈 종묘를 다시 세우는 것으로 삶을 마감했다. 선조는 조선 역사상 가장 무능력하고 무책임한 왕으로, 치적을 찾아보기란 쉽지 않다. 오히려 많은 사람들을 아프고 힘들게 했다. 그래도 선조의 치적을 찾는다면 종묘를 다시 중건해 오늘날 세계문화

왼쪽 | 공신들의 위패를 모신 공신당
오른쪽 | 제례를 위해 복장을 갖춘 왕

유산으로 등재할 수 있게 한 점이다.

선조가 중건한 이후 종묘의 정전은 계속 증축되어 오늘날 신실 19칸, 그 좌우의 협실 2칸 그리고 동·서 월랑 5칸의 모습으로 우리에게 남아 있다. 종묘에 들어갈 신주의 숫자를 하늘이 알려주었는지, 정전을 마지막으로 증축한 19칸에 조선의 마지막 왕이었던 제27대 순종의 신주가 들어서면서 조선의 역사는 막을 내렸다.

이제는 국가 중대사를 결정하는 왕도 없고 종묘사직을 외치는 신하도 없다. 조선을 상징하던 종묘는 과거처럼 사람들에게 조선과 왕실을 특별한 존재로 인식시켜주는 특별한 장소가 아니다. 그러나 세계문화유산으로 등재된 종묘는 우리가 한국인으로서 자긍심을 갖게 하는 데 큰 역할을 하고 있다.

권력의 공간에서 시민의 공간으로

운현궁

── 흥선대원군을 상징했던 운현궁

2016년 매서운 한파에도 불구하고 촛불집회에 참가했던 많은 사람들이 최종적으로 들렀던 장소가 안국역 근처에 위치한 헌법재판소였다. 헌법재판소에서 낙원상가를 향해 내려가다 보면 우측으로 고즈넉한 옛 건물이 보인다. 촛불집회 당시 사람들의 성난 외침과는 무관하게 묵묵하게 자기 자리를 지키듯 서 있던 이곳은 과거 흥선대원군이 머물며 국정을 운영하던 운현궁이다. 왕이 살지 않았는데도 운현궁이라 불리게 된 것은 1863년 흥선대원군이 둘째 아들을 왕으로 즉위시키며 대원군이란 교지를 받으면서다.

흥선대원군(1820~1898)의 개인 사저였던 운현궁은 과거에는 지

왼쪽 | 궁궐에서도 찾아보기 힘든 넓은 크기의 방
오른쪽 | 뛰어난 건축기술을 보여주는 운현궁. 문을 열면 맞은편 문을 통해 다른 방이 보인다.

금보다 훨씬 더 넓었다. 세도정치 기간 동안 안동 김씨의 억압과 감시를 피해 오랜 세월 한량 생활을 하던 흥선대원군이 어떻게 창덕궁 앞에 넓은 사택을 가질 수 있었을까? 1800년대에도 서울 사대문 안의 주택은 매우 비싸 약 9,600평(과거 운현궁 면적)이나 되는 넓은 부지를 갖는다는 것은 매우 어려운 일이었다. 특히 조선시대 왕족들은 정치 활동에 참여할 수 없어, 대부분 한량으로 세월을 보내거나 한직에 머물러야 했기에 경제적으로 풍족하기 어려웠다. 특히 세도정치 기간 안동 김씨에 의해 매관매직이 성행하고 부정부패가 만연하던 때에 왕족들이 활동할 수 있는 운용의 폭은 매우 제한적이었다.

그러나 둘째 아들이 왕으로 즉위하자 흥선대원군의 삶은 180도 바뀌었다. 고종(1852~1919)이 즉위하던 1863년 대왕대비는 조정에서 대원군의 경제적인 부분을 지원하라는 명을 내렸다. 이에 흥선대원군은 호조에서 1만 7,800냥을 지원받는 등 정부 기관에서 많은 돈을 끌어다 운현궁을 확장시켜나갔다. 운현궁이 완공되던 날 흥선대원군은 고종과 대왕대비 그리고 왕대비를 초청했다. (노락당에는 흥선대원군의 부대부인이 대왕대비와 왕대비를 모시는 모습이 인형으로 재현되어 있다.) 그리고 운현궁의 완공을 축하하는 의미로 과거시험을 개최함으로써, 자신이 왕보다도 높은 존재임을 세상에 널리 알렸다. 이후 흥선대원군은 강력한 의지로 서원 철폐, 호포제(양반에게도 군역 의무를 지게 한 제도) 실시 등 양반들이 누리던 특권을 폐지하고, 백성을 괴롭히던 부정 관리를 색출하는 등 백성을 위한 개혁을 주도해나갔다.

그와 함께 외척세력의 발호를 막고자 고종의 결혼식인 가례를 올리기 전에 민비(민비는 명성황후를 낮추는 말이 아니다.)를 운현궁으로 불러들였다. 흥선대원군은 민비에게 왕실의 여인으로서 지켜야 할 덕목을 직접 가르친 뒤, 노락당에서 고종과의 가례를 올리게 했다. 이는 두 가지 측면에서 당시 사회통념을 벗어나는 일이었다. 왕실의 법도로 봤을 때 왕이 사가에서 가례를 올린다는 것은 있을 수 없는 일이었다. 또한 여자 집에서 혼례가 이루어지는 당시의 친영제도(신부의 집에서 혼례를 치른 뒤 신랑의 집에서 살림을 시작하는 결혼제도)에도 어긋나는 것이었다. 그럼에도 운현궁 노락당에서 고종의 가례를 올린 것은 치밀한 계산 아래 이루어진 흥선대원군의 정치 활동이었다. 고종에게는 아버지인 흥선대원군의 뜻을 무조건 따라야 함을 인지시키고, 민비에게는 안동 김씨처럼 왕권을 위협하는 정치 활동을 하지 말 것을 경고한 것이었다. 이처럼 흥선대원군의 정치 활동의 중심지는 궁궐이 아니라 그가 살고 있는 운현궁이었다.

고종이 가례를 올렸던 노락당. 흥선대원군이 고종보다 위에 있었음을 보여준다.

─ 운현궁에서 쓸쓸한 죽음을 맞이한 흥선대원군

그러나 세상은 흥선대원군의 뜻대로 흘러가지 않았다. 고종이 성장해 직접 정치를 하게 되자 흥선대원군과 보이지 않는 갈등이 드러나기 시작했다. 고종이 어렸을 때는 흥선대원군의 뜻대로 움직이는 허수아비 왕이었지만, 성인이 된 고종은 흥선대원군의 그늘에서 벗어나고자 하는 조선의 국왕이었다. 고종은 흥선대원군이 자신의 위에서 군림하고 명령하는 것이 늘 불만이었고, 왕권을 위협하는 심각한 도전이라고 생각했다.

흥선대원군의 끊임없는 간섭과 잔소리는 고종의 머릿속에 어린 시절부터 흥선대원군의 눈치를 살펴야 했던 시간을 떠올리게 했다. 운현궁 노락당에서 가례를 올리고 거리를 행차할 때도 자신을 앞에 내세우고, 흥선대원군이 행차의 가운데에 위치해 모든 사람의 인사를 받던 일도 떠올랐다. 여기에다 민비가 홍선대원군이 준 산삼을 먹고 낳은 첫 아이가 항문이 없는 장애를 가지고 태어나 죽게 되었다는 믿음도 고종과 홍선대원군이 멀어진 하나의 요인이 되었다. 그 외에도 국가를 운영하는 중요한 결정이 왕이 있는 궁궐이 아닌 운현궁에서 이루어지는 것도 불만이었다.

가장 결정적으로 개혁을 추구하는 고종에게 위정척사의 상징이었던 홍선대원군은 늘 부담스럽고 거북한 존재였다. 조선을 둘러싼 열강들의 개항에 대한 압력은 둘을 의도치 않게 반대의 편에 서서 대립하게 만들었다.

결국 홍선대원군은 고종의 친정(왕이 직접 나라를 운영하는 정치 형태) 이후 정치 일선에서 밀려나게 된다. 임오군란 때 홍선대원군은 정치에 복귀할 기회가 주어졌지만, 집권한 지 33일 만에 위안스카이에 의해 청에 끌려가며 암울한 시기를 겪게 된다. 청에서의 감금 생활이 끝나고 고국으로 돌아온 홍선대원군은 동학농민운동 당시 약 4개월 동안 재집권하기도 했으나, 이후로는 정치 일선에 모습을 드러내지 못했다. 이후 고종과 홍선대원군 사이에 계속되는 갈등은 서로가 왕래는커녕 기별도 보내지 않는 관계를 만들어버렸다.

고종에게 아버지로 인정받지 못하는 상황은 홍선대원군의 권력 기반 상실을 의미했고, 운현궁은 더 이상 사람들이 찾지 않는 장소가 되었다. 그 결과 부대부인과 노후의 삶을 아름답게 마무리하고자 했던 운현궁의 이로당은 홍선대원군이 감금당하는 장소가 되어버렸다. 권력을 휘두르던 시기에는 이로당과 노안당에 수많은 사람들이 찾아와 북적였으나, 홍선대원군의 말년에는 고요와 적적함만이 가득했다.

위 | 부대부인과 평안한 노후를 보내고자 했던 이로당
아래 | 흥선대원군이 사랑채로 썼던 노안당

이후 넓은 부지에 수많은 전각이 있던 운현궁은 관리에 필요한 재정
을 마련하는 것조차 어려워졌다. 권력에서 밀려나고 경제적 어려움을
겪던 흥선대원군은 1898년 78세의 나이에 노안당에서 홀로 쓸쓸히
죽음을 맞이했다.

흥선대원군의 장례식에 고종이 참석하지 않으면서 운현궁의 앞날이 더욱더 어두워질 것이 예견되었다. 흥선대원군 사후 운현궁은 국가에 귀속되지 않고 흥선대원군의 장남 이재면이 물려받았다. 그렇지만 이재면은 운현궁을 유지하기 위한 많은 관리비를 감당하기 어려워했다. 일제에 국권을 빼앗긴 후에는 이재면의 장남 이준용이 운현궁을 물려받았지만, 일제에 의해 구 황실의 재산으로 간주되어 실질적인 주인 행세를 하지 못했다. 이준용은 운현궁에 5년 동안 기거하다가 1917년 47세라는 젊은 나이로 생을 마감했다.

이준용이 죽자 운현궁의 새 주인은 의친왕(이준용의 양자가 되었던 고종의 다섯 번째 아들)의 아들 이우가 되었다. 그러나 이우마저 1945년 일본에 떨어진 원자폭탄에 희생되면서 큰아들 이청에게 물려졌다. 광복 후 미 군정은 운현궁을 사유재산으로 판단하고 이청에게 돌려주었으나, 일본에서 자란 그는 운현궁에 머물지 않았다.

주인이 없는 상황에서 6·25 전쟁과 어려웠던 국가의 경제 상황으로 운현궁은 예전의 영광을 잃어버린 채 예식장과 상가 운영을 통해 근근이 버텼다. 그러나 이마저도 한계에 이르자 운현궁 일부를 팔아가며 1990년대까지 운현궁을 관리했다. 그러다 보니 9,600여 평에 달하던 운현궁은 1991년 서울시에 인수될 당시 2,148평으로 축소되었다. 운현궁의 3/4이 판매되어 현재 높은 빌딩으로 재건축되거나, 덕성여대 일부로 흡수되었다. 일제강점기 시절 조선의 궁궐도 여기저기 잘리고, 전각도 팔리는 운명을 겪었기에 운현궁의 역대 주인들이 관리를 잘 못했다고 말할 수는 없다. 오히려 개인적인 사리사욕을 채우지 않고 운현궁이 가진 역사적 가치를 지키기 위해 서울시에 넘겼다는 점에 큰 박수를 보내고 싶다. 그들의 용기 있는 결단이 아니었다면 운현궁은 우리 곁에 없었을 것이다. 오히려 그들 덕분에 우리는 근현대사의 중심이었던 운현궁을 직접 찾아가 역사를 만날 수 있게 되었다.

지금 운현궁 자리에 높은 빌딩만 가득하다면 어땠을까? 우리가 옛 사진으로만 운현궁을 보고 역사를 배워야 한다는 사실은 상상조차 하기 싫다. 비록 운현궁이 역사의 뒤안길로 넘어갔다지만, 지금도 여전히 시민들을 위해 운현궁에서 일하는 분들이 많이 계신다. 이분들은 운현궁을 방문하는 시민들에게 우리의 역사를 널리 알리고 체험할 기회를 제공하기 위해 오늘도 땀흘리며 운현궁을 관리하고 지키고 있다. 그들은 지금 이 순간에도 운현궁을 시민들이 무료로 관람할 수 있는 문화재이자 휴식처가 되도록, '운현궁 뜰 안의 역사 콘서트' '얼씨구 좋다! 일요예술무대' 등 다양한 공연과 체험으로 사람들의 발길을 머물게 하고 있다.

가장 많은 상처를 지닌 궁궐

경희궁

── 아무도 찾지 않는 궁궐, 경희궁

5대 법궁 중 가장 많은 상처를 가지고 있는 궁궐은 어디일까? 이 질문에 나는 조선 후기부터 전각이 헐어지다가 종내에는 일제에 의해 사라진 경희궁이라 말하고 싶다. 내가 경희궁을 방문했을 때 몇 명의 중국인 가족이 경희궁을 배경으로 사진을 찍고 있었다. 이후 두어 시간 경희궁에 머무는 동안 한국인 커플을 제외하고는 파란 눈의 외국인과 중국인만이 이곳을 방문해 관람하고 돌아갔다.

왜 한국인은 경희궁을 방문하지 않을까? 이는 경희궁에서 어떤 역사가 일어났는지 대부분의 사람들이 모르기 때문이다. 경희궁에 우리보다 외국인이 더 많이 찾아오는 모습에 많은 생각이 들었다. 그리

한국인은 잘 찾지 않아 쓸쓸한 경희궁

고 경희궁을 둘러보는 내내 우리 스스로가 우리 것을 소홀히 여기고 찾지 않는 데 창피함을 느꼈다. 동시에 잊혀가는 우리의 소중한 문화유산에 대한 안타까움도 커졌다. 경희궁을 방문한 외국인들은 한국인이 찾지 않는 문화유산에서 무엇을 보고 갔을지 궁금하다. 더불어 경희궁의 규모가 작아지고 몇 개 안 되는 전각만이 남게 된 이유를 모르는 외국인들이 한국에 대한 오해와 편견을 갖지 않을까 걱정된다.

── 경희궁의 변천사

1617년 짓기 시작해 1623년(광해군 15년)에 완공된 경희궁의 원래 이름은 경덕궁이다. 원종의 시호인 '경덕'과 음이 같아 1760년 영조 때부터 경희궁으로 이름을 바꿔 불렀다. 광해군부터 철종에 이르기까지 조선 후기의 많은 왕들이 경희궁에 머물면서 다양한 역사적 사건이 만들어졌다. 그러나 홍선대원군이 집권하자 경희궁은 궁궐로서의 기능이 약해지기 시작했다. 홍선대원군이 경희궁의 전각을 허물어 경복궁 중건에 사용하면서 전각이 줄어들다가, 일제강점기 때 일제에 의해 숭정전, 흥화문 등이 팔리며 경희궁은 역사 속에서 사라져버렸다. 이후 경희궁 터에 서울고등학교가 자리하고 있다가 2002년에 들어서야 경희궁 복원공사를 통해 우리에게 다시 돌아올 수 있었다.

경희궁은 조선 후기 서궐이라 불리던 곳으로, 동쪽의 창덕궁·창경궁(동궐)과 마주보는 형태를 띠고 있었다. 창덕궁과 창경궁을 머릿속에서 그려본다면 서궐의 규모가 동궐과 비슷할 정도로 매우 컸음을 짐작할 수 있다. 경희궁에는 정전이었던 숭정전과 자정전 외에도 융복전, 회상전이라는 2개의 침전과 함께 수많은 전각으로 가득했다고 하니, 과거 경희궁의 위세는 매우 대단했을 것이다.

숭정전은 1618년(광해군 10년)에 건립된 정전으로 조회가 열리거나 궁중 연회, 사신 접대 등 공식행사가 열리는 곳이었다. 그리고 27명의 조선의 왕 중에서 경종, 정조, 헌종 세 왕이 이곳에서 즉위식을 거행했다. 그러나 현재의 경희궁 숭정전은 옛것이 아니라 최근에 복원된 것이다. 실제의 숭정전 건물은 일본에 의해 사찰에 팔렸다가 현재는 동국대학교 정각원으로 활용되고 있다. 숭정전에 올라 정면을 바라보면 덕수궁에서 시청 주변의 높은 건물을 보는 것과 크게 다르지 않은 경관이 나타난다. 조선시대 가장 크고 높았던 궁궐이 이제는 가장 낮은 건축물이 되어 현대인에게 휴식을 안겨주는 공원으로 변한 모습에 세월의 무상함을 느끼게 된다.

숭정전 뒤에 있는 자정전은 1617년에서 1620년(광해군 9~12년)

위 | 경희궁의 정전이었던 숭정전
아래 | 숙종이 승하했을 때 빈전으로 사용한 자정전

사이에 건립된 편전으로 국왕이 신하들과 회의를 하거나 경연을 열어 나랏일을 논의하던 곳이다. 왕이 경희궁에 머물지 않을 때는 다른 용도로 사용되었는데, 예를 들어 숙종이 승하했을 때 왕가의 관을 보관하는 빈전으로 사용되거나 선왕들의 어진(초상화)이나 위패를 보관하기도 했다. 아쉽게도 자정전 역시 일제에 의해 허물어진 것을 오늘날 다시 복원한 건축물이다. 숭정전, 자정전 모두 복원된 건물이기에 역사와 전통성을 가지지는 못하지만, 훗날 선조들의 얼을 이어가고자 했던 우리의 노력은 후손들에게 좋은 평가를 받을 거라 믿는다.

── 영조가 사랑한 궁궐

자정전을 끼고 우측으로 돌아 나오면 커다란 바위가 보인다. 커다란 바위가 궁궐에 자리하고 있는 것은 흔한 일이 아니다. 창덕궁이 자연의 흐름에 맞추어 건축한 세계 속의 으뜸가는 건축물로 평가받는 것처럼 경희궁도 자연을 훼손하지 않은 채 지어진 훌륭한 건축물이다. 세상 어떤 궁궐이 자연 암반을 있는 그대로 남겨두고 건축물을 쌓아 올릴 수 있을까? 만약 서궐인 경희궁이 훼손되지 않았다면 창덕궁과 더불어 세계문화유산으로 등재되었을지도 모르겠다. 이 바위의 이름은 서암으로, 태령전 뒤에 오래전부터 자리하고 앉아 현재까지 남아 있다. 경희궁이 헐리고 새로운 건축물들이 들어설 때마다 없어질 운명을 이겨내고 살아남은 것이 무척이나 대견하고 고맙다.

서암이라 부르기 전 이 바위는 왕암(王巖)이란 이름으로 불렸기 때문에 광해군이 이곳에 경희궁을 만들었다는 이야기가 전해진다. 훗날 숙종이 서암이라 명명하고 직접 '서암'이란 글씨를 사방석에 새겨두었는데 현재는 찾아볼 수 없다. 비록 서암이란 글씨는 남아 있지 않아도 오랜 세월 서암에서 솟아 나온 물이 흘러내려 골이 생긴 모습에서 기나긴 세월의 흐름이 느껴진다.

서암 앞에는 태령전이 자리하고 있다. 태령전은 특별한 용도로 사용되던 건물은 아니었다. 영조의 어진을 보관하다가 일제강점기 시

영조의 어진이 보관되어 있는 태령전 앞에는 광해군이 경희궁을 세운 이유가 되었다는 서암(왕암)이 있다.

절 다른 전각과 함께 사라졌다가 복원되었다. 현재 태령전에는 영조의 어진이 보관되어 있다. 경희궁에 영조의 어진이 보관된 이유를 짐작해보면 첫째는 조선 왕들의 어진 중 남아 있는 것이 몇 개 되지 않기 때문이고, 둘째는 영조가 19년 동안 이곳에 머물 정도로 경희궁을 사랑했기 때문이다.

── 상처로 가득한 경희궁

복원된 숭정전과 자정전 그리고 태령전 3개의 전각을 뒤로하고 경희궁을 나오면서 착잡한 마음을 지울 수 없었다. 그중에서도 가장 많이 들었던 생각은 일제에 의해 경희궁의 많은 것들이 되돌리기 어려울 정도로 훼손되었는데도, 아직까지 제대로 된 사과를 받지 못하는 현실이 안타깝다는 것이다. 그리고 잘못 틀어진 과거를 바로잡을 기회를 없애버린 친일파와 그 후손들에 의해 왜곡되고 농락당하는 역사가 너무나 안타까워 가슴이 답답했다.

홍화문을 나올 때는 씁쓸한 마음이 더 커졌다. 경희궁의 얼굴이라 할 수 있는 홍화문은 일제가 경성중학교를 세우는 과정에서 남쪽으로 옮겨졌다. 1932년에는 장충동 박문사(이토 히로부미를 위한 사당)로 옮겨졌다가 1987년까지 신라호텔의 정문으로 사용되었다. 법궁의 정문이 호텔 정문으로 사용되었다는 자체가 역사를 가르치는 사람으로서 어이가 없을 뿐이다. 다행히 1988년 홍화문은 경희궁으로 돌아오게 되었다. 그러나 경희궁 부지에 다른 건물들이 자리하고 있어 홍화문은 원래 위치와는 달리 남향으로 놓이게 되었다.

착잡한 마음으로 경희궁을 나와 서울역사박물관을 지나가던 도중 구세군회관 건물 앞에 있는 작은 비석 앞에 섰다. 이 비석은 경희궁 홍화문의 원래 위치를 알려주는 비석이다. 그 앞에서 한참을 서 있었지만 아무도 이 작은 비석을 쳐다보고 가는 사람이 없었다. 비석 앞에서 눈을 감고 상상해보았다. 경희궁의 정문이었던 홍화문 너머로 서울역사박물관이 있던 자리에 수많은 궁인들이 바쁘게 다녔을 250년 전을 말이다.

그래도 경희궁 터에 서울역사박물관과 서울시교육청이 자리하고 있으니 다행이라고 해야 할까? 과거의 경희궁은 서울역사박물관을 통해 기억되고, 더 나은 세상을 만들려 했던 선조들의 노력은 서울시교육청에서 이어지고 있으니 말이다. 비록 경희궁이 온전한 모습으로 존재하지는 못하지만, 그 역할을 박물관과 교육청이 하고 있다는 사실에 위안을 삼아본다.

위 | 경희궁의 몰락을 보여주는 흥화문의 옛 모습
가운데 | 원래의 위치에 놓이지 못한 흥화문
아래 | 경희궁의 정문인 흥화문의 자리였음을 알리는 표지석

왜 백정 교회라 불렸을까?

승동교회

—— 인사동에 숨겨진 역사의 현장

서울 종로구 인사동은 예부터 볼거리와 먹거리가 많아서 한국을 대표하는 관광지로 뽑힌다. 그러나 인사동을 찾는 대부분의 사람들은 한국의 옛 자취와 갤러리 그리고 쇼핑몰을 찾을 뿐 근현대사의 모습은 떠올리지 못한다. 그러다 보니 '백정 교회'라 불리며 근현대사의 중요한 역사 현장이었던 승동교회가 120년 동안 이곳에 있다는 사실을 아는 사람은 많지 않다.

게다가 사람들이 승동교회를 잘 모르는 다른 이유가 또 있다. 100년 전에는 승동교회가 인근에서 가장 높은 건물이었으나, 지금은 높아진 주변 건물에 가려져 눈에 잘 띄지 않기 때문이다. 지금은 예전에 비해 많은 사람에게 잊힌 승동교회지만, 한국 개신교의 역사만이 아니라 근현대사에서 신분제 타파와 3·1 운동에 막대한 영향을 끼친 역사적인 장소다.

조선 후기 천주교가 박해를 받으면서도 꾸준하게 교세를 넓혔던 것과는 달리 개신교는 1830년대에 들어서야 조선에 들어왔다. 천주교보다 늦게 들어온 개신교는 전파되는 속도가 빠르지 않기에 조선 사회에 미치는 영향도 적었다. 그러나 조선이 미국과 영국 등 서구권 국가들과 수교를 맺자, 개신교는 빠른 속도로 한국 사회에 정착했다. 이 과정에서 1893년 미국 북장로회 소속의 선교사 사무엘 무어가 곤당골(현재 을지로 1가)에 교회를 설립했다. 이 교회가 백정 교회라 불리던 승동교회의 시작이다.

처음 시작할 당시의 승동교회는 신도 수가 16명에 불과할 정도로 작은 교회였다. 이처럼 작았던 승동교회가 한국교회의 역사와 근현대사에 빠질 수 없게 된 것은 사무엘 무어의 노력이 있었기 때문이다. 사무엘 무어는 백정을 사람으로 보지 않고 짐승처럼 부리던 관행을 부정하고, 그들도 하나님의 자녀라 여기며 신도로 받아들였다. 이 사건은 조선의 신분제 철폐에 큰 영향을 미쳤다.

── 백정도 존중받을 사람으로 인식하다

사람 취급받지 못하던 백정 박성춘(추후 사무엘 무어에게 받은 이름)이라는 사람이 서울에 살고 있었다. 종교를 통해 인간 평등 사상이 조선 전반에 널리 퍼지고, 사회경제적으로는 양반이 몰락하고 공노비가 사라지던 1890년대에 살던 박성춘은 백정의 삶을 숙명으로 받아들이

지 못했다. 그는 백정이 아니라 인간으로 살기를 바랐지만, 교육의 기회조차 없는 현실과 당시 사회적 편견 속에서 삶의 변화는 꿈도 꿀 수 없었다. 그러나 박성춘은 자신의 아들만큼은 교육을 통해 백정에서 벗어나 사람답게 살기를 희망했다.

박성춘은 아들을 학생으로 받아주고 가르쳐줄 국내 교육기관을 백방으로 찾아 돌아다녔지만, 백정을 받아주는 학교는 어디에도 없었다. 박성춘은 아들이 교육을 받지 않으면 자신처럼 비참한 삶을 살아야 한다는 생각이 머릿속에서 떠나지 않았고, 그럴 때마다 가슴이 답답해졌다. 박성춘은 어떻게 해서든 아들을 가르쳐야 한다는 생각으로 동분서주하며 학교를 찾던 중 승동교회에서 무료로 아이들에게 공부를 가르쳐준다는 이야기를 듣게 되었다. 기독교에 대해 좋지 않은 인식이 있던 시절이기에 박성춘은 자식을 교회에 보내기는 싫었지만, 아들의 장래를 위해 두 눈을 꼭 감고 아들을 교회에 보냈다. 다만 아들에게 학문만 익히게 할 뿐 예배는 드리지 못하게 했다.

박성춘의 아들이 승동교회에서 공부하던 1890년대는 한반도를 둘러싸고 주변 열강들이 조선을 식민지로 만들기 위해 각축을 벌이던 시기였다. 그러던 중 1894년 청나라와 일본이 동학농민운동을 계기로 조선의 지배권을 두고 청일 전쟁을 벌였다. 동학농민운동과 청일 전쟁은 끝났지만, 전쟁의 한복판에 있던 조선은 피폐해졌다. 그리고 피폐해진 조선에는 전염병이 창궐했다. 전쟁의 가장 큰 피해자는 일반 백성이라고 했던가? 전쟁 내내 마음 졸이고 제대로 먹지도 못하던 많은 사람들이 콜레라에 걸려 목숨을 잃어갔다. 이때 사회계층의 밑바닥인 백정으로 살던 박성춘도 콜레라에 걸려 사경을 헤매며 죽음만

근현대사에 빠질 수 없는 승동교회의 전경

을 기다리고 있었다.

박성춘의 아들 박봉출은 자신을 위해 모든 것을 헌신한 아버지를 위해 백방으로 의사를 찾아다녔다. 그러나 백정인 데다가 치료비도 없던 박성춘을 치료해줄 의사는 한 사람도 없었다. 박봉출은 마지막이라는 심정으로 자신을 백정이 아닌 인간으로 대해주던 무어 목사를 찾아가 아버지를 살려달라고 애원했다. 신분제에 구애받지 않던 무어 목사는 아버지를 살리고자 울며 매달리는 박봉출의 정성에 감동해 당시 고종의 주치의로 있던 올리버 에비슨을 찾아가 박성춘을 치료해주기를 부탁했다. 무어 목사의 간절한 부탁과 박봉출의 효심에 감동한 에비슨은 의료가방을 가지고, 냄새나고 누추한 박성춘의 집을 직접 찾아가 정성껏 치료해주었다. 에비슨의 치료를 받아 되살아난 박성춘은 자신을 인간으로 봐주고 생명을 살려준 무어 목사와 에비슨에게 깊은 감동을 받고 가족과 함께 기독교로 개종했다.

백정이던 박성춘과 그의 자녀들이 승동교회를 다니기 시작하자 승동교회를 다니던 양반 출신의 신자들이 크게 반발했다. 그들은 백정을 교회에 받아들이지 말 것을 무어 목사에게 강력하게 요구하며, 자신들의 의견이 관철되지 않으면 교회를 떠나겠다고 협박했다. 그러나 '백정도 하나님의 소중한 자녀'라는 무어 목사의 신념을 꺾을 수는 없었다. 결국 양반 출신의 신도들이 교회를 떠나 홍문수골교회를 새로 세우자 승동교회의 교세는 점차 약해져갔다.

백정이던 자신을 살려주고, 양반들의 반대를 무릅쓰고 교회 식구로 받아들여준 일로 어려워진 교회를 위해 박성춘은 주변 백정들에게 열심히 전도했다. 박성춘의 노력과 백정을 인간으로 대해주는 따뜻한 무어 목사의 모습에 많은 백정이 기독교로 개종해 승동교회의 신자가 되었다. 이때부터 사람들은 승동교회를 백정 교회라 불렀고, 교회는 늘어난 신자로 교세를 회복할 수 있었다. 이후 백정을 신도로 받아들이는 문제로 분리되었던 두 교회는 다시 합쳐 1905년 지금의 자리에 교회 건물을 세우고 이전했다. 그 후로도 박성춘은 열심히 교회를 위해 전도한 결과, 1911년 백정으로는 처음으로 장로가 되어 500년간

이어져온 신분제를 극복하는 데 큰 역할을 하게 된다.

생사의 갈림길에 있던 박성춘을 살린 아들 박봉출은 에비슨이 콜레라를 치료하는 과정에서 서양의학의 효과를 확인하고 의술을 배우고 싶어 했다. 이를 눈치챈 에비슨은 영민하고 의지가 매우 강한 아이였던 박봉출에게 서양의학을 본격적으로 가르치기 시작했다. 에비슨의 도움으로 제중원 의학교(현재 세브란스병원)에서 8년 동안 열심히 공부한 결과 박봉출(이후 박서양으로 개명)은 우리나라 최초의 서양 의사 7명 중 한 사람이 된다. 의사가 된 박봉출은 배우고 익힌 의술을 자신의 영달을 위해서만 쓰지 않았다. 간도에 숭신학교를 세워 민족교육에 힘썼으며 독립운동단체인 대한국민회에서 군의관으로 독립운동에 참여했다.

이처럼 승동교회는 박성춘을 도움으로써 백정을 차별하는 사회적 인식이 잘못된 것임을 알렸다. 박봉출은 승동교회를 통해 백정도 이 나라의 어엿한 국민이며 기회만 주어진다면 얼마든지 자신의 능력을 펼칠 수 있는 존재라는 사실을 보여주었다. 더 나아가 백정이 세상의 쓰레기 같은 존재가 아니라 사회에 꼭 필요한 사람이며, 지금보다 더 나은 세상을 만드는 데 꼭 필요한 존재임을 알려주었다. 그래서 승동교회는 다른 교회보다 특별함을 갖고 있다.

── 3·1 운동의 중심이 되다

승동교회는 계급 타파를 통해 사회적 평등을 이끌어냈다는 점 외에도 일제강점기 최대의 민족운동이었던 3·1 운동의 중심지라는 의미가 있다. 1919년 2월 20일 연희전문학교에 재학 중인 김원벽을 중심으로 20명의 학생 대표들이 승동교회에 모여 제1회 학생지도자 회의를 열어 3·1 운동을 준비했다. 3·1 독립 만세를 외치기 직전 독립선언서 1,500매를 학생 대표들에게 전달한 장소가 바로 승동교회다.

3·1 운동의 주역이던 학생 대표들이 모인 승동교회는 3·1 운동에 직접 참여하기도 했다. 당시 승동교회의 차상진 목사는 일제가 3·1 운동을 탄압하는 행위에 항의하는 '12인의 장서(청원서)'를 조선 총독에게 제출했다가 투옥되기도 했다.

독립운동을 위한 학생들의 사전모임 장소였고, 일제에 저항하는 목사의 활동으로 승동교회는 일제강점기 내내 일본 경찰의 탄압을 끊임없이 받아야 했다. 하지만 승동교회는 일제의 협박과 탄압에 굴복하지 않았다. 승동교회는 청년들이 꿈을 키우고 독립을 향한 힘찬 걸음을 내디딜 수 있도록 돕는 든든한 울타리가 되어주었다. 1922년에는 승동교회에서 '조선여자기독교청년회(조선YWCA)'가 설립되었고, 1939년에는 한국인에 의한 최초의 '조선신학교'가 출범하기도 했다. 이처럼 승동교회는 한국 교회의 역사에서 중요한 위치를 차지하는 것을 넘어, 신분제를 허무는 시작점이었으며 독립운동의 중심지였다.

대한민국 임시정부의 마지막 청사
경교장

── **친일파 건물에서 대한민국 임시정부 청사로**

강북삼성병원 내에 경교장이 있다는 사실을 모르는 사람이 의외로 많다. 수없이 병원을 드나들면서도 근현대사에서 빼놓을 수 없는 역사적 장소인 경교장을 병원 건물의 일부로 알고 있는 사람도 있다. 그래서일까? 경교장을 손으로 가리키며 백범 김구 선생(1876~1949)이 서거한 장소라고 설명하면 놀라는 분들이 많다.

경교장은 일제강점기에 금광을 개발하면서 막대한 부를 거머쥐고 호화로운 생활을 하던 친일파 최창학의 집으로, 죽첨장이라 불리던 곳이었다. 최창학은 태평양 전쟁 당시 일제에 많은 후원금을 내는 것에 그치지 않고, 한국인에게 강제 징용을 종용하는 등 많은 잘못을

강북삼성병원 내에 있는 경교장

저질렀던 이력으로 광복 이후 처벌을 받을까 매우 두려워했다.

그러나 1945년 일제가 패망하고 국내를 장악한 미군정은 친일파에게 적대적으로 행동하지 않았다. 오히려 친일파를 끌어안았다. 국내를 장악하기 위해서는 미군정에 협력할 능력 있는 사람들이 필요했기 때문이다. 하지만 친일파를 제외한 대부분의 한국인은 문맹자였고, 자주독립을 꿈꾸던 민족지도자들은 미군정에 적극적인 협력을 하지 않았다. 최창학은 미군정의 친일파 감싸기에 일단 안심했지만, 대한민국 임시정부의 요원들이 귀국하자 불안해졌다. 일제에 맞서 독립을 위해 큰 노력을 기울였던 대한민국 임시정부가 권력을 잡게 된다면, 친일파를 용서하지 않을 것이 자명했기 때문이다.

식민지하에서 한국인으로 막대한 부를 가질 만큼 눈치가 빨랐던 최창학은 시국을 잘 볼 줄 알았다. 그리고 처세술이 남달랐다. 최창학은 매일 달라지는 국내 상황 속에서 가장 안전한 방법으로 미군정과 대한민국 임시정부에 양다리를 걸치기로 한 것이다. 마침 미군정은 대한민국 임시정부를 인정하지 않고 있어, 국내로 돌아온 대한민국 임시정부 요원들은 공식적인 지원을 받지 못하고 어려움을 겪고 있었다. 이를 기회로 여긴 최창학은 김구 선생과 대한민국 임시정부 요원들에게 자신의 저택인 죽첨장을 내주었다.

김구 선생은 최창학이 일본식으로 이름 붙인 죽첨장을 경교라는 근처 다리의 이름을 따서 경교장이라 바꿔 부르며 대한민국 임시정부의 청사이자 한국독립당 청사로 활용했다. 그리고 김구 선생은 독립 이후 국내로 돌아오는 독립운동가들이 거처를 마련할 때까지 마음 편하게 경교장에 머물 수 있도록 편의를 제공했다.

이를 두고 일부 사람들은 김구 선생이 최창학에게서 경교장을 빼앗아 개인 건물로 사용했다고 주장한다. 김구 선생이 개인의 이익을 위해 권력을 사용한 것은 잘못이라며 오늘날까지 비난하는 사람이 있다. 그러나 이들의 주장은 매우 잘못되었다. 경교장은 최창학이 자신의 보신을 위해 스스로 임시정부에 제공한 것이었다. 그리고 김구 선생 혼자서 사용한 건물이 아니라 선전부장 엄항섭, 재무부장 조완구, 문화부장 김상덕 등 임시정부 요원들과 함께 기거하던 공공장소였다. 또한 김구 선생은 경교장을 자신의 저택으로 사용하지 않았다. 김구 선생은 혜화동 지인 집에 머물면서 경교장으로 출퇴근을 하며 생활했으니, 권력을 이용해 사사로운 욕심을 챙겼다고 말하는 것은 터무니없는 주장일 뿐이다.

복원된 경교장에 들어서며 고급스러운 가구들을 접하게 되면, 임

갈 곳 없던 임시정부 요원들이 임시로 묵었던 숙소

시정부 요원들이 귀국 후 풍요로운 삶을 살았다고 생각할 수 있다. 그
러나 당시의 모습을 기록한 것을 보면 귀국 후 대한민국 임시정부에
대한 모든 지원이 끊기면서 겨울에는 난방도 할 수 없을 정도로 열악
한 환경이었다고 한다. 그러나 김구 선생을 중심으로 한 임시정부 요
원들은 자주적인 통일 한국을 만들기 위해 노력했다.

── 백범 김구 선생이 암살당한 장소

그러나 이런 노력은 미·소 강대국의 이해관계가 엇갈리고, 이에
편승해 권력을 잡으려는 일부 사람들에 의해 여지없이 무너져버렸다.
어떤 세력이 배후에 있었는지 모르지만 1949년 6월 26일 낮 12시 육
군 소위 안두희가 쏜 총탄에 김구 선생은 너무도 허망하게 세상을 떠
났다. 일제가 김구 선생의 현상금으로 60만 원(현재 기준으로 200억 원

이상)을 내걸었을 때도 무사했는데, 광복 이후 이토록 어이없게 서거한 것은 분명 일제보다 더욱 강력한 세력이 있었음을 짐작하게 한다.

김구 선생을 암살한 안두희는 단독범행으로 종신형을 선고받았지만, 석 달 만에 15년으로 형이 줄어들었다. 이후 6·25 전쟁 당시 안두희는 포병장교로 복귀했다가 1951년에 남은 형량을 면제받고 대위로 전역했다. 이후 강원도 양구에서 군납공장을 운영하면서 그 지역의 공무원들을 자신의 하인처럼 부려먹는 무소불위의 권력을 누렸다. 그러나 4·19 혁명으로 이승만 정부가 무너지고 '김구 선생 살해 진상규명위원회'를 발족하자, 안두희는 세인의 눈을 피해 도망쳤다. 정권이 교체되자 권력과 부를 모두 잃어버린 안두희의 모습에 많은 사람이 김구 선생을 암살한 배후 세력으로 이승만 정부를 의심할 수밖에 없었다. 도망치던 중 백범 독서 회장이 찌른 칼에 죽을 위기를 넘긴 안두희는 이름을 안영준으로 바꾸고 다시 몸을 숨겼다.

그렇게 사람들의 눈을 피해 숨어 살던 안두희는 신기하게도 또 정권이 교체되는 1987년 민족정기구현회장 권중희에게 붙잡혔다. 이때 권중희는 김구 선생을 암살한 배후를 안두희에게서 들었다고 주장했다. 그러나 1994년 국회 법사위 백범 김구 선생 암살 진상조사 소위원회에서 안두희가 자백을 거부하면서 공식적으로 김구 선생의 암살 배후는 알려지지 않고 있다.

권중희는 안두희가 김창룡의 지시로 김구 선생을 암살했음을 자백했다고 주장했다. 또한 안두희가 "김창룡도 누구의 지시를 받은 것 같지만, 그것까지는 자세히 알지 못한다. 다만 김구 선생이 미국에 비협조적이었기에 CIA의 소행이 아닐까 짐작한다."라고 말했다고 권중

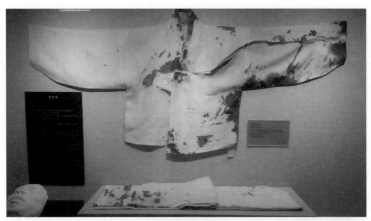

위 | 김구 선생이 마지막으로 입었던 두루마기
가운데 | 김구 선생이 집무실로 사용하던 공간
아래 | 김구 선생이 안두희의 총탄에 서거한 장소

희는 전했다. 그렇지만 권중희의 증언은 비공식적 자료이기에 아직도 진위 여부에 대한 논쟁이 많다.

하지만 확실한 것은 대한민국 사람들이 가장 존경하는 김구 선생을 암살한 안두희는 결코 순탄한 삶을 살지 못했다는 것이다. 김구 선생을 암살한 배후 세력이 사라진 순간부터 안두희는 평생 쫓기는 삶을 살아야 했다. 그러던 중 1996년에는 박기서라는 사람이 안두희를 찾아가 김구 선생을 암살한 죄를 치르라며 죽여버렸다. 개인적으로 안두희의 죽음이 안타깝다는 생각은 들지 않는다.

김구 선생과 안두희에 대해 생각하며 경교장을 둘러보다 보니 어느덧 2층 집무실에 들어서 있었다. 2층 집무실에는 김구 선생이 안두희에게 피살된 장소가 표시되어 있다. 그곳에 서는 순간 모든 것이 정지되어버렸다. 창문 너머로 밖을 내다보던 김구 선생이 안두희가 들어오는 소리에 몸을 돌렸고, 그 순간 울려 퍼지는 4발의 총성. 그리고 김구 선생은 서서히 바닥에 쓰러지고 두루마기 위로 퍼지는 핏자국. 안두희는 그 순간 자신이 얼마나 큰일을 저질렀는지 알았을까?

경교장 내에는 안두희가 쏜 총탄에 뚫린 유리창 너머로 김구 선생의 죽음을 애도하러 온 수많은 시민이 슬퍼하는 모습이 담긴 사진이 전시되어 있다. 그 사진을 보는 순간 눈물이 맺혔다. 그리고 탄식이 흘러나왔다. 김구 선생이 살아 계셨다면 우리의 역사는 지금보다 훨씬 나았으리라 믿기 때문이다.

—— 다시 경교장으로 돌아오기까지

김구 선생이 서거한 이후 경교장은 최창학에게 반환되었다가 타

이완 대사관으로 사용되었다. 6·25 전쟁 이후에는 미국 특수부대가 주둔하는 공간이었고, 이후에는 삼성병원 건물로 쓰였다. 임시정부 국무회의가 열렸던 장소는 삼성병원 원무과로 사용되었고, 김구 선생이 집무실로 사용하다 피살된 장소는 의사들이 휴식을 취하는 휴게실이 되었다. 안타깝다는 말 이외에는 표현할 길이 없다. 한국인이 가장 존경하는 위인으로 선정된 김구 선생이 피살된 장소라는 의미를 넘어 대한민국 임시정부의 마지막 임시청사라는 큰 가치를 지닌 경교장을 대한민국 정부가 외면한 것이다. 대한민국 임시정부의 법통을 이어받았다고 늘 외치던 소리가 무색하기만 하다.

대한민국 임시정부의 마지막 청사가 병원 건물로 사용되고 있을 뿐 아니라 개인 소유물이 되어 언제 사라질지도 모른다는 사실에 많은 사람들이 공분했다. 대한민국 임시정부의 마지막 청사가 영원히 기억되기를 바라는 사람들의 염원은 결국 경교장을 대한민국 사적으로 등록시켰다. 2009년 8월 14일 경교장 복원이 결정되고, 2013년 시민에게 개방하면서 이제는 누구나 경교장을 방문할 수 있게 되었다. 매우 감사한 일이다.

그러나 아직 아쉬운 점도 너무 많다. 버스 정차 안내방송에서 경교장을 알리는 하차 방송을 듣고 내리면 경교장까지 400m 거리에 있는 서울역사박물관이 나온다. 반면 경교장이 있는 버스 정류장은 삼성병원으로만 하차 방송이 나온다. 대한민국 임시정부의 마지막 청사였던 경교장을 시민들이 올바르게 알 수 있도록 세심한 부분까지 바로잡았으면 한다.

사랑을 무소유로 승화시키다

길상사

—— **김영한과 백석의 이루어질 수 없는 사랑**

서울 성북구에는 개인적으로 존경하는 법정스님이 오랫동안 머무셨던 길상사가 있다. 법정스님이 열반에 드신 지는 오래지만, 길상사 곳곳에서 법정스님을 만나는 것은 어렵지 않다. 법정스님의 글을 읽으면서 천천히 길상사 경내를 걷다 보면 어느덧 나도 모르게 마음속의 번잡함을 버리고 경건하게 서 있는 자신을 발견하게 된다.

그러나 과거의 길상사는 부처님을 모시는 사찰하고는 거리가 멀었다. 길상사는 권력과 부를 가진 사람들이 기생을 옆에 두고 술과 음식을 먹으며 잔치를 벌였던 대원각이란 요정이었다. 그것도 정계의 많은 인사들이 주로 모이는 전국 3대 요정으로, 당시에는 대원각을 가

과거 요정이었던 길상사의 입구

보지는 않았어도 모르는 사람이 없을 정도로 유명한 장소였다. 이 대
원각의 소유주이자 요정의 주인으로 권력과 많은 돈을 가졌던 인물이
바로 김영한(1916~1999)이다.

김영한은 15세의 어린 나이에 시집을 갔으나 남편이 일찍 죽으
면서 남들처럼 평범하게 살 수 없었다. 당장의 생계를 위해 '진향'이라
는 이름의 기생이 되어야 했다. 시와 가무 등 모든 방면에 뛰어난 재능
을 가졌던 김영한은 당대 지식인들의 큰 사랑을 받는 기생이 되어 최
고의 인기를 누렸다. (조선시대의 기생은 몸을 파는 여인이 아니라 시·서예·
노래·가무 등을 모두 할 줄 아는 종합 예술인이었다.) 이런 김영한의 삶에 큰
변화를 준 이가 나타났으니 바로 백석이라는 시인이었다. 그동안 어
느 누구에게도 마음의 문을 열지 않던 김영한은 백석을 보자마자 사
랑에 빠져버렸다.

당시의 백석은 시인이자 영어 교사로서 사회적으로 안정된 삶을 살고 있었다. 그런 백석 또한 기생이지만 뛰어난 재색과 따뜻한 마음을 가진 김영한을 마주하는 순간 사랑의 감정에서 헤어 나올 수 없었다. 서로가 뜨겁게 사랑할수록 백석의 가족과 주위 사람들은 김영한을 만나지 말라고 종용했다. 백석이 이들의 말을 따르지 않자 많은 비난이 늘 따라다녔다. 그러나 백석에게는 온 세상이 김영한이었고, 김영한이 세상의 전부였다. 그런 김영한과의 사랑을 모두가 반대하자, 백석은 주저 없이 자신이 가지고 있던 모든 것을 과감히 버렸다. 교사라는 직위도 버렸고, 가족에 의해 억지로 하게 된 세 번의 결혼 생활도 버렸다. 세상 어떠한 것도 김영한보다 우선하는 것이 없었다. 백석은 이 세상 전부였던 김영한에게 '자야(이백의 시 〈자야오가(子夜吳歌)〉에서 빌려왔다.)'라는 아명을 지어주며 자신의 사랑을 끊임없이 표현했다.

그러나 백석의 가족을 비롯한 주변 사람들은 여전히 둘의 사랑을 끊임없이 힐책하며 인정하지 않았다. 백석은 자야와의 사랑을 인정해주지 않는 가족을 버리고 둘만의 행복한 삶을 살자며 김영한에게 만주로 가자고 했다. 김영한은 백석의 제의가 무척 기쁘고 고마웠으나, 만주로 가는 것은 거부했다. 김영한도 백석과의 행복한 삶을 꿈꾸었지만, 자신 때문에 백석의 꿈이 좌절되는 것이 무서웠다. 그리고 가족들과 이별하고 힘들어할 백석을 지켜볼 자신이 없었다. 백석 또한 김영한이 만주로 가지 않으려는 이유와 그 마음을 너무도 잘 알았기에 끝까지 강요하지는 못했다. 이처럼 둘은 자신보다도 서로를 더 깊이 사랑하는 삶을 살았다.

둘의 사랑은 변함이 없었으나 근현대사의 격동기 속에서 강제로

김영한과 법정스님의 숨결을 느낄 수 있는 길상사

헤어져야 했다. 광복 이후 한반도가 38선으로 분단되고, 연이어 터진 6·25 전쟁으로 남과 북은 더 이상 왕래할 수 없었다. 백석은 남쪽으로 내려오지 못했고, 김영한은 북으로 올라가지 못하면서 둘은 어쩔 수 없이 헤어지게 되었다. 만나지 않으면 사랑이 식는다는 말은 두 사람에게 해당되지 않았다. 시간이 지날수록 그리움이 사무치는 만큼 백석에 대한 김영한의 사랑은 더욱더 깊어졌다. 김영한은 백석의 생일인 7월 1일에는 아무것도 먹지 않으며, 그와의 만남을 추억하고 그리워했다. 마침내 김영한은 백석에 대한 사랑과 그리움을 해소하기 위해 백석이 하던 모든 일을 따라 하기로 마음먹었다. 우선 영어 교사였던 백석을 떠올리며 중앙대학교 영문과에 입학했다. 6·25 전쟁으로 잠시 학업이 중단되기는 했지만, 쉬지 않고 공부한 끝에 1953년 영문과를 졸업할 수 있었다. 이후 김영한은 글을 써서 책을 출간하며 백석과 늘 함께하고 있음을 보여주었다.

─ 요정에서 길상사로

그러나 그 어떤 것으로도 백석의 빈자리를 채울 수 없어 괴로워하던 김영한에게 법정스님의 무소유는 큰 울림을 주었다. 백석을 잊기 위해 노력했던 모든 것들이 자신을 더 힘들게 하고 있음을 알려준 법정스님에게 감사의 마음을 표현하고 싶었다. 또한 자신의 모든 것을 내려놓음으로써 백석과의 사랑을 완성하고 싶었다.

김영한은 1987년 대원각을 법정스님에게 시주하고자 하는 뜻을 비쳤으나 법정스님은 이를 정중히 거절했다. 7천여 평의 대지와 40여 동의 건축물로 이루어진 대원각은 당시 돈으로 1천억 원이 넘는 가치(1988년 강남 은마아파트의 가격은 5천만 원)을 지녔다. 무소유를 이야기하던 법정스님에겐 큰 부담이었는지, 아니면 김영한의 무소유를 실천하려고 하는 모습이 시기상조라고 생각했는지 우리는 모른다. 하지만 분명한 것은 김영한이 무소유를 실천하려다 더 힘들어질 수 있는 상황을 법정스님은 경계했다. 실제로 김영한의 주변 사람들은 대원각 기부를 강하게 만류했다. 1천억 원이라는 가치는 누구도 쉽게 포기할 수 있는 돈이 아니기에 어쩌면 당연한 일이다. 하지만 김영한에게 대원각은 백석을 잊고자 열심히 일한 결과 따라온 부산물에 불과했을 뿐 그 이상도 그 이하도 아니었다.

결국 김영한은 백석과의 사랑을 완성하기 위해 법정스님에게 10여 년 동안 대원각을 시주로 받아줄 것을 부탁했다. 그 결과 1997년 대원각은 길상사로 다시 태어날 수 있었다. 아마도 이때가 김영한이 백석의 사랑을 집념과 집착에서 벗어나 무소유로 승화시킨 순간이 아니었을까 싶다. 그리고 마지막으로 '창작과 비평사'에 2억 원을 기증하며 백석문학상을 제정했다. 이로써 모든 이들이 백석의 뛰어난 문학적 소양과 작품을 기억해주기를 바랐다.

길상사가 창건하는 날, 김영한은 염주 하나와 '길상화'라는 법명을 받았다. 자신이 가진 모든 것을 비움으로써 아무것도 소유하지 않게 된 김영한은 1999년 이 세상에 가장 아름다운 사랑만을 남겨두고 열반에 들었다. 김영한의 육신은 무소유의 뜻에 따라 아무 미련 없이 화장되어 길상사 뒤뜰에 뿌려졌다. 이제 길상사에서 김영한으로 기억되는 것은 길상사 한편에 놓인 작은 공덕비뿐이다.

공덕비가 바라보이는 작은 의자에 앉아 주변을 둘러보니 길상사는 많은 것을 함축해 담아내고 있었다. 길상사 어느 곳에 시선을 둬도 아름다운 풍경이 가득했다. 그리고 과거 이곳이 요정이었을 당시 밤마다 많은 사람으로 북적댔을 모습이 떠올랐다. 매일 사랑을 속삭이는 요정을 바라보는 김영한은 어땠을까? 마음속에 불타는 사랑을 감추고 웃음과 행복을 나눠주어야 하는 기생으로서의 숙명을 어떻게 받아들이고 살았을지 상상이 되지 않는다. 오히려 나 스스로에게 어려운 숙제를 부과해버린 느낌이다.

길상사가 창건되는 과정은 인생에서 우리가 무엇을 가져가야 할지 생각해볼 기회를 제공한다. 김영한이 가졌던 수많은 재산은 단순한 돈이 아니라 백석에 대한 그리움이자 사랑이었다. 하지만 김영한은 백석과 자신의 사랑이 영원할 수 있도록 모든 것을 내려놓았다. 법정스님도 김영한의 뜻을 알았기에 무소유를 실천할 수 있는 시간을 주고 대원각을 받아들였을 것이다. 조계종 송광사의 분원 길상사로 다시 태어난 지금, 요정 대원각은 어디에도 존재하지 않는다. 사람들의 기억 속에서 대원각은 잊힌 지 오래다. 단지 법정스님의 무소유와 이를 실천한 자야 김영한만 기억될 뿐이다.

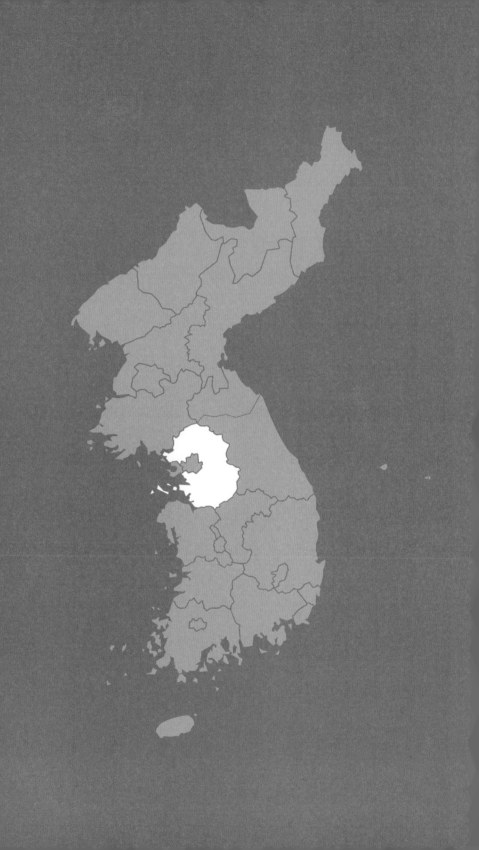

2장

경기도

용문사 수종사 삼릉 서오릉 남한산성 과지초당

경기라는 말은 서울의 근교라는 의미를 내포하고 있다. 그래서일까? 경기도에는 우리에게 친숙한 왕과 관료들의 이야기가 많이 남아 있다. 서울이 정사 위주의 역사라면, 경기도는 야사 위주의 재미있는 이야기가 훨씬더 많아 백성들의 민심을 읽을 수 있다. 경기도에서는 나라에 대한 백성들의 마음을 느껴보면 어떨까?

| 경기도에서 가볼 곳

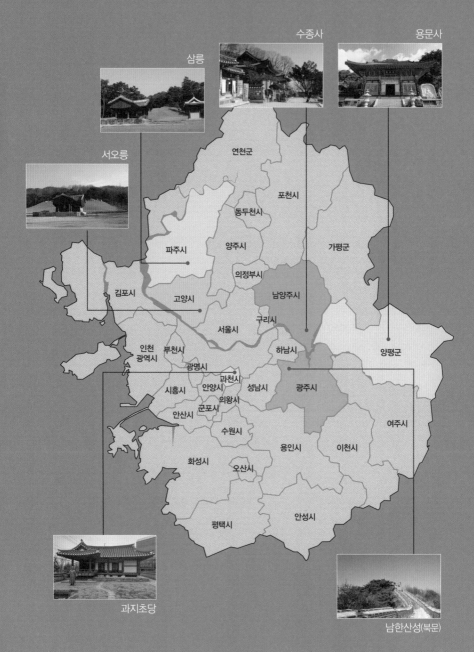

삼릉

수종사

용문사

서오릉

연천군

포천시

동두천시

파주시

양주시

가평군

의정부시

김포시

고양시

남양주시

서울시

구리시

인천
광역시

부천시

하남시

양평군

광명시

과천시

성남시

광주시

시흥시

안양시

안산시

의왕시

군포시

수원시

용인시

이천시

여주시

화성시

오산시

평택시

안성시

과지초당

남한산성(북문)

모든 은행나무의 어머니

용문사

—— 6 · 25 전쟁 최대 격전지였던 용문산

경기도 양평 용문산에 위치한 용문사는 예부터 전국 각지에서 많은 사람이 찾아오는 관광지다. 대학생들이 MT로 자주 오던 곳이기도 하다. 나도 대학생 시절 용문사로 MT를 와서 1,100년이 넘도록 살아 있는 은행나무를 본 뒤, 인근 계곡에서 물놀이하던 추억을 가지고 있다. 지금은 국민 관광지로 지정되어 예전보다 방문이 용이해졌고, 많은 가족 관광객들이 용문사 아래에 있는 캠핑장에 찾아와 휴식을 취하고 간다.

그러나 아직까지 용문산 관광단지를 방문하는 이유는 대부분 용문사 은행나무를 보기 위해서다. 나중에 용문사에 대해 기억하는 것

용문사 대웅전

도 은행나무로 국한된다. 그렇다 보니 용문사에서 은행나무 외에 무엇을 보았는지 물어보면 누구도 선뜻 대답하지 못한다. 용문산에는 은행나무만 있는 것이 아니다. 이곳은 6·25 전쟁 당시 중공군의 남하를 저지시키며 대한민국을 수호했던 역사도 가지고 있다.

북한군에게 밀려 낙동강까지 후퇴했던 전쟁을 1950년 9월 15일 인천상륙작전으로 반전시킨 국군은 북으로 전진해 압록강까지 밀고 올라갔다. 그러나 미국이 전쟁을 멈추지 않고 중국 영토까지 쳐들어올까 걱정하던 중국이 전쟁에 개입해버렸다. 중공군이 한반도에 들어온 사실을 감지하지 못했던 유엔군과 국군은 갑작스러운 중공군의 공격에 속수무책으로 당할 수밖에 없었다. 더욱이 중공군에게 퇴로가 막혀 고전을 겪으며 후퇴해야 했다. 이 사건을 1·4 후퇴라고 한다.

파죽지세로 38선 이남으로 밀고 내려오던 중공군은 군수물자가 원활하게 보급되지 않자 남하 속도가 현저히 느려졌다. 여기에 유엔군과 국군이 재정비해 중공군에 맞서면서, 전선은 어느 쪽으로도 기울지 않는 팽팽한 대치 상태가 되었다. 전쟁이 길어질 것을 우려한 중국은 1951년 5월 다시 한번 대규모 군단을 이끌고 총공세에 나섰다.

중공군 3개 사단 5만여 명이 용문산으로 내려오자, 국군 6사단은 공격을 피하면서 효과적인 방어를 하기 위해 뒤로 물러나야 했다. 그러나 이 과정에서 송대후 중령이 이끄는 6사단 2연대가 청평호 남쪽에서 철수하지 못했다. 철수하지 못한 2천여 명의 2연대는 당황하지 않고 대한민국 군인으로서 중공군의 남하를 저지하는 일을 묵묵히 진행했다. 5월 18일 남쪽으로 도강하려는 중공군을 발견한 2연대는 기습공격을 해 중공군을 격퇴했다. 이에 중공군은 2연대를 향해 공격했으나 번번이 격퇴당했다. 중공군은 수적인 열세에도 불구하고 쉽게 함락되지 않는 2연대를 국군의 주 방어선으로 오해하고 3개 사단을 투입했다.

중공군이 넓은 지역으로 내려오게 되면 수적으로 부족한 국군과 미군이 고전했을 상황이 오히려 그 덕분에 역전되었다. 2연대를 몰살시키기 위해 한곳으로 모인 중공군 3개 사단을 국군 6사단이 포위하고 집중 포격을 가했다. 이때 정확한 수치는 나와 있지 않지만 중공군은 국군에 의해 1만 5천여 명 정도의 전사자를 입고 퇴각한 반면, 국군은 100여 명 사망에 500여 명의 부상자만 나올 정도로 경미한 피해를 보았다. 이는 6·25 전쟁의 수많은 전투 중에서도 손꼽히는 승리였

경
기
도

으며 세계사적으로도 큰 승리로 기록되어 있다. 미 육군 사관학교는 전술 교본에 용문산 전투를 자세하게 서술해 미래의 장성들에게 전략의 표본으로 가르치고 있다.

이처럼 세계적인 승리로 중공군의 남하를 저지하고 대한민국을 수호한 용문산 전투를 기념하기 위해 용문산 관광단지에는 용문산 전투전적비가 설치되어 있다. 용문산 전투전적비에는 상징적인 의미가 많이 담겨 있다. 6·25 전쟁이 발발한 1950년을 기억하기 위해 폭을 19.50m로, 1951년 용문산 전투를 기념하기 위해 높이는 19.51m로 제작했다. 이런 의미를 담아놓은 것은 6·25 전쟁에서 대한민국을 수호하기 위해 얼마나 많은 희생이 있었는지를 기억하며, 다시는 한반도에서 전쟁이 일어나지 않기를 바라는 마음을 보여주기 위해서다. 그러나 용문산 전투와 그 가치를 알지 못하기에 전적비를 방문하는 이가 적다. 전쟁을 몰라도 되는 평화로운 세상은 좋지만, 순국선열의 숭고한 희생을 기억하고 감사하는 마음은 잊지 않으면 좋겠다.

—— 사람들의 바람과 전설을 간직한 용문사 은행나무

용문산 전투전적비를 뒤로하고 용문사로 올라가는 오르막길은 졸졸졸 흐르는 시냇물과 산새들이 지저귀는 소리로 귀가 즐겁다. 용문사 일주문을 지나 7~8분 정도 걸어 올라가면 생각보다 크지 않은 용문사와 함께 은행나무가 보인다. (용문사 은행나무의 웅장함을 보려면 가을이나 겨울에 방문하기를 권한다.) 용문사 앞에 있는 은행나무는 높이만 42m로, 동양에서 제일 큰 은행나무인데 1,100년 동안 한순간도 푸르름을 잃지 않고 서 있다.

천연기념물 제30호의 동양에서 가장 큰 은행나무. 용문사를 든든히 지키고 서 있으며, 은행 나무의 기운을 받아 원하는 일이 이루어지기를 소망하는 사람을 쉽게 만날 수 있다.

용문사 은행나무는 역사적으로 유명한 위인들과 연관된 이야기가 많이 전해져 내려오는데, 은행나무의 시초에 대한 이야기부터 범상치 않다. 신라의 마의태자가 나라를 잃은 슬픔으로 금강산에 은둔하러 가는 길에 심었다는 이야기와 함께, 신라의 의상대사가 지팡이를 꽂아둔 것이 생명을 얻어 자라났다는 두 가지 설화가 전해진다. 태종 이방원이 "나는 조선의 왕이지만 이 나무는 모든 나무의 왕이다."라는 말을 하면서 오늘날 천왕목(天王木)이란 또 다른 이름도 전해진다. 세종은 정3품에 해당하는 당상직첩을 하사하며 신목(神木, 신처럼 여기는 나무)으로 귀한 대접을 했다.

경기도

이후 용문사 은행나무는 실제로 신목다운 기이한 일을 만들어냈다. 용문사 은행나무에 관련된 전설 중에서 가장 널리 알려진 것은 나무가 피를 흘렸다는 내용이다. 옛날 어떤 사람이 용문사 은행나무를 자르기 위해 톱질을 했다. 이내 톱이 낸 상처에서 피가 흘러나왔고, 이를 본 하늘이 천둥과 번개를 쳐 그를 내쫓았다는 이야기다. 이 외에도 은행나무와 관련된 이야기가 많은데, 유독 최근에 일어난 사건이 많다. 1907년 정미의병 시기 일제가 의병을 토벌하기 위해 용문산에 있는 사찰마다 불을 질렀다. 이 과정에서 용문사도 흔적이 남지 않을 정도로 불에 타버렸다. 그런데 희한하게도 용문사 바로 앞에 있는 은행나무만은 불에 타지 않고 멀쩡했다고 한다.

이처럼 하늘이 보호해주는 용문사 은행나무는 우리에게 어려움이 닥칠 때마다 하늘을 대신해 울어주었다. 1919년 고종이 죽었을 때는 슬픔을 이기지 못하고 커다란 가지가 부러졌으며, 6·25 전쟁이 일어났을 때는 동족상잔의 비극이 너무도 가슴 아팠는지 서글프게 울었다고 한다. 다행히 6·25 전쟁 이후로는 아직까지 울지 않고 있어 지금이 태평성대라는 생각이 든다.

용문사 은행나무와 관련된 전설을 들여다보면 '하늘이 곧 백성'이라는 사상이 담겨 있다. 과거 은행나무 열매는 인근 주민들의 생계를 책임지는 중요한 소득원이었다. 크게 돌보지 않아도 병들지 않고 잘 자라는 은행나무는 가을이 되면 자식을 먹이고 입히고 가르칠 수 있도록 은행 열매를 떨어뜨려주었다. 특히 용문사 은행나무는 1년에 15~20가마 정도의 열매를 떨구니 천 년이 넘는 긴 시간 동안 얼마나 많은 열매를 맺었을지 짐작하기조차 어렵다. 사람들은 오래 시간 많은 양의 열매를 떨궈온 용문사 은행나무를 경기도와 강원도에 분포하는 은행나무의 뿌리이자 어머니라고 믿어왔다. 나라 입장에서도 백성을 먹여 살리는 은행나무의 어머니인 용문사 은행나무는 하늘이요, 백성이라 할 수 있었다.

하늘이 존재할 수 있는 것도 수많은 사람의 관심과 바람이 모여야만 가능하다. 용문사 주변은 수많은 전란이 일어났던 장소다. 앞에서 언급했던 정미의병과 6·25 전쟁에서 은행나무가 살아남을 수 있었던 것은 은행나무를 지켜야 한다는 사람들의 바람이 만들어낸 것일지도 모른다. 지금도 용문사 은행나무가 푸르름을 유지한 채 열매를 맺는 것도 많은 사람의 노력과 바람이 있기에 가능한 일이다. 용문사 은행나무가 잎과 꽃을 피우고 열매를 맺기 위해서는 하루 2천 리터 이상의 물이 필요하다. 그러나 자연 상태에서 그 많은 물이 매일 공급되기는 매우 어렵다. 용문사에 방문하는 사람들이 내는 입장료로 은행나무에 물과 영양분을 공급하기 위한 큰 비용을 충당하고 있다. 그 결과 용문사 은행나무는 선조들이 그래왔던 것처럼 사람들의 관심과 정성으로 지금도 우리 곁에 건강하게 서 있다. 그리고 앞으로도 용문사 은행나무는 우리가 사랑하는 만큼 언제까지나 늘 푸르게 서 있을 것이다.

남양주

물과의 깊은 인연

수종사

—— 낮은 산이라고 우습게 보면 안 되는 운길산

경기도 남양주시는 서울에서 멀지 않으면서 두물머리처럼 유명한 관광지가 많아 사람들이 즐겨 찾는다. 나는 남양주의 여러 명소 중에서 으뜸을 꼽으라면 운길산에 위치한 수종사라 말하고 싶다. 수종사는 아는 사람에게는 굉장히 유명한 곳이지만, 이름조차 생소하다는 분들도 많다. 수종사가 널리 알려지지 않은 데는 접근성이 떨어지는 산 정상에 위치한 것도 한몫한다. 수종사가 있는 운길산은 그리 높지 않은 작은 산처럼 보여 정상까지 올라가는 일이 어렵지 않게 느껴진다. 하지만 멀리서 보이는 것과는 달리 운길산은 경사가 매우 가파르다. 그렇기에 평소 산에 오르지 않는 사람이라면 수종사 방문을 다시 한번 생각해보라고 말하고 싶다. 운길산 정상에 위치한 수종사는 마음의 준비를 단단히 하고 올라가도 가쁜 숨을 몰아쉬며 등정을 포기하고 싶을 정도의 급경사를 올라야 하기 때문이다.

걷지 않고 차를 타고 수종사를 향해 올라가도 후회는 계속 밀려온다. 급경사의 도로를 따라 올라가다 보면 차가 뒤로 밀릴까 두려워진다. 혹시라도 좁은 산길에서 내려오는 차를 마주했을 때 이도 저도 못 할 상황을 상상하는 것만으로도 등 뒤에 식은땀이 흐른다. 모든 것을 포기하고 차를 돌려 산 밑으로 내려가고 싶은 마음이 굴뚝같아도, 차를 돌릴 만한 공간이 당최 나오지 않는다. 결국 두 눈을 질끈 감고 액셀러레이터를 있는 힘껏 밟고 올라가는 수밖에 없다. 차를 버리고 싶은 여러 고비를 넘기고 수종사 일주문 앞에 도착하면, 차량 몇 대를 주차할 수 있는 널찍한 공간을 마주하게 된다. 이 순간 비로소 살았다는 소리가 입 밖으로 저절로 나온다. 실제로 지인에게 이곳을 추천하면서 차를 가지고 일주문까지 아무런 문제 없이 올라갔다는 사람을 만난 적이 없다.

— 수종사의 창건 설화와 역사

일주문 앞에 주차하고 5분 정도를 걸으면 수종사를 만나게 된다. 일주문에 비해 작은 규모의 수종사는 막강한 권력을 가졌던 세조가 세운 사찰이라 하기에는 규모가 너무 작다. 비록 사찰의 크기는 작지만, 수종사에는 많은 전설과 역사가 깊게 깃들어 있다. 특히 차를 마시며 북한강과 남한강이 만나는 두물머리 전경을 한눈에 내려다볼 수 있는 삼정헌은 다른 사찰에서는 경험할 수 없는 수종사만의 큰 매력

물과 인연이 깊은 수종사

으로 작용한다.

　전국 대부분의 사찰이 이름 있는 고승과 연관된 것과는 달리 수
종사는 조선 7대 왕 세조와 관련되어 있다. 세조(1417~1468)는 반정에
성공하고 왕이 된 뒤 민심을 알아보고자 전국을 많이 돌아다녔다. 또
한 어린 시절부터 전국을 돌아다니며 호연지기를 기르던 세조는 왕이
된 이후 좁은 궁궐에만 있는 것이 갑갑해 자주 순행을 다녔다.

　1458년에도 세조는 궁궐을 나와 문무백관을 거느리고 금강산
에 다녀왔다. 금강산 구경을 마치고 서울로 오던 중 운길산 아랫마을
에서 하룻밤을 머물렀다. 먼 길을 오느라 피곤했던 세조가 일찍 잠자
리에 들어 자려는 순간 어디선가 깨끗하고 아름다운 종소리가 들려왔

다. 한밤중에 울리는 종소리에 의아함을 품은 세조는 자리에서 벌떡 일어나 밖으로 나왔다.

조선은 억불 정책으로 많은 사찰을 헐고, 양반이 승려로 출가하는 것도 막았다. 특히 조선 초의 숭유억불 정책은 매우 강력하게 추진되던 정책이기도 했다. 이러한 시대에 한밤중에 울리는 사찰의 종소리는 조선을 인정하지 않겠다는 반역과 같은 의미였다. 그러나 세조는 조선의 왕들 중에서 숭불 정책을 펼친 몇 안 되는 왕이었다. 불교에 호감을 가지고 있던 세조는 종소리를 듣고 분노하기보다는 기이하고 상서로운 일로 받아들이고, 여러 사람을 이끌고 종소리를 찾아 운악산을 올랐다.

한밤중에 왕이 산을 오른다는 것은 상상도 할 수 없는 일이지만, 평소에 무예를 닦으며 체력만큼은 자신 있었던 세조는 큰 무리 없이 운길산을 오르내렸다. 한참 동안 운길산을 헤매던 세조는 종소리의 근원이 정상 부근에 있는 동굴이라는 것을 확인하고 거침없이 동굴 안으로 들어갔다. 하지만 세조가 들어간 동굴 안에는 소리를 낼 만한 것이 하나도 없었다. 소리를 잘못 들었다고 생각한 세조가 동굴 밖으로 나가려는 순간, 뒤쪽에서 종소리가 다시 들려왔다. 뒤에서 울려 퍼지는 종소리에 세조가 동굴을 찬찬히 살펴보니 조금 전까지 보이지 않던 십육 나한(석가모니의 부탁으로 세상에 남아 정법을 지키는 열여섯의 아라한)이 보였다. 이어 동굴 천장에서 떨어지는 물이 바닥에 부딪치면서 종소리처럼 맑고 청명한 소리를 냈다. 세조는 자신이 기이하고도 신기한 현상이 일어나는 동굴로 오게 된 것을 이곳에 사찰을 세우라는 부처님의 계시라 여겼다.

그렇게 해서 운길산에 세워진 사찰은 물이 떨어진 소리가 종소리와 같다는 의미로 수종사(水鐘寺)라 불렸다. 세조에 의해 창건된 수종사는 오랫동안 번영할 것처럼 보였지만 세조 이후 꾸준하게 펼쳐진 억불 정책으로 점점 쇠퇴해갔다. 이후 조선이 망해가던 고종 때 혜일 스님에 의해 다시 수종사가 중건되었지만, 6·25 전쟁 때 전각이 소실되면서 사람들의 기억 속에서 사라져버렸다. 다행히도 전쟁 후 복구되는 과정에서 불교계도 중흥하면서 전국에 많은 사찰이 중건되었는데, 수종사도 이때 다시 중건되었다.

─── 작지만 보물로 가득 채워진 수종사

다시 중건된 수종사의 최고의 공간은 두물머리 전경을 바라보며 차를 마실 수 있는 삼정헌이다. 삼정헌은 전통 다례에 따라 차를 마실 수 있게 되어 있다. 찻상 위에 놓인 안내문을 따라 전통 차를 우려내고 음미하다 보면 자연스레 운치 있는 분위기가 만들어진다. 또한 통유리 창으로 밖을 내다보면 다리 밑으로 흐르는 북한강과 산 너머로 보이는 남한강이 만나 온전히 하나가 되는 두물머리를 한눈에 담을 수 있다. 두 강물이 만난다 해서 이름 붙여진 두물머리의 의미를 운길산 수종사에 오르니 비로소 이해가 되고 고개가 끄덕여진다. 두물머리의 의미를 제대로 알고 싶다면 나뭇잎이 다 떨어져 시야가 확보되는 겨울에 방문하는 것이 최적이다.

삼정헌을 나오면 수종사의 작은 경내에 울타리로 보호해놓은 석조부도와 팔각오층석탑이 보인다. 세조에 의해 창건된 수종사답게 석조부도와 팔각오층석탑도 왕실과 관련되어 있다. 석조부도는 태종의

차를 마실 수 있도록 마련된 삼정헌

딸인 정혜옹주의 부도로, 청자 유개호(뚜껑이 있는 항아리 모양의 토기) 등 다양한 유물이 출토되어 조선 전기의 문화를 이해하는 귀중한 자료를 제공한다. 석조부도 우측에 있는 팔각오층석탑에서는 여러 구의 불상이 발견되어 현재 국립중앙박물관에 보관 중이며, 석탑 자체가 보물로 지정되기도 했다.

이 외에도 수종사는 병을 고치는 데 효험이 큰 약수가 유명해서 과거 많은 사람이 이곳에 와서 부처님께 치성을 드린 후 물을 마셨다. 그래서 수종사는 가난한 사람들의 근심과 걱정을 덜어주는 사찰이자, 어려움을 이겨낼 수 있도록 도와주는 희망이었다. 여기에 세조가 심었다고 전해지는 수령 500년이 넘는 거대한 은행나무가 수종사의 오랜 역사를 보란듯이 증명해주고 있다.

세조가 동굴에서 물이 떨어지는 소리를 듣고 찾아와 창건했다는 설화, 많은 병자를 고쳤다는 약수, 남한강과 북한강이 만나는 두물머

위 | 석조부도와 보물로 지정된 팔각오층석탑
아래 | 남한강과 북한강이 만나는 두물머리의 전경

리를 볼 수 있는 삼정헌까지 수종사는 물과 깊은 관련을 맺고 있다. 추운 겨울 수종사를 방문해 삼정헌에서 따뜻한 차로 얼어붙은 몸을 녹이며 두물머리를 내려다봤던 그 순간이 가끔 떠오른다. 지금도 당장 수종사를 향해 달려가고 싶지만, 높은 경사로를 올라갈 자신이 없어 머뭇거려지는 내가 우습기도 하다.

파주

한명회의 두 딸이 묻히다

삼릉

── 한명회와 연관되어 있는 조선왕릉

서울 근교에는 조선 왕릉이 참으로 많다. 정확히 말하면 519년의
역사를 가진 조선은 27대 왕과 왕비 그리고 사후에 추존된 왕과 왕비
의 무덤까지 총 44기에 이른다. 서울 근교에 왕릉이 많은 것은 왕릉을
조성할 수 있는 위치가 정해져 있었기 때문이다.

왕릉을 조성하기 위해서는 지켜야 할 몇 가지 원칙이 있다. 그중
하나가 왕이 왕릉을 하루 만에 다녀올 수 있는 거리어야 했다. 그래서
왕릉은 법궁에서 너무 멀어서도 안 되며, 이승과 저승을 구분짓기 위
해 너무 가까워서도 안 되었다. 그래서 조선은 국가의 운영방침을 총
집대성한 경국대전에 한양 사대문 10리 밖 100리 안에 왕릉을 두어

경기도

87

사도세자의 형인 효장세자(진종)의 능

야 한다고 명시하고 있다. 그러나 이 규칙을 무시하고 조성된 왕릉도 있다. 특별한 이유로 100리 밖에 조성된 경기도 여주의 영릉(英陵·寧陵, 세종 영릉과 효종 영릉)과 강원도 영월의 장릉이 대표적이다. 북한 개성 지역에도 정종과 왕후가 모셔져 있는 후릉, 태조의 정비 신의왕후가 누워 있는 제릉 두 곳의 조선 왕릉이 있다.

북한과 멀지 않은 경기도 파주에도 2개의 왕릉이 있다. 인조가 묻혀 있는 장릉과 진종으로 추존된 효장세자가 있는 삼릉 두 곳이다. 아무래도 인조가 묻혀 있는 장릉보다 삼릉의 가치가 낮을 것으로 보이지만, 재미있는 이야기는 삼릉이 훨씬 많다. 특히 파주 삼릉은 영조의 큰아들이자 정조의 양아버지로 진종이 된 효장세자와 함께 한명회(1415~1487)와 깊은 관련이 있다.

── 버림받은 인생을 역전하다

한명회는 1415년 조선을 개국하는 데 큰 공을 세웠던 한상질의 손자로 태어났다. 한명회는 좋은 집안에서 태어났지만, 칠삭둥이로 언제 죽을지 모를 만큼 허약한 아이였다. 너무나 연약해서 오래 살지 못할 것이라 여긴 집안 어른들은 한명회를 내다버렸다. 다행히 버려진 한명회를 여종이 품에 안고 집으로 돌아와 지극정성으로 돌보았기에 살아남을 수 있었다. 하지만 집안의 큰 사랑과 기대를 받지 못하고 불우한 어린 시절을 보내서일까? 한명회는 공부에 큰 두각을 드러내지 못하고 과거를 보는 족족 계속 낙방하다가, 38세에 집안의 음보(고려시대 음서제와 같이 집안의 특혜로 벼슬에 나갈 수 있으나 말단관직에 머물러야 했다.)로 간신히 관직에 나아갈 수 있었다. 관직에 나아갔다고는 해도 개성의 경덕궁직이라는 낮은 벼슬이어서 한명회는 집안의 자랑이 아니라 집안의 수치이자 부끄러운 골칫거리였다.

그래도 허세는 잃지 않고 늘 자신만만하던 한명회는 친구였던 권람의 소개로 수양대군을 만나 운명이 바뀌게 된다. 모든 사람이 무시하고 거들떠보지 않던 한명회였지만, 수양대군은 그의 잠재력을 높이 평가하며 한나라 장량에 비유하곤 했다. 그리고 늘 자신의 옆에 두고 의견을 구하며 뜻을 같이했다. 처음으로 누군가에게 인정받은 한명회는 수양대군이 정권을 잡을 수 있도록 물불 가리지 않고 궂은일을 모두 처리했다. 특히 무인들을 포섭해 김종서를 죽이는 데 큰 공을 세운 한명회는 계유정난 이후 최고의 권력을 갖게 되었다.

이후 한명회는 사육신의 단종 복위를 막았으며, 북방으로 나가 여진족을 토벌하고 지역을 안정시키는 등 많은 업적을 세우며 세조의

가볍게 산책하기 좋은 파주 삼릉

총애를 받았다. 이 외에도 면리제(군현을 면리로 세분한 행정 제도)를 전
국적으로 시행시키고, 오가작통법(다섯 집을 1통으로 묶는 호적 제도)을
통해 향촌 사회를 장악하는 뛰어난 행정 능력으로 권력의 정점에 섰
다. 물론 함경도 토호세력의 반발로 일어난 이시애의 난에 연루되어
체포되기도 했다. 하지만 처세술에 능했던 한명회는 모든 관직에서
물러나는 강수를 던지며 위기를 벗어났다. 또한 이 사건을 전화위복
으로 삼아 누구도 한명회를 건들 수 없다는 사실을 대내외에 보여주
었다.

── 한명회의 욕심을 받아주지 않은 하늘

이처럼 한명회가 권력의 최고점에 오를 수 있었던 것은 단순히
많은 공로를 세웠기 때문만은 아니었다. 한명회는 자신의 권력을 탄
탄히 하기 위해 큰딸을 세종의 사위인 영천부원군의 며느리로, 둘째

예종의 아내이자 한명회의 딸인 장순왕후가 묻힌 공릉

는 신숙주의 며느리로 시집을 보냈다. 그러나 이것만으로는 안심할 수 없었다. 자신의 권력이 강해지는 만큼 세조의 견제도 커질 것을 알고 있던 한명회는 세조를 가족으로 만들기 위해 셋째 딸을 세조의 둘째 아들(훗날 예종)에게 시집보냈다.

　세조의 첫째 아들인 의경세자가 젊은 나이에 요절하자, 더 큰 권력을 가질 수 있다는 욕심에 의경세자의 아들 대신 세조의 둘째 아들을 세자로 추대했다. 최고의 권력을 가진 한명회가 밀어붙이자, 그 누구도 반대하지 못하고 세조의 둘째 아들이 다음 왕이 될 세자가 되었다. 하지만 세상일이 그의 뜻대로만 이루어지지는 않았다. 왕후가 된 한명회의 셋째 딸 장순왕후(1445~1461)가 원세자를 낳고 산후병으로 죽고 말았다. 그리고 어머니를 잃은 원세자도 곧 세상을 떠났다.

　하지만 한명회는 자신의 핏줄을 왕으로 만들고자 하는 욕심을 버리지 않았다. 넷째 딸을 의경세자의 둘째 아들이었던 잘산군(훗날 성종)에게 시집보낸 것이다. 이때가 1467년으로 이시애가 반란을 일으킨 해이기도 하다. 이시애의 난 때 세조가 한명회를 쉽게 내칠 수 없었던 것은 그가 아들과 손자의 장인이었기 때문이다.

1469년 예종이 재위 13개월 만에 갑자기 죽어버리자 한명회는 예종의 아들이 어려 왕의 역할을 수행하기 어렵다며 강력하게 잘산군을 왕으로 추대했다. 의경세자의 장남 월산대군이 장성한 반면, 잘산군의 나이는 13살에 불과했기에 왕의 계승권 순위가 현저히 떨어졌다. 하지만 잘산군의 배필이 자신의 딸이었기에 무슨 일이 있어도 잘산군을 왕으로 만들어야 했다. 잘산군이 차남이며 어리다는 사실은 그에게 아무런 문젯거리가 되지 않았다. 결국 강력한 자신의 힘으로 잘산군을 왕으로 책봉시켰고, 그가 바로 성종이다.

한명회는 성종의 부인이자 자신의 넷째 딸인 공혜왕후(1456~1474)가 아들만 낳으면 가문과 후손이 영원토록 권력과 부를 누릴 것이라 생각했다. 그러나 하늘은 한명회의 바람을 또다시 들어주지 않았다. 성종이 공혜왕후를 일부러 멀리하지 않았는데도 자식이 생기지 않았던 것이다. 공혜왕후는 결국 19세의 젊은 나이에 세상을 떠나고 말았다. 한명회는 딸이 세상을 떠난 슬픔보다도 자신의 핏줄을 왕으로 만들지 못했다는 사실에 크게 좌절하며 분통을 터트렸을지도 모르겠다.

넷째 딸인 공혜왕후가 세상을 떠나면서 왕실과의 인척 관계가 끊긴 한명회는 조금씩 권력을 상실해갔다. 예종과 성종이 즉위했던 초창기에 원상(어린 임금을 보좌해 정무를 보던 임시 벼슬)으로서 국정을 독단했던 그였지만, 성종이 직접 정치할 수 있는 18세가 되자 모든 관직

성종의 아내이자 한명회의 딸인 공혜왕후가 묻힌 순릉

에서 쫓겨나게 된다. 이후 연산군 때는 폐비 윤씨의 죽음으로 벌어진 갑자사화 때 무덤에서 꺼내져 목이 잘리는 부관참시까지 당했다.

만약 한명회의 두 딸이 왕세자를 낳고 오랫동안 살았다면 조선의 역사는 어떻게 변했을까? 연산군 같은 폭군이 존재하지 않는 것을 시작으로 우리가 알고 있던 조선의 모든 왕이 바뀌었을 것이다. 우리가 영원히 알 수 없는 왕들이 조선의 역사를 어떻게 만들어나갔을지 매우 궁금해진다. 역사를 상상하고 가정하는 것이 부질없음을 너무도 잘 알지만, 파주 삼릉을 거닐다 보니 자연스레 상상하게 된다. 이처럼 파주 삼릉은 왕이 묻혀 있는 곳은 아니지만, 조선 초의 복잡했던 정치사를 만나고 권력의 무상함을 느낄 수 있는 곳이다. 그리고 왕이 아닌 신료를 주인공으로 만날 수 있는 유일한 조선 왕릉이기도 하다.

고양

숙종의 여인들

서오릉

── 강력한 왕권을 휘둘렀던 군주

조선 왕 중에 숙종(1661~1720)만큼 많은 이야기를 가진 인물이 있을까? 조선을 배경으로 하는 드라마에서 숙종과 장희빈의 이야기가 많이 다뤄지다 보니 역사에 관심이 없는 사람도 이 둘을 모르는 이가 없을 정도다. 그만큼 숙종 시대는 환국이라는 정치적 사건과 함께 인현왕후와 장희빈으로 얽히고설킨 치정 이야기가 가득해 드라마를 제작하는 데 최고의 소재를 제공한다.

또한 영화나 드라마에서 당대 최고의 인기배우이자 미모의 여배우가 농염하면서도 표독스러운 연기를 펼쳐야 하는 장희빈 역을 맡다 보니 늘 화제가 된다. 반면 숙종 역을 맡게 되는 남자 배우는 두각을 드러내지 못하고 여배우들의 열연에 묻히는 경우가 많다. 이는 드라마에서 숙종이 여자에게 휘둘리는 연약하고 나약한 왕으로만 표현되는 경우가 종종 있었기 때문이다. 그러나 역사적인 관점에서 보았을 때 숙종은 뛰어난 정치 감각과 뚝심 있는 결단력을 가지고 국정을 운영했던 강력한 왕이었다.

숙종은 14살에 즉위해 60살까지 46년간 왕위에 있으면서 신하들의 힘을 억누르고 강력한 왕권을 행사했던 군주다. 숙종은 인현왕후로 대변되는 서인과 장희빈으로 대변되는 남인을 인사권으로 통제했다. 이 과정에서 많은 신료가 죽거나 쫓겨났는데 이를 환국이라 한다. 다시 말하면 숙종은 여인에게 휘둘린 유약한 왕이 아니라, 강력한 왕권을 행사했던 군주라는 것이다. 오히려 드라마 속 주인공인 인현왕후와 장희빈은 숙종의 정치적 필요에 의해 선택되고 버려진 조연일 뿐이다. 이 두 여인 외에도 숙종은 살아생전 5명의 여인과 살면서 많은 이야기를 만들어냈다. 그리고 영조의 친어머니인 숙빈 최씨를 제외한 숙종의 여인 4명이 경기도 고양시에 위치한 서오릉에 숙종과 함께 묻혀 있다.

—— 인현왕후에게 속죄하는 마음이 담긴 명릉

숙종의 여인으로는 첫 번째 부인 인경왕후, 두 번째 인현왕후, 세 번째 인원왕후가 있으며, 후궁은 장희빈(희빈 장씨)과 숙빈 최씨가 있다. 숙종은 현재 인현왕후와 함께 나란히 묻혀 있으며(쌍릉), 그 왼쪽에 거리를 두고 마지막 왕후인 인원왕후(단릉)가 누워 있다. 숙종과 인현왕후 그리고 인원왕후의 능을 우리는 명릉이라고 부른다.

숙종과 인현왕후 그리고 인원왕후가 잠든 명릉

숙종은 인현왕후(1667~1701)의 능을 조성할 때 오른쪽에 자신이 들어갈 자리를 만들라고 신하들에게 명을 내리며 일찌감치 자신의 자리를 정해두었다. 비련의 주인공으로 널리 알려진 인현왕후는 숙종보다 7살 어린 나이인 14살에 인경왕후의 계비로 궁궐에 들어왔다. 그러나 숙종이 한쪽 당을 노골적으로 편드는 편당적 탕평책의 희생양으로 왕후 자리에서 쫓겨났다가 다시 복위하는 과정에서 많은 상처를 받았다. 그 결과 35살이라는 젊은 나이에 창경궁 경춘전에서 숨을 거두었다. 아무래도 숙종은 왕권 강화를 위해 정치적 희생양으로 내몰아야 했던 미안함 때문에 그녀 옆에 누우려 했던 것은 아닐까? 이승에서 인현왕후에게 많은 잘못을 저지른 지아비로서 못 다한 속죄를 저승세계에서라도 갚으려는 숙종의 마음이 현재의 묫자리를 만들어냈는지도 모르겠다.

─── 영조의 친어머니와 같았던 인원왕후

숙종과 인현왕후의 쌍릉 옆에는 인원왕후(1687~1757)가 누워 있다. 인원왕후는 숙종보다 26살이나 어렸으며, 인현왕후가 죽은 후 맞이한 세 번째 왕후다. 인원왕후는 아버지와 같은 연배의 숙종을 남편으로 모셔야 했다. 나이 많은 남편과 사는 것만으로도 어려운 일인데, 자의든 타의든 인현왕후와 장희빈을 죽음으로 몰고 간 숙종을 남편으로 두고 많이 불안했을 것이다. 자신도 언제 쫓겨나서 죽임을 당할지 모른다는 근심과 걱정 때문인지 젊은 시절 천연두와 홍역을 앓을 정도로 몸이 약했다고 한다.

그러나 인원왕후는 곧 건강을 되찾고 71세까지 장수를 누리며 오랫동안 왕실 어른으로 있으면서, 경종과 영조를 둘러싸고 벌어지는 당파 간의 갈등을 잘 해결해주었다. 특히 인원왕후는 영조가 왕위를 이을 수 있도록 만들어준 중요한 인물이기도 하다.

인원왕후는 영조가 왕세제로 책봉될 수 있도록 양자로 입양하고, 소론에 의해 목숨을 잃을 뻔한 수많은 위기에서 구해주었다. 그렇기에 영조에게 인원왕후는 친어머니 이상으로 중요한 사람이었다. 그래서일까? 인원왕후는 명릉에서 400여 보 떨어진 곳에 묻히기를 바랐으나, 영조는 홍릉(영조의 첫 번째 왕비 정성왕후 능)을 이미 조성하고 있으니 국고를 줄여야 한다는 명분으로 숙종의 옆자리인 현재 자리에 능을 조성했다. 이는 인원왕후가 숙종과 조금이라도 가까이 있게 해주려는 영조의 배려가 아니었을까?

숙종과 나란히 누운 인현왕후와 조금 떨어진 곳에 누운 인원왕후

—— 인현왕후와 장희빈을 있게 한 인경왕후

명릉에서 좀 더 안으로 들어가면 숙종의 첫 번째 왕후였던 인경
왕후(1661~1680)의 능인 익릉이 나온다. 인경왕후는 11살의 나이로
세자빈이 되었다가 14살에 왕비로 책봉되어 두 공주를 낳고 20살에
천연두로 죽었다. 만약 인경왕후가 아들을 낳았거나 오랫동안 살았다
면 우리가 알고 있는 역사는 크게 바뀌었을지도 모른다. 만약 그랬다
면 인현왕후와 장희빈은 여염집의 평범한 아낙네로 살아갔을 것이다.

익릉은 서오릉에서 유일하게 정자각 좌우로 행랑을 잇대어 만든
익랑을 설치해 규모를 크게 확장해놓은 구조다. 익릉은 다른 능과는
달리 앞의 시야가 탁 트여 있어 아침에 따사로운 햇볕이 익릉을 가득
채운다. 그래서 쌀쌀한 이른 아침에 익릉을 비추는 따스한 햇살을 받
고 있으면 시간이 어떻게 흐르는지 모를 정도로 편안해 자리를 뜨기

숙종의 첫 번째 부인 인경왕후가 묻힌 익릉

가 싫어진다. 추위에 얼어붙은 몸을 햇볕에 녹이면서 생각해보니 세
상살이의 더러운 꼴 보지 않고 일찌감치 햇볕 잘 드는 이곳에서 편안
히 잠든 것이 더 나았을지도 모르겠다. 오래 살았으면 인현왕후 대신
인경왕후가 그 자리를 대신하며 고생하지 않았을까?

── **많은 생각을 하게 되는 장희빈 묘**

익릉을 지나 걷다 보면 길 한편에 조그마한 능이 하나 보인다. 이
능이 조선의 대표적인 요부로 대변되는 장희빈(1659~1701)의 무덤인
대빈묘다. 일반적으로 장희빈은 숙종의 사랑을 독차지하고자 인현왕
후와 숙빈 최씨를 죽이기 위해 온갖 나쁜 짓을 저지른 여자로 알려져
있다. 숙종의 사랑을 독점하고도 끊임없이 권력과 부를 탐했던 여자,
숙종의 유일한 원자를 낳았음에도 죽임을 당할 만큼 나쁜 여자라는

평판을 받는 장희빈은 정말 용서받지 못할 만큼 나쁜 죄를 저질렀을까? 어쩌면 여성이 억압받던 조선시대에 여자라는 이유로 모든 잘못을 뒤집어쓴 채 조선시대를 대표하는 악녀로 표현되었을 수도 있다.

한 사례로 장희빈이 죽기 직전 자신이 낳은 아들(훗날 경종)의 사타구니를 꽉 쥐면서 조선 왕실의 대를 끊겠다고 악을 쓰며 소리를 질렀다고 한다. 어느 어미가 아들에게 그럴 수 있을까 생각해보면, 장희빈의 악행들이 실제 있었던 일인지조차 의문스러울 때가 많다. 역사는 승자의 기록이라는 관점에서 본다면, 장희빈은 사랑에 버림받고 정쟁의 희생양으로 43살의 젊은 나이에 죽은 불쌍한 여인일 뿐이다.

그러나 현실에서의 장희빈은 죽어서도 많은 사람의 미움을 받으며 한곳에 가만히 묻혀 있지 못했다. 장희빈의 묘는 두 번이나 이장되었다가 최근에 이곳 서오릉으로 오게 되었다. 장희빈의 첫 번째 묘는 구리시(과거 양주)에 있었으나 지리가 불길하다는 이유로 경기도 광주로 이장되었다. 광주로 이장된 장희빈의 묘는 제대로 관리되지 못하면서 훼손이 심각했다. 그러던 중 장희빈 묘를 관통하는 도로가 만들어지면서 1969년 숙종이 있는 서오릉으로 이장하게 되었다.

오랜 시간이 흘러 장희빈은 숙종이 있는 서오릉에 왔지만 숙종 옆으로는 갈 수가 없었다. 서오릉에서도 가장 구석진 곳에 못자리가 마련되었고, 다른 능에 비해 매우 작은 규모로 조성되었다. 보통 후궁의 묘소에 문인석(능 앞에 세우는 문관 석상)과 석마(石馬) 등을 갖추지만 장희빈의 묘에는 석마가 존재하지 않는다. 또한 후궁의 묘에 '원'이라는 호칭을 쓰는 것과는 달리 '묘'라는 호칭을 사용해 격을 낮추었다. 일반 사대부의 묘소만도 못한 형식을 갖춘 대빈묘는 숙종 시절 최고의

장희빈이 누워 있는 대빈묘에는 문인석은 있으나 석마가 없다.

권력을 휘둘렀던 장희빈이라는 명성에 비해 너무 초라해 보인다.

　숙종은 사후에도 3명의 왕후와 1명의 후궁을 데리고 서오릉에
누워 있다. 어떤 사람들은 여러 부인을 거느리고 있으니 부러워할 수
도 있겠지만, 나는 오히려 안타까운 마음이 든다. 살아생전 여인들에
게 몹쓸 짓을 많이 했기에 그녀들과 마주하기가 마냥 쉽지는 않을 것
이다. 어찌 보면 숙종은 서오릉이 아닌 다른 곳에서 혼자 있고 싶어 할
수도 있다.

광주

명분과 실리의 기로

남한산성

── 명분을 찾다 청의 침략을 받다

경기도 광주에는 둘레 8km에 16만 평에 달하는 넓은 면적을 가진 거대한 산성이 있다. 최근 영화로도 널리 알려진 남한산성이 그 주인공이다. 남한산성에는 조선 전기와 후기를 구분 짓게 하는 병자호란 이야기부터 남한산성 축성에 얽힌 이회의 슬픈 전설(산성 축성의 책임자인 이회 장군이 공사 경비를 주색에 탕진했다는 누명을 쓰고 참수당했으나, 그의 목에서 매 한 마리가 튀어나와 근처 바위에서 슬피 울다 날아갔다는 설화), 그리고 수어장대에 있는 토지 측량 삼각점으로 보는 일제의 침탈 등 열거하기 힘들 정도로 많은 이야기가 얽혀 있다.

그중에서도 제일 중요하게 이야기해야 할 것은 남한산성에서 벌

남한산성에서 승전을 독려했던 수어장대

어진 병자호란이다. 임진왜란이 끝난 뒤 동아시아의 국제 정세는 크게 요동치고 있었다. 임진왜란 당시 무리한 재정 지출과, 권세를 믿고 활개치던 환관들로 인해 명나라는 급격히 쇠약해졌다. 반면 조선과 명 사이에서 약소민족으로 살던 여진족은 각 부족 간의 통합이 이루어졌다. 그 중심에는 명나라의 이이제이(以夷制夷, 오랑캐는 오랑캐로 막는다.) 전략에 이용되어 같은 여진족을 공격하던 누르하치의 건주 여진족(요동 지방에 거주하던 여진족의 일파)이 있었다.

　　누르하치는 명나라 장수 이성량(조선인 출신)이 자신의 아버지와 할아버지를 죽이는 모습을 본 후, 마음에 복수의 칼을 품고 힘을 키웠다. 누르하치는 아버지와 조부의 희생을 대가로 받은 작위와 재물을 바탕으로 여진족을 통합해 1616년 후금을 세웠다. 그리고 여진이란 기존의 이름을 버리고 만주족이란 새 이름을 공표한 뒤, 명나라에 적대감을 공개적으로 내보이며 중국 본토를 침략했다.

당시 조선에서는 광해군이 임진왜란의 전후 처리를 위해 동분서주 뛰어다니고 있었다. 하지만 서자 출신의 왕이라는 한계와 실리를 중시하는 정책을 탐탁지 않게 여기던 서인 계열 때문에 정국은 늘 불안했다. 결국 실용주의 노선으로 국가를 운영하던 광해군은 명분과 의리를 중시하던 서인이 일으킨 인조반정으로 권좌에서 내쫓겨 제주도로 유배되었다.

광해군과는 달리 노골적으로 명나라를 지지하고 후금을 적대시하는 인조 정권은 후금의 견제를 받을 수밖에 없었다. 여기에 인조가 요동을 수복하려고 평안북도에 주둔하던 명군을 지원하자 후금은 불편한 심기를 노골적으로 조선에 내비쳤다. 마침 인조를 내쫓으려 한 이괄의 난이 실패하고 도망쳐온 잔당들에게 조선에 대한 정보를 충분히 입수한 후금은 조선에 형제 관계를 요구하며 자신 있게 3만의 군대를 이끌고 쳐들어왔다. 이 전쟁을 정묘호란(1627년)이라 한다. 조선은 후금을 상대로 항전했지만 거듭되는 패배에 굴욕적인 정묘조약을 체결하고 후금의 무리한 요구를 들어주며 형제국이 되어야만 했다.

이후 후금은 국력이 더욱 강해지며 국호를 청으로 변경하고, 아우에서 신하국이 될 것을 조선에 요구했다. 이 요구에 소중화(小中華, 작은 중국)를 자부하던 조선은 무례한 청을 정복해야 한다는 의견으로 들끓었다. 조선의 반발을 확인한 청 태종은 조선을 완전히 복속시킬 결심을 하고, 1636년 12월 1일 12만의 군대로 조선을 침략했다. 조선에 군신 관계를 요구하며 재침입한 전쟁이 병자호란이다. 청군이 두려워하던 임경업 장군은 백마산성에 주둔하며 청군의 남하를 저지

왼쪽 위 | 남한산성 곳곳에서 보이는 암문
오른쪽 위 | 이회의 전설을 바탕으로 이회를 위해 만들어진 사당
왼쪽 아래 | 서울을 한눈에 담을 수 있는 연주봉옹성
오른쪽 아래 | 연주봉옹성에서 바라본 전경

하고자 했다. 그러나 조선을 정복하는 것이 아닌 복종을 필요로 했던 청군은 백마산성을 피해 서울로 군대를 빠르게 이동시켰다. 너무 빠른 속도로 내려오는 청나라 군대에 조선은 제대로 항전하지 못하면서 순식간에 서울 도성을 청군에 빼앗기고 말았다. 인조는 밀려오는 청군을 피해 강화도로 피난 가려 했으나, 강화도로 가는 길목이 막혀버렸다는 소식을 듣고 급하게 남한산성으로 말머리를 돌려 항전의 뜻을 내비쳤다.

—— 백성이 외면한 조선, 백성을 버린 조선

당시 남한산성은 이괄의 난 이후 총융사 이서가 전국의 승군을 동원해 1626년 다시 축성한 것이었다. 인조와 함께 들어온 1만 3천여 명의 군사는 겨우 50여 일을 버틸 수 있는 식량만을 갖추고 있었다. 인조는 급한 마음에 어쩔 수 없이 남한산성으로 들어왔지만, 전국 각지에서 군대가 올라오면 청군을 상대로 안과 밖에서 내응해 충분히 격퇴할 수 있다는 희망을 품고 있었다.

그러나 정국의 형국은 그러지 못했다. 충청, 경상, 전라, 평안, 강원도 각지에서 남한산성으로 진군하던 조선 군대는 청군에게 연신 패했다. 그뿐만이 아니라 전국적으로 활동한 의병의 숫자가 적었으며 활약도 미미했다. 임진왜란 당시 왜군을 물리치는 데 큰 역할을 했던 의병이 병자호란에서 활약이 미미했던 이유는 무엇일까? 가장 큰 이유는 과거 조선 정부에 있었다.

임진왜란이 끝난 이후 선조는 명군의 도움으로 왜를 내쫓고 승리했다고 평가했다. 반면 의병들은 명군을 따라다니며 왜군 잔당의 머리만 취했다고 평가 절하했다. 더욱이 왜군을 맞아 뛰어난 활약을 펼쳤던 의병장을 칭찬하기는커녕 왕권을 위협하는 세력으로 여겼다. 그리고 의병장을 역적으로 몰아 처형했으니, 관리들이 의병에게 행했던 횡포가 얼마나 심했을지 쉽게 짐작해볼 수 있다. 관리들은 의병의 전공을 빼앗는 것에 그치지 않고, 뜻에 맞지 않으면 의병을 죽이는 일도 서슴지 않았다. 이 외에도 인조반정으로 인해 의병 활동의 주축이었던 북인이 몰락하면서 의병의 효과는 기대할 수 없게 되었다.

외부의 도움 없이 남한산성에서 청군을 상대로 외롭게 맞서 싸우

정조는 법화골 전투의 치욕을 잊기 위해 북문을 전승문이라 명명했다.

던 조선군은 적병 수십여 명을 죽이는 작은 승리를 더러 거둘 뿐, 연신 패배했다. 시간이 흐를수록 조선군의 피해는 나날이 커져갔다. 대표적인 예가 영의정 김류가 북문을 통해 300여 명의 조선군을 이끌고 청군을 기습하려다가 아무런 전과도 올리지 못하고 전멸한 사건이다. 이를 법화골 전투라고 부르며, 정조는 북문을 개축하면서 그때의 패전을 잊지 말자는 의미로 전승문(全勝門, 모두 승리한다는 뜻)이라 이름 붙였다.

　　남한산성에서 연이은 패배와 고립된 상황 속에서 고립된 조선 정부는 김상헌을 중심으로 끝까지 항전하자는 척화파와 최명길을 중심으로 화약을 맺자는 주화파로 나누어졌다. 결국 식량이 떨어지고 사기도 저하된 상황 속에서 인조는 항전 45일 만에 모든 것을 다 포기했다. 남한산성을 나온 인조는 삼전도에서 청 태종에게 3배 9고두(세 번

왼쪽 | 남한산성에서 바라본 서울의 모습
오른쪽 | 산에 가로막혀 도망갈 수도 없었던 남한산성

큰절하고 아홉 번 땅바닥에 머리를 맞대며 절하는 것)하며 군신 관계를 맺는 의식을 치렀다. 그러나 조선의 항복을 완전히 믿지 않은 청 태종은 인조의 두 아들과 신하들 그리고 40여만 명(포로의 수에 대한 여러 주장이 존재한다.)의 백성들을 포로로 끌고 만주로 가버렸다.

영화 〈남한산성〉을 보면 조선의 병사들은 굶주림과 추위에 벌벌 떨고 있고, 청군은 따뜻한 불을 쬐며 고기를 뜯는 장면이 나온다. 고구려를 침략했던 수와 당나라처럼 겨울에 우리를 쳐들어온 북방민족 대부분이 추위와 식량 부족으로 패퇴한 역사를 알고 있는 나로서는 영화 속 장면을 이해하기 어려웠다. 그러나 남한산성에 올라가서 서울을 내려다보니 인조가 왜 항복했는지를 이해할 수 있었다. 청군은 조선 정부가 급히 남한산성으로 도망가는 과정에서 남겨놓은 수많은 가옥과 식량으로 따뜻하고 배부르게 지낼 수 있었다. 반면 조선군은 산속에 갇혀 추위와 굶주림에 죽어갈 수밖에 없었다.

남한산성에서 서울을 장악하고 분탕질을 하는 20만의 청군(청군은 계속 충원되고 있었다.)을 보며 인조와 조선군은 심한 좌절감을 겪을 수밖에 없었을 것이다. 하지만 이런 결과는 이미 예견된 것인지도 모른다. 일부 지배계층이 아무것도 가진 것 없는 백성들을 추운 거리로 내몰며 자신들만의 권력과 부를 쌓다가, 전란이 일어나면 누구보다 먼저 도망가는 행태가 낳은 필연적인 결과였다.

그러나 가장 안타깝고 가슴 아픈 것은 침략으로 가장 큰 피해를 보는 것이 백성이란 사실이다. 병자호란의 패배는 고스란히 백성에게 고통으로 다가왔다. 40여만 명의 백성들이 끌려가면서 가족과 생이별을 하는 아픔을 겪어야 했다. 특히 당시 사회적 약자였던 여성들이 겪어야 했던 고통은 더욱 컸다. 가족에게 돌아가기 위해 목숨 걸고 도망쳐 고향으로 돌아와도 가족과 마을 사람들에게 몸을 판 부도덕한 여자로 취급받아야 했다. 부도덕한 여자로 낙인찍힌 그들은 스스로 목숨을 끊는 비참한 말로를 강요당했다. 이후 병자호란 후에 고향으로 돌아온 여자를 뜻하는 환향녀(還鄕女)는 외간 남자를 홀리며 가정을 파탄에 이르게 하는 소위 '화냥년'으로 변질되어버렸다.

남한산성을 걸으면서 서울을 내려다보니 이런 생각이 든다. 조선시대 양반들은 남한산성에 올라와 삼전도비를 바라보며 인조가 굴욕을 당했다는 사실에 분개했다. 그런데 지금의 나는 왕을 믿고 산으로 들어왔던 백성과 병사들이 얼마나 춥고 배고팠을지를 생각하니 안타깝다. 그리고 전쟁 이후에도 반성과 변화가 없는 조선에서 백성들은 무엇에 의지하며 어떤 꿈을 꿀 수 있었을까?

추사 김정희의 마지막 쉼터

과지초당

─ 노후에 삶을 정리했던 과지초당

추사 김정희(1786~1856)를 기억하며 그분의 숭고한 뜻을 후대에
전하고 기념하기 위해 만들어진 장소가 전국 곳곳에 많이 있다. 그중
에서도 김정희가 태어난 예산 추사고택, 9년 동안 유배 생활을 했던
제주도 유배지, 마지막 여생을 마무리했던 과지초당을 둘러보면 김정
희의 일생을 모두 봤다고 할 수 있다. 하지만 추사고택과 제주도의 유
배지는 알아도 과천에 있는 과지초당은 모르는 사람이 많다. 과천시
에서도 도로 이정표로 과지초당과 그 옆에 세워진 추사박물관을 홍보
하고는 있다. 하지만 과지초당이 과천 외곽에 있고, 추사박물관을 제
외하고는 주변에 특별하게 볼거리가 마땅치 않다. 그래서일까? 과천

왼쪽 | 추사 김정희 동상과 추사박물관
오른쪽 | 추사 김정희를 주제로 만들어진 추사박물관. 잘 알려지지 않아 방문객이 적기에 아쉬움이 남는다.

시에서 추사 김정희의 마지막 장소인 과지초당에 대해 널리 알리려는 적극적인 노력이 부족하다는 느낌이 든다.

김정희는 왜 이곳 과지초당에서 노후를 보내며 삶을 정리했던 것일까? 그 이유를 알려면 김정희의 우여곡절 많은 삶을 들여다봐야 한다. 김정희는 부정부패가 극에 달했던 세도정치하에서 바른길을 나아가고자 했던 선비들의 좌절과 아픔을 대변하는 인물이다. 또한 삶의 시련을 이겨내며 많은 저서와 작품을 우리에게 남긴, 19세기 조선 후기를 대표하는 능력 있는 지식인이다. 그렇기에 김정희의 모습은 오늘날 우리에게 많은 가르침을 준다.

── 추사 김정희의 일생

김정희는 태어날 때부터 기이함을 보여주었다. 보통 아이들은 어머니 배 속에서 10개월간 있다가 태어나는데, 김정희는 24개월 만에 세상으로 나왔다. 24개월 만에 태어난 것도 기이한 일인데, 김정희가 어머니 배 속에서 나오며 큰 소리로 울자 집 주변에 말라가던 나무들이 생기를 되찾았다고 하는 신기한 일화도 있다.

이처럼 태어날 때부터 많은 이들의 주목을 끌던 김정희는 명문가의 집에서 남부러울 것 하나 없는 유년기를 보내며 다양한 학문을 접할 기회를 가졌다. 집안이 좋아 일찍부터 수준 높은 교육을 받을 수 있었던 것도 있지만, 어린 김정희의 뛰어난 자질을 보고 당대 이름난 스승이 직접 찾아오기도 했다. 정조를 도와 여러 개혁을 펼치며 사회 문제를 해결하는 데 큰 공을 세웠던 채제공이 어린 김정희의 필체를 보고 크게 놀랐다는 이야기는 세간에 큰 관심을 불러일으켰다. 그리고 많은 이들이 혼란한 세상을 바꿀 인재가 등장했다는 기대감에 부풀었다. 김정희는 조선 후기 실학의 큰 거두였던 박제가에게 학문을 배우며 타고난 자질을 더욱 발전시켰고, 세인들의 기대는 점점 더 커져갔다.

하지만 행복했던 유년 시절이 지나고 10대에 들어서면서부터 김정희는 큰 아픔을 연달아 겪어야 했다. 달콤한 신혼 생활을 보내던 김정희가 16살이 되던 해에 어머니가 돌아가셨다. 20살에는 사랑하는 아내가 죽었으며, 그로부터 얼마 지나지 않아 스승이었던 박제가도 죽고 할아버지와 양아버지(큰아버지)마저 모두 떠나보냈다. 사랑받으며 살아가던 김정희는 20살의 어린 나이에 정을 나눌 수 있는 이가 한 명도 없는 사고무친(四顧無親)의 처지가 되고 말았다. 사랑하는 사람이 없다는 아픔을 이겨내기 위해서였는지 몰라도 그는 더욱 학문에만 정진했다.

열심히 공부한 노력의 대가로 추사 김정희는 23세에 사마시(생원

옛 사대부의 가옥 구조를 엿볼 수 있는 과지초당 내부

과 진사를 뽑는 과거 시험)에 합격했다. 사마시에 합격한 그는 호조 참판에 오른 아버지 김노경을 따라 북경에 가서 당시 청나라의 유명한 학자들을 만나 교류를 나누었다. 이때 김정희는 청나라 금석학의 대가였던 옹방강과 완원 등 당대 석학들과 학문을 교류하며 고증학을 익혔다. 김정희의 능력이 얼마나 대단한지 청나라의 학자 모두가 김정희와의 헤어짐을 아쉬워했다고 한다. 23살의 젊은이가 세계적인 지식인들과 학문을 교류하고 능력을 인정받는다는 것이 얼마나 대단한 일인지 생각해볼 필요가 있다. 만약 영어 회화도 안 되는 대학생이 유명 석학들과 필답을 통해 능력을 인정받고, 그들이 서로 앞다투어 이 학생을 제자로 삼으려 한다는 이야기를 들으면 우리는 어떤 생각이 들까? 아마도 말이 되지 않는 비현실적인 이야기라고 할 것이다. 그런데 김정희가 바로 그런 인물이었다. 이는 추사 김정희의 능력과 잠재력이 얼마나 대단했는지를 보여준다.

북경에서 금석학을 배운 김정희의 업적 중 가장 잘 알려진 것이 바로 북한산의 진흥왕 순수비를 밝혀낸 것이다. 19세기까지 진흥왕 순수비는 무학대사가 세운 비석 또는 글자가 없는 보잘것없는 비석으로만 알고 있었다. 아무런 관심도 받지 못했던 비석이 1,400년 전에 한강 하류를 신라가 정복했음을 알리는 진흥왕 순수비였다는 사실을 알아낸 것이 바로 김정희였다. 순수비의 발견은 우리 고대사를 제대로 파악하고 뒤틀린 역사를 바로잡는 데 아주 큰 역할을 했다.

북경에서 선진화된 넓은 세상을 보고 온 김정희는 더 깊은 공부의 필요성을 느끼고 학업에 매진했다. 그리고 늦은 나이라 할 수 있는 34살에 급제해 잘못된 세상을 바꾸려 정계에 진출했다. 그러나 세도가였던 안동 김씨에 의해 아버지인 김노경이 1830년 탄핵당하면서 자신의 뜻을 제대로 펼 기회를 얻지 못했다. 아버지와 함께 김정희도 별다른 이유 없이 관직에서 쫓겨났기 때문이다. 이후 병조참판으로 정계에 다시 입문했지만, 김정희에 대해 경계를 늦추지 않는 안동 김씨로 인해 또다시 제주도에서 9년 동안 유배 생활을 해야 했다. 세도 정치하에서는 왕실의 친인척이었던 김정희도 중앙으로의 진출이 어려웠고, 정치 활동도 많이 할 수 없었다.

─── 학문과 예술로 승화된 이상(理想)

제주도 유배 시 김정희는 잘못된 세상을 바꾸지 못한 울분과 한을 학문과 예술로 승화시켰다. 제주도 유배 시기에 추사체가 완성되고 그림도 절정에 이르러 그 유명한 〈세한도〉라는 작품을 남겼다. 김

제주도로 유배 온 김정희의 마음을 표현한 〈세한도〉

정희는 〈세한도〉에 "날이 차가워진 연후에야 소나무와 잣나무가 뒤늦게 시드는 것을 알게 된다."라는 공자의 글을 발문에 적어놓았다. 〈세한도〉는 단순한 그림 같아 보이지만, 김정희의 삶과 학문을 이해하고 본다면 "아!" 하고 감탄사가 나오는 대단한 작품이다.

　이런 결과물은 그냥 주어진 것이 아니었다. 추사체(추사 김정희의 글씨체)가 만들어지기까지 추사 김정희의 엄청난 노력이 있었음을 알려주는 것이 벼루 10개, 붓 1천 자루를 썼다는 것이다. 초등학생 때 벼루를 6년 동안 갈았지만 벼루의 모양이 하나도 변하지 않았던 것을 떠올려보니 김정희가 얼마나 많은 글을 썼는지 조금이나마 짐작할 수 있었다.

　김정희와 동시대에 살았던 유최진은 『초산잡서』에 "추사의 예서나 해서에 대해 잘 알지 못하는 이들은 괴기한 글씨라 할 것이요, 알긴 알아도 대충 아는 자들은 황홀해 그 실마리를 종잡을 수 없을 것이다. 원래 글씨의 묘를 깨달은 서예가는 법도를 떠나지 않으면서도 법도에 구속받지 않는 법이다. 글자의 획이 혹은 살찌고 혹은 가늘며, 혹은 메마르고 기름지면서 험악하고 괴이해 얼핏 보면 옆으로 삐쳐나가고 종횡으로 비비고 바른 것 같으나 거기에는 아무런 잘못이 없다."라고 설명하고 있다. 이 글은 추사체가 왜 명필인지를 가장 잘 설명해주는 글이 아닐까 생각한다.

── 말년의 추사 김정희는 어떤 회한에 잠겼을까?

세상을 올바르게 바꾸지 못한 자신에 대한 자책감은 훌륭한 작품을 만들어냈지만, 개인적으로는 늘 갈증에 시달려야 했다. 제주도 유배 생활을 마치고 돌아온 김정희는 또다시 더 나은 세상을 만들기 위해 세상을 바꾸려 했으나, 안동 김씨가 이를 허락지 않았다. 궁중의 제례와 관련된 사소한 실수를 트집 잡아 65세의 김정희를 함경도 북청으로 또다시 1년간 유배를 보내버렸다. 이후 김정희는 정치 일선에 다시 서지 못했다. 자신의 힘만으로 세상을 바꿀 수 없다고 생각한 그는 생부 김노경이 지은 별서이자 아버지 김노경의 삼년상을 치른 과천의 과지초당에 내려갔다. 이곳에서 4년 동안 새로운 세상을 만들 인재를 육성하며 여생을 보냈다.

살아생전 많은 풍파를 겪었던 김정희는 과지초당에 머물면서 어떤 생각을 했을까? 그는 명문가의 집에서 태어나 어렸을 적부터 능력을 인정받았지만, 세도정치하에서는 그 무엇도 바꾸지 못했다. 세상을 바로잡지 못한 그의 고뇌는 많은 작품과 학문으로 승화되었다. 그 결과 서예와 그림으로 크게 인정받게 되었다. 하지만 그는 과연 그런 평가에 행복해했을까? 김정희는 1856년 과지초당에서 71살의 나이

추사 김정희가 마지막 일생을 보낸 과지초당은 최근에 복원되었다.

로 세상을 떠났다. 과지초당에서 그가 자신의 삶에 대해 스스로 어떠한 평가를 하며 생을 마감했을지 궁금하다. 김정희의 학문과 서체만을 이야기하기보다 때로는 그의 삶을 바탕으로 세도정치로 혼란한 사회와 당대 지식인들이 겪었을 고뇌와 고충을 풀이해보는 것도 의미가 있지 않을까?

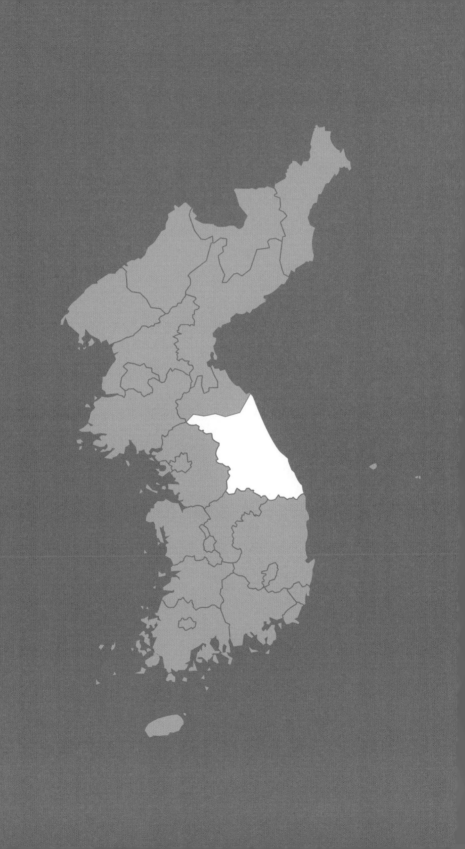

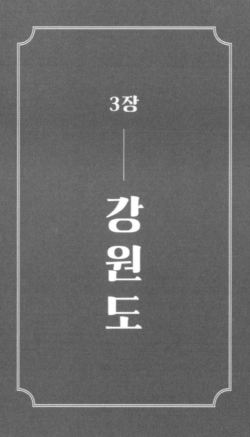

3장

—

강
원
도

강원도는 높은 산으로 이루어져 있어 예부터 교통과 통신이 불편해 독자
적인 문화가 발달했다. 그러나 시간이 흐를수록 중앙정부에 흡수되면서
다양한 문화가 혼재되는 모습을 보이게 된다. 강원도가 독자적인 문화를
유지하면서도 중앙에 흡수되어가는 모습을 찾아보자.

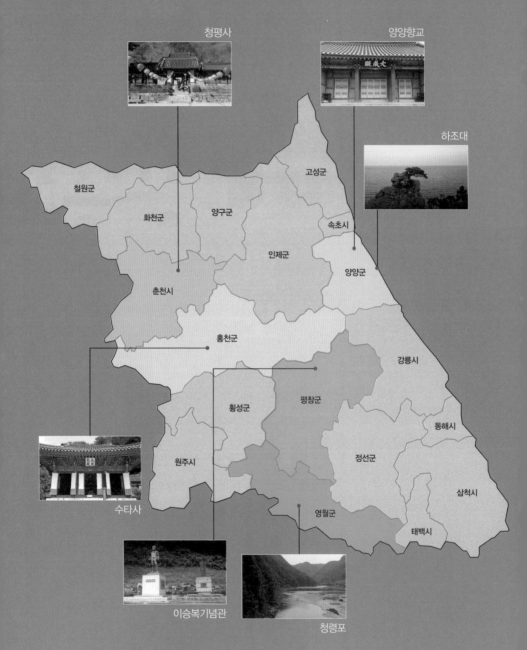

| 강원도에서 가볼 곳

청평사

양양향교

하조대

철원군

화천군

양구군

고성군

속초시

인제군

춘천시

양양군

홍천군

강릉시

횡성군

평창군

동해시

원주시

정선군

삼척시

수타사

이승복기념관

영월군

태백시

청령포

당나라 공주의 슬픈 전설

청평사

—— 상사뱀의 전설이 깃든 청평사

춘천은 강원도를 대표하는 관광문화도시로 예전부터 많은 사람에게 사랑받아왔다. 고속도로가 개통되고 ITX 청춘열차가 운행되면서 춘천을 찾는 사람이 점점 더 많아지고 있다. 춘천을 찾는 사람이 많아질수록 볼거리와 먹거리가 더욱 풍성해지면서, 다시 찾아가도 늘 새로운 느낌이 든다. 그러나 구관이 명관이라는 말처럼 춘천을 대표하는 유명 장소를 방문하지 않는다면 춘천에 대해 이야기하기 어렵다. 그중에서도 대표적인 장소가 소양강댐에서 유람선을 타고 들어가야 만날 수 있는 청평사다.

청평사는 973년(고려 광종 24년) 승현선사가 창건했으나 어떤 이

산 밑에 자리 잡은 아름다운 사찰, 청평사

유에서인지 모르겠지만, 얼마 지나지 않아 사찰이 문을 닫아버렸다. 이후 1068년(문종 2년)에 이의가 중건하고 보현원이라는 이름을 붙였다. 참고로 춘천 청평사는 고려시대 무신의 난이 일어나는 계기가 되었던 보현원이 아니다. 청평사가 세간에 알려지기 시작한 것은 이의의 아들이었던 이자현(1061~1125)이 이곳에 은둔하면서부터다. 이자현이 보현원에 머무르자 산에 기거하던 도적과 무서운 맹수들이 사라졌다고 한다. 이후 산 이름을 청평산(清平山)이라 바꾸고 보현원을 문수원으로 불렀다. 오랫동안 스님들이 도량을 닦던 이곳은 1550년(조선 명종 5년)에 불교를 중흥시킨 보우대사가 청평사로 이름을 다시 바꾸었다.

청평사에는 당나라 공주와 상사뱀(상사병으로 죽은 남자의 혼이 변해 여자의 몸에 붙어 다니는 뱀)의 전설이 내려온다. 이 전설은 다양하게 각색되어 시대적 배경이나 인물 설정이 조금씩 다르지만, 기본적인 이야기의 골격은 똑같다. 전설에 따르면 당나라 태종의 딸이 평민 출신의 남자와 사랑에 빠졌다고 한다. 이 둘은 너무도 사랑했지만, 신분의 차이를 극복할 수는 없었다. 당나라 태종은 공주가 황실을 망신시킨다며 평민 출신의 남자를 사형에 처해버렸다. 공주를 끔찍하게 아끼고 사랑했던 남자는 죽어서도 공주와 떨어질 수 없었다. 공주에 대한 사랑은 집착으로 변하며 남자는 뱀으로 환생했다. 뱀이 된 남자는 한날 한시도 공주의 몸에서 떨어지지 않기 위해 공주의 몸을 둘둘 감았다.

많은 사람이 뱀을 공주에게서 떨어뜨리려 했으나, 그때마다 뱀으로 환생한 남자는 공주의 목숨을 위협하며 강하게 저항했다. 커다란 뱀이 공주에게 매달려 떨어지지 않자 공주는 시름시름 앓기 시작했다. 그러던 중 신라에 영험스런 사찰이 많으니 필시 뱀을 떨어뜨릴 해결책이 있을 거라는 말을 들은 태종은 공주를 먼 타국인 신라로 보냈다. 신라의 여러 사찰을 돌며 부처님께 기도를 올리던 공주가 춘천 청평산까지 이르렀을 때의 일이다. 공주가 청평산 구성폭포 아래 동굴에서 하룻밤을 보내고 청평사에 들어서려 하자, 웬일인지 뱀이 공주의 몸에서 순순히 떨어져주었다. 공주는 뱀이 몸에서 떨어져나가자 홀가분한 마음으로 계곡에서 목욕하고, 부처님에게 기도를 드리기 위해 법당에 들어섰다.

밤새 은은하게 들려오는 범종 소리에 취해 공주의 몸에서 잠시 떨어졌던 뱀은 공주가 법당에서 오래도록 돌아오지 않자 청평사로 공주를 찾으러 들어갔다. 그 순간 하늘에서 벼락이 내리쳤고, 벼락을 맞은 뱀은 그 자리에서 죽고 말았다. 갑작스레 울린 벼락 떨어지는 소리에 깜짝 놀라 법당 밖으로 나온 공주가 죽은 뱀을 보고 있자니, 예전에 깊은 사랑을 나누었던 남자에 대한 연민이 마음속에 일어났다. 자신을 사랑했기에 뱀으로 다시 태어난 남자가 불쌍해, 다음 생은 좋은 곳에서 태어나기를 바라는 마음으로 뱀을 정성스레 묻어주었다. 그리고 부처님의 은덕에 감사하는 마음으로 석탑을 세우고 뱀을 위해 기도를 올렸다. 이 덕분에 뱀도 공주와의 인연에서 초탈해 윤회를 벗어날 수 있었다.

공주에게 붙어 있던 뱀이 죽었다는 소식에 크게 기뻐한 당나라 태종은 금 세 덩어리를 청평사로 보냈다. 한 덩어리는 부처님께 감사하는 마음을 표현하기 위해 법당과 공주가 거처할 건물을 세우고, 한 덩어리는 공주의 귀국 여비로 쓰라고 했다. 그리고 남은 한 덩어리의 금은 훗날 사찰 전각을 고칠 때 쓰라며 청평산 어딘가에 묻어두었다고 한다. 그런데 금덩어리가 도난당할까 봐 너무 깊숙한 곳에 숨겨두는 바람에, 현재까지도 금덩이가 어디에 묻혀 있는지 아무도 모른다고 한다. 이 전설이 사실이라면 청평산 어딘가에서 누군가 금덩어리를 찾는다면 부귀영화를 누릴 수 있을지도 모르겠다.

이 전설이 사실이라는 것을 증명이라도 하듯 청평사에 올라가는 길목에 있는 동굴을 '공주굴'이라 표시해놓고 있다. 이 외에도 공주가 목욕한 웅덩이를 '공주탕', 청평사 삼층 석탑을 '공주탑'이라 부른다. 그

왼쪽 위 | 당나라 공주의 상상화
오른쪽 위 | 청평사 가는 곳곳에 설화를 바탕으로 만들어진 조형물
아래 | 공주가 하룻밤을 머물렀다는 공주굴

리고 뱀이 윤회에서 벗어난 곳을 '회전문'이라 부르며 사람들을 청평
사로 찾아오게 만든다. 이렇듯 청평사로 올라가는 길목에 붙여진 여
러 명칭은 전설에 근거한 것이 많다.

─── 이자겸의 사촌이었던 이자현이 중건한 청평사

청평산에 남겨진 유적 대부분은 고려시대 이자현과 관련된 것이 많다. 이자현은 고려 예종 때 사람으로 막강한 권력과 부를 가진 인물이다. 세 딸을 왕후로 만들어 막강한 권력을 행사했던 이자겸의 사촌이 이자현이었으니, 그가 어떤 집안의 인물이었는지 능히 짐작할 수 있다.

이자현은 1081년 과거에 급제해 대악서승에 오를 정도로 탄탄대로의 길을 걷고 있었다. 그러던 어느 날 갑자기 모든 것을 버리고 아버지 이의가 중건한 보현원을 문수원으로 바꾸고 부처님의 길을 따라 생활하기 시작했다. 예종은 이자현에게 금과 보물을 주면서 개경에 올라와 자신을 도와달라고 부탁했으나 이자현은 한사코 거부했다. 훗날 예종이 이자현을 만나기 위해 직접 남경(오늘날 서울)으로 내려오자, 이자현은 예종에게 욕심을 줄이라는 충고와 함께 삶의 지혜를 가르쳐주었다고 한다.

그 이후 인종도 이자현을 초청해 가르침을 받고자 했으나, 이자현은 한사코 개경으로 올라오지 않았다. 이자현의 대쪽 같은 성품과 의지에 감복한 인종은 이자현이 병을 얻어 누웠다는 소식을 듣자마자 의원을 직접 내려보내 병간호를 도와주었다. 그러나 인간의 삶은 하늘에 달린 것이어서 인종 3년인 1125년에 이자현은 이 세상과 하직했다. 이때 청평사에서 이자현의 덕을 기리며 만든 이자현 부도가 오늘날까지 남아 있다. 그러나 부도의 형태가 조선시대의 양식을 따르고 있어 다른 스님의 부도라는 설도 있다.

그런데 이자현이 기록에 남아 있는 것처럼 높은 벼슬과 돈을 마

왼쪽 | 고려시대에 이자현이 만든 영지
오른쪽 | 이자현의 것이 아닐 수도 있다는 부도

다하고 청평사에서 도량을 닦으며 지냈는지는 의심스럽다. 오히려 왕
들이 이자현을 찾아갔던 것은 그가 최고의 권력을 가지고 있던 이자
겸의 사촌으로 왕조차도 그를 섬겨야 할 상황이 아니었을까 싶다. 이
자현이 죽은 1125년은 이자겸의 난이 일어나기 1년 전이다. 다시 말
하면 이자겸이 몰락하기 전까지 이자현은 어느 무엇 하나 두려울 것
이 없는 최고의 권력을 가진 인물 중 하나였다는 것이다. 그렇기에 사
후에도 반강제적으로 칭송을 받았을 가능성이 높다. 첩첩산중이었을
이곳에 개인의 재력으로 영지(연못)를 조성하고 사찰을 중건했다면 이
자현의 권력과 부가 대단했음을 상식적으로도 짐작할 수 있다. 기록
에서 보이는 것처럼 이자현이 왕에게 욕심을 버리고 살아가야 한다고

충고할 입장이 아니었을 수도 있다.

　이자현 부도를 뒤로하고 조금만 올라가면 이자현이 만들어놓은 영지를 만날 수 있다. 영지가 길에서 조금 떨어진 곳에 있다 보니 그냥 지나치는 경우가 많다. 실제로 보면 조그마한 크기지만, 영지의 역사적 가치는 매우 높다. 옆으로 흐르는 계곡물을 끌어들여 조성한 영지는 우리나라에서 가장 오래된 고려 정원이다. 이 영지는 바람이 잔잔해 물결이 일지 않으면 청평산의 부용봉이 오롯이 물속에 비친다. 또한 장마와 가뭄이 들어도 영지의 수위가 높아지거나 낮아지지 않는다고 하니 얼마나 정성 들여 만들었는지를 짐작할 수 있다.

　이 외에도 원나라가 청평사에 대장경과 함께 시주했다는 기록과 거북바위 등 다양한 전설과 볼거리가 가득하다. 청평사는 아주 잘 알려져 있기에 이곳을 방문하는 것이 식상하게 느껴질 수 있지만, 반대로 누구나 다 가봤다면 나도 한번쯤 가봐야 하지 않을까?

아름다운 동해를 마주하다

하조대

　군대를 제대하고 단돈 20만 원 들고 전국을 일주하면서 강원도 양양의 하조대를 방문해 동해를 오랫동안 내려다보던 기억이 떠오른다. 그 이후 20년 가까이 주변을 둘러보지 못하고 바쁘게 살아왔다. 지금 생각해보면 조급하게 발만 동동거렸을 뿐 무엇 하나 제대로 해놓은 것 없이 급하게만 살아왔다. 지금도 예전과 크게 달라진 것은 없지만, 그래도 더 이상 미래에 대한 불안감으로 잠을 뒤척이지 않고 현재를 즐길 수 있게 되었다. 나이가 든다는 것은 점점 더 자신에게 맞는 삶의 방식으로 살아가는 것이 아닌가 싶다. 나는 일상생활의 단조로움과 고단함을 여행을 통해 해소한다. 여행을 떠나 맛있는 음식을 먹고, 여행지의 모습을 사진에 담아 글을 쓰는 시간이 나에게 휴식이며

동해의 절경을 볼 수 있는 하조대

삶에 활력을 주는 순간이다.

아내 없이 두 딸을 데리고 다시 방문한 하조대에서의 1박 2일은 한여름의 짧은 시간이었지만, 멋진 풍경을 감상하고 딸들과 재미있는 물놀이를 즐길 수 있어 나에게 충분한 휴식과 활력을 주었다. 그런데 하조대는 나에게만 특별한 장소가 아니었다. 그 옛날에도 하조대는 일상에서 벗어나 한가로운 시간을 보낼 수 있는 명소였으며, 선조들은 이곳에 머물면서 유유자적을 즐겼다. 조선의 개국공신이었던 하륜과 조준도 말년에 이곳에 들러 살아온 날을 되새겨보고 남은 삶을 정리했다. 권력과 부를 모두 가졌던 그들이 이곳에 머무를 정도로 아름다운 경치를 지닌 장소라는 의미로, 이때부터 이곳을 둘의 성을 따서 하조대라 부르기 시작했다.

── 하륜과 조준이 찾은 동해안 명소

하륜(1347~1416)은 고려 말 신돈의 잘못을 지적하다 좌천되었고, 1388년에는 최영 장군의 요동 정벌을 강력히 반대하다 양주로 유배 갈 정도로 자신의 소신이 뚜렷했던 인물이다. 하륜은 처음에는 조선 건국을 부정했지만, 새로운 시대를 만들겠다는 이성계의 뜻에 동참하며 건국에 많은 공헌을 했다. 그러나 조선이 건국된 이후에는 정도전과 뜻이 맞지 않아 수원으로 안치되는 등 정치적 역경을 겪어야 했다. 하지만 하륜은 이방원과 손을 잡고 제1차 왕자의 난을 일으켜 정도전을 죽이고 공신이 된다. 이후 이방원이 세자로 책봉되는 데 힘을 기울이고, 명나라에서 조선을 인정한다는 고명인장을 받아오는 등 중차대한 임무를 무리 없이 완수했다. 이 외에도 한양으로의 천도와 조선 초의 문물제도를 정비하는 데 큰 공을 세웠다.

조준(1346~1405)은 고려 말 왜구를 물리치는 데 힘썼던 고려의 충신이었다. 그러나 고려 말 혼란스러운 사회를 안정시키고 정치적 안정을 가져오기 위해 우왕을 폐위하는 데 앞장섰다. 이 과정에서 조준은 이성계의 눈에 띄게 되어 중용되었다. 이후 조준은 정도전과 함께 토지 문제를 해결하기 위한 전제 개혁에 뛰어들며 조선 건국에 적극적으로 참여했다. 그러나 조선이 건국된 후 세자 책봉과 요동 정벌을 두고 정도전과 계속 대립하다가, 제1차 왕자의 난 때 이방원을 도와 정도전을 제거하는 데 큰 힘을 보태면서 공신으로 책봉된다. 조준은 경제와 교육에 큰 두각을 보이며 고려 중기 이후로 오랫동안 해결하지 못하던 토지 개혁을 이루어냈고 법전인 『경제육전』을 편찬하기도 했다. 특히 교육의 필요성을 크게 인식해 학교를 세우고 운영하는

하륜과 조준의 이름을 따서 만들어진 하조대

데 큰 힘을 기울였으며, 가정에서 지켜야 할 관혼상제를 다룬 유가의 예법장서인 『주자가례』보급에 앞장섰다.

이처럼 조선을 건국하는 과정에서 많은 역경과 고난을 겪었던 이들이 인생을 정리하기 위한 장소로 하조대를 선택한 이유를 알기는 어렵지 않다. 하조대에 올라서서 탁 트인 동해를 바라보고 있으면 마음속에 복잡하게 얽혀 있던 응어리가 언제 사라졌는지도 모를 정도로 멋진 경관에 빠져들게 된다. 하륜과 조준도 이토록 멋진 경관을 바라볼 수 있는 이곳에 정자를 세워놓고 자신들이 세운 조선이 광활한 동해처럼 뻗어나가기를 바랐을 것이다. 그리고 조선에서 살아갈 후손들이 지금보다 훨씬 더 좋은 환경에서 행복하게 살아가기를 기약했을 것이다.

── 하조대에 전해오는 슬픈 사랑 이야기

넓게 트인 동해를 바라보다 잠시 눈을 돌려 정자 주위를 살펴보면 한자가 암각되어 있는 바위를 찾을 수 있다. 현재 하조대에 있는 정자는 1998년에 해체 복원된 것이어서 그리 큰 의미를 부여할 수 없지만, 바위에 새겨진 '하조대'라는 글씨는 조선 숙종 때 참판 벼슬을 지낸 이세근이 쓴 것으로 역사적 가치가 높다. 만약 이세근이 하조대라는 글자를 바위에 새기지 않았다면 우리는 이곳을 동해안에서 흔히 볼 수 있는 그저 그런 해안 절벽으로만 인식했을 가능성이 높다.

그런데 하조대라는 지명에는 또 다른 이야기가 내려져온다. 옛날 하조대 인근에 건장하고 잘생긴 하씨 성을 가진 청년이 있었다고 한다. 외모도 훌륭했지만 성품도 훌륭해서 인근 지역의 많은 여성이 그 청년을 흠모했다. 그중에서도 조씨 성을 가진 두 여성이 청년을 깊이 사랑했다. 두 여인은 청년의 사랑을 받기 위해 적극적으로 자신들의 마음을 표현했다. 여러 해가 지나도 청년을 사랑하는 두 여인의 마음이 변하지 않자, 어느덧 청년도 두 여인 모두를 사랑하게 되었다. 그러나 일부일처제 사회에서 세 사람이 부부의 연을 맺고 살 수는 없었다. 셋이 이곳에서 도망을 친다고 해도 한 남자가 두 여인을 부인으로 맞는 것은 불가능했다.

결국 세 사람은 함께할 수 없는 이승보다는 저 세상을 선택하며 하조대에 올라섰다. 하조대에 올라선 세 사람은 서로의 눈을 바라보며 죽음으로도 변치 않을 자신들의 사랑을 다시 확인했다. 그리고 서로의 손을 굳게 잡은 채 하조대 절벽에서 바다로 뛰어내리며 생을 마감했다. 이 전설은 영화 〈글루미 선데이〉와 비슷한 구조를 가지고 있

왼쪽 | 이세근이 하조대임을 새겨놓은 바위
오른쪽 | 파란 하늘과 잘 어울리는 하얀 무인등대

다. 하조대의 전설을 보면서 두 남자와 한 여자가 영원한 사랑을 하기 위해 자살한 내용을 모티브로 한 〈글루미 선데이〉보다 우리나라가 더 먼저였다는 사실에 흠칫 놀라게 된다. 그러면서 동서고금을 막론하고 인간의 삶이 비슷하다는 생각이 든다.

── 하조대와 함께 꼭 방문해야 하는 무인등대

하조대 왼쪽에는 무인등대가 있는데 이곳은 필히 올라가봐야 한 다. 하조대 무인등대는 10m 정도만 오르면 도착할 수 있는데, 이곳은 하조대에서 보던 자연경관과는 다른 느낌을 준다. 내가 방문했을 때 무인등대 위로 펼쳐지는 다양한 무늬의 구름과 파란 하늘은 잊지 못 할 풍경을 만들어내고 있었다. 이토록 아름다워서일까? 하조대 등대 에서 바라볼 수 있는 멋진 풍경은 입소문이 많이 나서, 많은 사진작가들이 동해 일출의 장관을 담기 위해 이른 새벽부터 기다리곤 한다.

하조대 무인 등대에서 두 딸의 모습을 사진에 담으며 장난을 치다 보니, 등대 밑으로 70대 어머니와 50대로 보이는 딸이 올라오는 모습이 보였다. 그 모습을 보고 있자니 이들이 어떤 여행을 하고 있는지 궁금해졌다. 말없이 두 손을 꼭 잡은 두 모녀는 바다를 보며 어떤 생각을 하고 있을지 몹시 궁금했다. 몇십 년 뒤 나도 노년에 삶을 되돌아보기 위해 하조대를 방문했을 때, 혼자가 아닌 지금처럼 두 딸이 옆에 있는 행복한 상상을 해본다.

전통과 역사를 지키려는 노력의 흔적

양양향교

─── 양양향교 설립에 큰 공을 세운 안축

속초와 강릉 사이에 위치한 양양은 구경하러 찾아오는 사람보다는 지나쳐가는 사람들이 많다. 양양을 구경한다고 해도 주로 낙산사와 주변 해안가를 찾아갈 뿐 시내로 들어와 여행하는 사람은 많지 않다. 하지만 늦은 가을 단풍을 보며 정취를 느끼고자 한다면 양양향교에 방문하기를 권해주고 싶다. 양양향교는 넓지 않은 면적이지만 가을을 충분히 느낄 수 있는 풍경을 선사해주기 때문이다.

내가 양양향교를 방문했던 시기는 11월의 늦은 가을이었다. 설악산의 나무들이 이미 단풍을 다 떨구고 앙상한 가지만을 남겨둔 상황에서도 양양향교는 여전히 가을 한가운데 있었다. 게다가 향교를 찾는 분들이 거의 없다 보니 이곳을 오롯이 나만의 가을로 만들 수 있었다. 더욱이 내가 양양향교를 방문할 당시 보수공사가 이루어지고 있어서 우리 가족 외에는 향교를 방문하는 사람이 없었다. 물론 보수공사로 양양향교를 제대로 관람할 수 없다는 아쉬움이 따르긴 했지만 한편으론 다행이라는 생각이 들었다. 보수공사를 하며 잊혀가는 우리의 문화유산을 관리하고 전통을 유지하고 있는 것에 대한 감사함이 느껴졌다.

향교(鄕校)란 '고향 향(鄕)'에 '학교 교(校)' 자로 지방에 위치한 학교를 말한다. 향교는 고려시대 국가에서 만들기 시작해 조선시대에 널리 보급되었던 공교육 기관으로 주로 중등교육을 담당했다. 국가에서는 유학을 보급해 인재를 양성하고, 공자와 여러 성현에게 제사를 지내는 과정을 통해 지방민을 교화할 목적으로 향교에 많은 지원을 했다. 그 결과 우리의 역사에서 향교는 오랜 시간 동안 지역사회 발전에 크게 기여해왔다.

양양향교는 고려 충혜왕 때 안축에 의해 건립되었다. 안축이란 이름이 우리에겐 생소하지만, 사실 학교에서 수업시간에 배웠던 인물이다. 국어 시간에 배웠던 경기체가의 대표 작품인 〈관동별곡〉과 〈죽계별곡〉을 쓴 사람이 바로 안축이다. 경기체가란 고려 중기부터 조선 중기까지 사대부들이 즐겨 쓰던 글 양식이다. 글의 마지막 구절에 '경기하여(景幾何如)'가 들어가 있어 경기체가라고 부르는데, 세상을 객관적으로 표현하거나 설명하면서 개인의 정서를 담고 있다.

안축은 성리학을 고려에 들여왔던 안향과 같은 집안사람이며 고향도 안향과 같은 풍기다. 그러다 보니 안향보다 40여 년 늦게 태어났

전학후묘 방식으로 지어진 양양향교

지만, 그의 영향을 많이 받으며 성장했다. 여기에 총명한 머리로 원나라 제과에 급제하며 세상에 이름을 널리 알렸다. 이처럼 국제적으로 학문이 깊고 문학에 뛰어난 재능을 가졌던 안축은 양양에 존무사(충숙왕 때 임시로 설치되었던 지방관)로 근무하면서 양양향교를 세우는 등 후학 양성에 힘을 기울였다.

─ 양양 지역의 교육과 교화를 담당하다

양양향교는 고려를 거쳐 조선시대에도 양양 인근 지역의 교육과 교화를 담당하는 많은 역할을 했다. 그러나 조선 중기 이후 우리의 성현을 모시며 양반계층만 공부할 수 있었던 서원에 밀리기 시작했다. 신분에 상관없이 학생을 받아들였던 향교에 비해 서원은 양반만 입학해 지배계층으로서의 특권 의식을 가질 수 있었기 때문이다. 또한 개인의 입신양명에 있어서도 과거급제와 승진에 유리한 서원으로 유생들이 몰리면서 향교는 자연스레 쇠퇴할 수밖에 없었다. 양양향교는 관학의 중흥을 꾀하며 1682년(숙종 8년)에 현재의 위치인 임천리로 옮겨오지만 향교의 쇠퇴를 막을 수는 없었다. 그렇게 쇠퇴하던 양양향교는 일제강점기 때 제 기능을 잃어버리다가 6·25 전쟁 당시 포화 속에 사라지고 말았다. 그러나 지역 사회의 부흥 노력으로 1952년에 과거와 같은 모습의 대성전과 동무·서무, 동재·서재 등 부속 건물이 지어지면서 오늘에 이르고 있다.

양양향교는 다른 지역의 향교처럼 입구에 공자를 배향하는 사당을 두고, 뒤편 건물에 학업을 수행하는 명륜당을 설치하는 전묘후학 방식을 따르지 않았다. 양양향교는 평지가 아닌 구릉지에 향교를 조성하는 과정에서, 학습하는 명륜당을 앞에 배치하고 사당을 건물 뒤에 놓는 전학후묘 방식을 택했다.

또한 양양향교는 강원도에서 큰 규모를 자랑하는 향교 중 하나다. 경국대전에 향교의 정원을 90, 70, 50, 30명으로 구분하는 것을 토대로 봤을 때, 양양향교가 70여 명의 학생을 가르쳤으니 양양 지역의 자랑스러운 교육기관이었음에 틀림이 없다. 그러나 향교가 조선 중기 이후 쇠퇴하는 역사적 흐름과 더불어 향시의 합격률을 보면, 조선 후기 양양향교가 존립한 이유는 관리 배출이 아니라 지역사회의 교화가 주목적이 아니었을까 생각된다.

전학후묘의 방식에 따라 지어진 양양향교의 명륜당을 지나면, 학생들이 기거하던 동재와 서재를 만나게 된다. 동재는 주로 선배들이 머물고 서재는 후배들이 사용하게 되는데, 70여 명이나 되었던 학생

위 | 공자의 신주를 모셔놓은 대성전
아래 | 학생들이 공부하던 명륜당

들이 기숙하기에는 건축물의 크기와 규모로 보았을 때 무리라고 여겨
진다. 아마도 동재와 서재는 기숙의 기능보다는 공부에 지친 학생들
이 잠시 휴식을 취하는 공간이 아니었을까 싶다.

조선 후기에 접어들면 조선 정부는 향교를 되살리기 위해 향교에 학적만 올려놓으면 신분에 상관없이 학생의 군역을 면제해주었다. 또한 우수한 교수진을 확보하기 위해 관직에 있는 관헌이나 퇴임자를 교수관으로 임명하고, 5~7결 정도의 쌀을 수확할 수 있는 학전(學田)을 지급해 경비를 보조했다. 그러나 양반의 자제들은 향교가 아닌 서원에서 학업에 매진했으며, 향교에는 양민들만이 군역을 피하기 위해 교생으로만 등록했다. 여기에 보수는 적은데 힘들기만 한 교수관직을 관리들이 거부하면서 향교의 교육적 기능은 점차 사라져갔다. 결국 마지막에는 문묘 배향(학덕이 높은 사람의 신주를 모시는 것)의 기능만 남았을 뿐 교수관도 학생도 없었다.

동재와 서재를 지나면 양양향교 제일 안쪽에 있는 대성전을 볼 수 있다. 양양향교의 대성전에서는 공자를 비롯한 안자, 증자, 자사자, 맹자 5명의 중국 성현을 모시고 있다. 여기에다 공자의 제자로서 세상에 이름을 널리 알린 10명과 송나라 시대의 성현 6명도 함께 모시고 있다. 대성전 아래로는 우리나라 18명의 학자를 모시는 동무와 서무가 자리하고 있다. 18명의 선현들은 특정 시대에 국한되지 않아서, 신라시대 설총과 최치원에서부터 조선 중기 이후의 송시열과 김집까지 뛰어난 유학자를 위한 제례를 올렸다. 지금도 양양향교에서는 대성전에서 제례를 올리고 있으니 시간만 맞춰 간다면 제례의 모습을 관람할 수 있다.

—— 명맥을 유지하는 양양향교

이처럼 활동을 멈추지 않고 살아 있는 양양향교를 만날 수 있는 것은 향교재단의 관리가 있기 때문이다. 오늘날 이촌 향도 현상으로

양양향교의 역사를 보여주는 비석

지역의 인구 감소가 이루어지면서 지방의 많은 학교가 폐교되어 흉물스러운 모습으로 변해가고 있다. 그런데 고려시대부터 존속되어온 양양향교를 복원하고 활용하는 모습은 우리에게 많은 시사점을 준다. 오랜 시간 향교의 기능은 약해지고 쇠퇴했지만, 명맥을 유지하며 우리의 문화와 전통 그리고 교육을 계승하려는 양양향교의 모습은 주변 환경만을 탓하며 교육을 포기하는 우리를 반성하게 한다. 개인적으로 양양향교가 우리의 것을 지키기 위해 노력하는 이러한 모습에 큰 박수를 보내고 싶다.

　　사람이 북적이지 않는 곳에서 한적한 여행을 하고 싶다면 양양향교를 방문해볼 것을 추천한다. 단풍이 붉게 물든 늦은 어느 가을날 누구의 방해도 받지 않고 따뜻한 차 한잔을 들고 양양향교 주변을 거닐며 잠시나마 사색에 빠지는 시간은 여행의 또 다른 맛을 느끼게 해줄 것이다.

단종의 마지막 모습을 보다

청령포

—— 단종이 청령포로 유배 온 까닭

조선시대 비운의 왕을 꼽는다면 사람들은 단연코 단종(1441~
1457)을 가장 먼저 떠올릴 것이다. 어린 나이에 부모를 저세상으로 떠
나보낸 것도 모자라 삼촌인 수양대군에게 왕위를 빼앗기고 죽은 단종
의 이야기는 많은 이들을 눈물 흘리게 한다. 비운의 왕 단종이 유배되
었다가 죽은 청령포는 강원도 영월에 위치하고 있다. 지금이야 도로
가 잘 연결되어 쉽게 방문할 수 있지만, 조선 초기에는 첩첩산중이라
누구도 쉽게 접근할 수 있는 곳이 아니었다.

왜 세조는 아무런 힘이 없는 어린 단종을 영월 청령포까지 유배
보냈을까? 그 이유는 생각보다 간단하다. 조선이 건국된 지 60년이라

3
장.

144

는 세월이 흐르면서 효와 충을 강조하는 유교가 새로운 가치관으로 자리 잡았다. 1453년 수양대군은 문종의 유훈을 어기고 정변을 일으켜 김종서를 죽이고 권력을 잡았다. 사대부들은 어리지만 조선의 왕이었던 12살의 단종을 권좌에서 끌어내린 세조가 충·효·의리 모두를 어겼다고 생각했다. 특히 유교적 덕목을 하나도 지키지 않은 세조를 왕으로 인정하지 않는 신료들은 계속 단종을 복위시키려는 움직임을 보였다. 그런 가운데 단종도 어른이 되어가고 있었다.

1456년 사육신이 단종을 복위시키려다 실패한 사건은 세조에게 큰 경각심을 심어주었다. 단종이 성인이 되면 복위운동이 더욱 거세질 거라고 판단하게 된 것이다. 단종을 사람들의 이목에서 지워야 복위운동을 잠재울 수 있다고 생각한 세조는 깊은 골짜기인 청령포로 단종을 유배 보냈다. 이때가 사육신이 난을 일으켰던 이듬해인 1457년이다.

청령포는 강원도의 깊은 산골에 있지만, 바다의 섬과 같은 지형을 갖추고 있다. 남한강 상류의 한 지류인 서강(西江)이 삼면을 에워싸고 흐르며, 남쪽은 층암절벽으로 이루어져서 배를 타고 들어가지 않는 이상 접근이 불가능하다. 청령포는 자연이 만든 천혜의 감옥이었다. '자연이 만든 감옥'이라는 말은 청령포로 들어가는 배를 타기 전에는 이해하기 어렵다. 하지만 배를 타고 청령포에 내린 뒤 선착장을 바라보면 천혜의 감옥이라는 말에 크게 공감하게 된다. 청령포를 휘감아 도는 물을 건넌다 해도 기어 올라가기가 불가능해 보이는 높은 언덕 때문에 험준한 산에 갇힌 것 같은 착각이 든다.

　배에서 내려 자갈밭을 지나면 단종이 머물렀던 집을 보게 된다. 복원된 집에는 책을 읽고 있는 단종의 모습이 재현되어 있다. 과연 단종이 재현된 인형처럼 책을 읽을 수 있었을지는 의문스럽다. 가장 혈기가 왕성할 나이인 17살에 생을 마감한 단종이다. 자신을 챙겨주고 돌봐주던 많은 이들이 형장에서 사라지고, 홀로 청령포에 온 단종은 매 순간이 두렵고 외로웠을 것이다. 그리고 아무것도 변화시킬 수 없다는 현실에 깊은 좌절감을 느꼈을 것이다. 누구라도 옆에 있었다면 답답한 심정이 조금이나마 나아졌겠지만, 청령포에는 마음을 터놓을 그 누구도 없었다.

　마음을 토로할 사람이 없는 현실에서 단종의 유일한 친구는 청령포에서 가장 커다란 소나무였다. 단종은 매일 소나무를 찾아가 자신의 답답한 속마음을 털어놓고 하소연했다고 한다. 이때 단종의 이야기를 들어주던 나무를 관음송(觀音松)이라 부른다. 관음송은 단종의 이야기를 들어주며 매우 가까워졌다. 관음송은 시원한 그늘을 만들어 단종이 잠시나마 달콤한 잠을 잘 수 있도록 도와주며, 눈물을 흘릴 때면 바람을 불어 눈물을 닦아주었다. 하지만 단종의 비극적인 죽음도 지켜봐야 했다. 이후 관음송은 단종의 죽음을 후대에 알리기 위해서인지 청령포의 어느 소나무보다 크고 울창하게 자라 지금까지 꿋꿋하게 그 자리에 서 있다. 단종이 1457년에 죽은 사실로 봤을 때 관음송의 나이가 최소 600살이 넘었음을 짐작할 수 있다. 이처럼 오래 살아온 관음송은 오늘날까지 주변의 어느 소나무보다 건강하게 청령포를 내려다보고 있다.

왼쪽 | 단종의 이야기를 들어주고 그의 죽음까지 지켜본 관음송
오른쪽 | 단종을 향해 절을 하고 있는 듯한 충절송

관음송 외에도 청령포에 있는 소나무들은 단종이 기거했던 집을 향해 절을 하듯 기울어져 있다. 그중에서도 집을 향해 엎어질 듯 절을 하는 충절송이 있다. 그냥 두면 담을 무너뜨릴까 걱정이 된 사람들이 지지대를 세워 받쳐주고 있는데, 이에 대한 이곳 문화해설사의 말이 압권이다. "여기니까 저 소나무가 칭송받는 것이지, 일반 집의 담벼락에서 저렇게 자랐다면 벌써 잘렸을 거예요." 그 말을 듣고 웃다 생각해보니 맞는 말이기도 했다. 사람이나 자연이나 때와 장소를 잘 만나야 한다는 말이 사실인가 보다.

관음송 뒤로 작은 언덕을 올라가면 노산대가 나온다. 노산대는 청령포에서 가장 멀리까지 내다볼 수 있는 장소이며, 노산대 밑으로

단종이 매일 올라와 눈물을 흘리던 노산대에서 바라본 전경

흘러가는 서강을 따라가면 단종을 사랑해주던 이들이 살고 있었던 한
양이 있다. 그래서 단종은 해가 질 무렵이면 이곳에 올라와 많은 생각
에 잠겼다고 한다. 하지만 노산대에 올라와도 높은 산에 시야가 가로
막혀 가슴속의 답답함이 해소되지 않았을 것이다.

　　그러나 이것도 살아 있을 때나 누리는 행복이었다. 청령포에서 단
종의 삶은 오래가지 못했다. 세간의 이목이 차단된 청령포는 단종의
죽음을 조용히 처리할 수 있는 최적의 장소였다. 세조가 청령포에 단
종을 보낸 것은 감금이 아니라 살해가 목적이었기 때문이다. 세조는
금부도사에게 단종을 죽이라 명했고, 얼마 뒤 단종은 관풍헌에서 죽었
다. 단종이 어떤 죽음을 맞이했는지는 아무도 모른다. 청령포에서 단
종을 모시던 궁인들조차도 살아남은 이가 한 명도 없기 때문이다.

단종을 모시는 궁녀들이 살던 집

　내려오는 말에 의하면 단종은 세조가 보낸 사약을 거부하고, 스스로 목숨을 끊었다고 한다. 방 안으로 홀로 들어간 단종은 자신의 목에 줄을 묶은 후 밖에 있는 병졸들에게 줄을 당기라는 명을 마지막으로 내렸다. 이것이 사실이라면 세조가 주는 것은 무엇 하나도 받기 싫었던 단종의 마지막 반항이라 할 수 있겠다.

　그러나 영월의 호장이던 엄흥도가 물가에 버려진 단종의 시신을 수습했다는 내용을 보면, 전해 내려오는 이야기처럼 단종이 처연하게 목숨을 끊은 것 같지는 않다. 오히려 세간에서 단종의 의연함과 강단을 높여 세조의 찬탈을 의도적으로 비판한 것은 아닐까 싶다. 한 예로 단종이 죽자 궁녀들이 슬퍼하며 스스로 물에 빠져 죽었다는데, 과연 이것도 사실일까? 부모를 위해서도 자신의 목숨을 끊기가 어려운 법인데, 세조에게 죽임을 당한 어린 군주가 불쌍해 스스로 목숨을 끊고 저승길을 같이 갔다는 것 자체가 선뜻 이해되지 않는다. 오히려 단종의 죽음에 관한 이야기가 세상 밖으로 나가는 것을 막기 위해 병졸들이 궁인들을 죽였을 가능성이 높다.

— 숙종, 단종을 추존하다

단종은 사후 200년 동안 사람들 입에 오르내려서는 안 되는 인물이 되었고, 당연히 왕으로 추존되지 못했다. 단종이 다시 세상 밖으로 나오게 된 것은 숙종 때다. 신하들에게 충(忠)을 강조하던 숙종에게 단종과 사육신의 이야기는 왕권 강화를 위해 필요한 좋은 사례였다. 숙종은 단종이라는 묘호를 부여하고 왕으로 추존했다. 그리고 단종의 이야기를 통해 많은 신하와 백성들이 조선 왕실을 받들기를 원했다. 숙종의 왕권 강화 정책은 영조에게도 이어졌다. 영조는 즉위 2년이 되던 해에 청령포에 사람들의 출입을 금한다는 금표비를 세웠다. 금표비를 통해 청령포의 격을 높이고, 나라가 관리하고 보존하는 지역이라는 메시지를 사람들에게 전달하며 왕실의 격을 높였다.

이처럼 청령포는 단종이 유배되고 죽은 뒤 버려졌던 땅이었지만, 조선 후기에는 왕실의 격을 높이는 데 크게 활용되었다. 그리고 오늘날에는 탄광도시에서 관광문화도시로 발돋움하는 영월을 대표하는 유적지이자 관광지가 되어 많은 사람을 불러들이고 있다. 영월 지역에서 단종은 없어서는 안 될 소중한 역사적 인물이며, 영월의 경제발전의 한 축을 담당하는 중요한 인물이 되었다. 단종의 비참하고 짧은 삶은 우리에게 안타까움을 주기도 하지만, 600년이 흐른 지금까지도 가장 많은 사랑을 받는 조선의 왕이 되었다. 만약 영혼이 실제로 있다면 단종은 비운의 왕이 아니라 가장 행복한 왕이라 말할 수 있지 않을까? 수많은 이들이 청령포로 와서 자신을 기억하고 사랑해주고 있으니 말이다.

한글로 간행된 『월인석보』를 간직하다

수타사

—— 수타사에 들어가기 전 발견한 뱀 한 마리

강원도 홍천은 우리나라에서 동서 너비가 가장 길면서도 넓은 행정구역을 가지고 있다. 동서로 가장 긴 만큼 서울특별시의 3배에 달하는 면적을 가진 홍천에는 볼거리와 즐길 거리가 많다. 홍천에서도 수타사와 생태숲공원은 사람들에게 널리 알려진 관광지다. 매년 더운 여름날이면 사람들은 수타사 옆으로 흘러내리는 시원한 계곡물에서 물놀이를 하거나, 숲에서 불어오는 시원한 바람을 맞으며 공작산 산소길을 걷기 위해 수타사를 방문한다.

수타사는 708년에 일월사(日月寺)로 창건했다가 1568년 선조 때 이곳으로 옮겨졌다. 선조 시절 사찰 옆에 큰 내천이 있다고 해서 물이 떨어지는 사찰이라는 의미로 수타사(水: 물 수, 墮: 떨어질 타)로 바꾸자, 매년 승려 한 명씩 못에 빠져 죽는 사고가 발생했다. 그래서 발음은 같지만 뜻이 다른 '목숨 수(壽)'로 바꾼 뒤 오늘날까지 壽陀寺(수타사)로 불리고 있다고 한다. 그러나 실제로는 무량수불의 무한한 수명이란 뜻의 이름으로 1811년 순조 때 바뀐 것이다.

수타사로 가는 도중 물도랑에 있는 뱀 한 마리를 발견했다. 산길에서 마주쳤다면 매우 놀랐겠지만, 다행히 물도랑에 있는 뱀이라서 안심할 수 있었다. 성인이 되어 야생 뱀을 가까이서 보는 것은 정말 오랜만이었다. 뱀을 한참 동안 신기하게 바라보다, 문득 뱀이 우연하게 이곳에 있는 것이 아니라 일부러 찾아온 것은 아닌가 하는 생각이 들었다. 불교에서는 뱀을 죽음이나 애욕의 대상으로 본다. 또는 뱀이 허물을 벗는 모습에서 번뇌를 벗어난다는 의미로 관자재보살로 받들기도 한다. 수타사를 향해 끊임없이 지친 몸을 끌고 올라가는 뱀이 마치 업보와 번뇌로부터 자유로워지려는 관자재보살의 모습같이 보이면서, 뱀이 수월하게 수타사로 오를 수 있도록 도와주고 싶은 마음이 일었다.

—— 수타사의 여러 보물

수타사에 들어서자 많은 보물들이 눈에 들어왔다. 수타사에는 문화재들이 많이 있는데 수타사 입구를 지키는 사천왕도 그중 하나다. 채색되어 있지 않아 더욱 특별하고 가치가 있어 보이는 사천왕은 1676년에 제작되어 340년이라는 긴 시간을 지나왔다. 이토록 오래도록 보존될 수 있었던 데는 특별한 제작방법이 숨겨져 있다. 화재로

오랜 시간 동안 수타사를 지켜온 사천왕

부터 보호하기 위해 제작 당시 나무로 심을 만들고 새끼줄로 감은 뒤 진흙을 발랐다. 이렇게 사천왕의 형태를 잡은 후 채색했기에 화재로 부터 안전하게 보호되어 지금에까지 내려올 수 있었다.

　수타사에 있는 동종(銅鐘)도 보물로 지정된 소중한 유물이다. 1670년 제작된 수타사 동종은 제작방법이 일반 범종과는 다르다. 보통 몸통과 종을 거는 고리 부분을 한꺼번에 만드는 것이 일반적인데, 수타사 동종은 따로 제작해 붙였다. 이 외에도 다른 범종과는 다르게 제작자의 이름과 함께 범어를 새겨놓았다. 또한 종을 치는 부분인 당좌의 모습도 일반 범종과는 다른 독특함을 가지고 있다.

　비로자나불을 모시고 있는 대적광전은 수타사를 대표하는 건축물이다. 비로자나불은 법신불로 인간이 볼 수 없는 형체를 가진 우주의 진리를 뜻한다. 비로자나불은 우리 앞에 언제 어디서든 다양한 형

비로자나불이 모셔진 대적광전

태로 나타날 수 있지만, 현세에 모습을 드러낼 때는 주로 석가모니로 등장한다. 비로자나불의 세계는 우주 전체이면서 우리가 사는 세상을 뜻하기도 한다. 즉 우리도 깨달음을 얻는다면 부처가 될 수 있음을 보여주며 "하나가 전체요, 전체가 하나다."라고 이야기하는 화엄경의 교주가 비로자나불이다. 왼손을 오른손으로 감싸고 있는 불상이 바로 이 비로자나불을 형상화한 것으로 대적광전에 모셔져 있다.

　　대적광전을 둘러보고 나오면서 눈길을 끈 것은 2마리의 매미 허물이었다. 나무에 매달린 매미의 허물은 자주 보았지만 이렇게 2마리가 마주 보고 허물을 벗은 모습은 처음이었다. 힘든 몸부림으로 수타사를 오르던 뱀과 서로를 도와주며 허물을 벗은 2마리의 매미가 많은 생각에 잠기게 했다. 살아오면서 저지른 많은 잘못과 후회들을 이곳에 버리고 가라는 의미, 아니면 과거에 대한 미련으로 생긴 집착을 수타사에 남겨두고 새로운 업을 쌓으라고 알려주는 건 아니었을까?

── 수타사의 가장 큰 보물

수타사에 많은 보물이 있지만 그중에서도 으뜸으로 뽑을 수 있는 것이 석가모니의 공덕을 한글로 적은 『월인석보』 17, 18권이다. 수타사에서 발견된 『월인석보』는 당시 국어학계에 큰 파문을 일으켰고, 오늘날까지도 한글을 공부하는 데 중요한 자료로 활용되고 있다. 그리고 수타사를 세간에 널리 알리는 역할을 했다.

조선시대는 불교를 억압하고 성리학을 통해 나라를 운영하던 국가였다. 조선은 숭유억불 정책을 통해 불교를 억압했지만, 왕실은 국가 정책과는 별도로 부처님에게 조선 왕실의 번영을 기원했다. 『월인석보』도 조선 왕실이 불교를 숭상했음을 보여주는 사례로, 세조가 아버지인 세종과 죽은 아들을 위해 불경을 한글로 간행한 책이다. 세종이 지은 「월인천강지곡」과 세조가 직접 쓴 「석보상절」을 합쳐서 만든 『월인석보』는 우리나라 최초로 불경을 한글로 해석한 불경언해서(佛經諺解書)다. 『월인석보』에는 한글이 만들어졌을 당시의 어휘가 많이 수록되어 조선 초의 언어를 알 수 있게 해주는 소중한 기록물이다.

이처럼 역사적 가치가 높은 『월인석보』는 전권(全卷)이 발견되지 않아 정확한 권수를 알 순 없지만, 대략 30여 권으로 추정하고 있다. 이토록 귀중한 『월인석보』 중에 17, 18권이 수타사에 수백 년간 보관

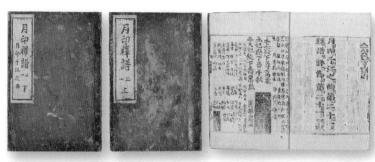

불경을 한글로 간행한 「월인석보」

되어 있었으니 얼마나 감사한 일인지 모르겠다. 수타사는 사찰을 넘어 한글과 민족의 정기를 지켜온 소중한 터라고 말할 수 있다.

── 과거와 현재가 혼재되어 있다

수타사에는 조선 후기에 건축된 전각과 근래에 세워진 전각들이 섞여 있다. 최근에 지어진 전각들이 오랜 세월을 인고한 전각들에 스며들어 고풍스러움이 더욱 진하다. 특히 흥회루는 1658년에 건립되어 360여 년간 비바람을 맞으며 꼿꼿하게 한자리에 서 있다. 이곳은 오랜 세월 많은 사람이 둘러앉아 법회를 갖다 보니 자연스레 군데군데 색이 벗겨지고 기둥은 맨들맨들해졌다. 그런 모습이 오히려 고풍스러워 사람들의 시선과 마음을 빼앗는다. 한낮의 찌는 더위에도 흥회루에 앉아 시원하게 불어오는 산들바람을 맞고 있으면, 자연스레 눈꺼풀이 내려앉으며 달콤한 잠이 스르르 밀려올 것이다.

그러나 수타사에 아쉬운 점도 있다. 과거 수타사는 성황당이 있는 특이한 구조였는데 1992년 관음전을 짓는 과정에서 철거해버렸다. 성황당은 마을의 수호신을 모셔놓는 장소로 우리나라의 전통신

고풍스러움이 묻어나는 흥회루

앙을 보여주는 곳이다. 수타사의 성황당은 불교가 정착되는 과정에서 발생한 문화 접변으로 역사적 가치가 매우 높은 전각이었다. 특히 사찰 안에 위치한 성황당은 쉽게 볼 수 없는 것이기에 아쉬움이 더욱 크다. 물론 성황당을 철거한 의도를 모르기에 섣불리 말할 순 없지만, 과거의 것을 존중하고 보존하는 것이 더 좋지 않았을까 하는 아쉬움은 남는다.

── 수타사 부도

수타사를 둘러보고 입구를 나서기 전 스님들의 사리를 모셔놓은 부도가 보였다. 수타사에는 10개의 부도와 3개의 비석이 있는데, 그 중에서도 홍우당 부도는 강원도 문화재로 지정될 정도로 가치가 높다. 홍우당은 광해군에서 숙종 때까지 살았던 스님으로, 열반에 든 후

강원도 문화재로 선정된 홍우당 부도

화장을 하자 네모진 사리 하나, 둥근 은색 사리 2알이 나왔다. 수타사가 홍우당의 사리를 봉안하기 위해 만든 부도는 오늘날 조선 후기에 제작된 부도 양식을 대표한다는 점에서 가치를 인정받고있다.

수타사 입구에 있는 부도를 감상하다 뒤를 돌아보니, 부도 앞 소나무 숲이 만든 시원한 그늘에 돗자리를 펴놓고 가족들과 함께 소중한 시간을 보내는 사람들을 많이 볼 수 있었다. 그 옆으로 수타사 산소길을 걷기 위해 부지런히 발을 옮기는 사람들도 보였다. 같은 시간과 장소에서 서로 다른 시간과 공간을 보내는 사람들을 보면서, 뱀과 매미가 허물을 벗어 던지듯 나도 그해 여름의 한순간을 수타사에 남겨두었다.

평창

요즘 아이들은 모르는 이승복 어린이

이승복기념관

── 분단의 비극을 보여주는 이승복 어린이

과거 초등학교를 국민학교라 부르던 시절에 반공교육은 매우 중
요한 교육과정으로 늘 강조해도 부족함이 없었다. 수많은 반공교육
중에서도 이승복 어린이의 "나는 공산당이 싫어요."는 북한의 무자비
함을 보여주는 대표적 사례로 국민학교를 다녔던 세대는 아주 잘 아
는 이야기다.

1992년 한 매체에서 이승복 사건은 반공교육을 위해 만들어낸
허구라는 내용의 글을 실으면서 사실 여부에 대한 논란이 일기도 했
었다. 학창시절 수업 시간에 배웠던 이승복 어린이 피살사건은 의심
할 여지가 없는 당연한 사실로 알고 있던 나로서는 혼란스러웠다. 훗

3
장.

복원된 이승복이 살던 집

날 이승복 사건이 사실이라는 발표가 있었지만, 직접 확인해보지 않았으니 사실 여부에 대해 오랫동안 고민해야 했다.

여름방학을 맞아 가족과 여행을 하면서, 이승복 어린이가 피살된 사건이 사실인지 확인하기 위해 평창에 있는 이승복기념관을 방문했다. 결론부터 말하면 이승복 어린이는 실존한 인물이었으며, 이승복 사건은 과거 무장공비에 의해 일어난 끔찍한 사건이었다. 이승복 사건은 남북한의 분단으로 인해 일어난 아픔이자, 빠른 시간 내에 남북한이 통일해야 하는 당위성에 무게를 실어주는 사건이었다.

현재 강원도 평창에 위치한 이승복기념관은 누구나 무료로 관람할 수 있도록 개방되어 있다. 이승복기념관이 위치한 장소는 이승복 어린이가 피살되었던 집이 아니라 매일 아침 가방을 메고 공부하러 가던 초등학교 자리다. 이승복기념관에 들어서면 이승복의 이야기를 짧은 영화로 보여준다. 영화 속에서 보여준 북한 무장공비의 잔혹함은 말로 표현하지 못할 정도로 끔찍했다. 개인적으로 공포영화를 웃으면서 볼 정도로 무서움을 잘 타지 않는데, 기념관에서 상영되는 영화는 현실을 기반으로 리얼하게 만들어서 그런지 더욱 공감되고 무서웠다. 영화를 보는 내내 아이들에게 이 잔혹한 영화를 끝까지 보여줘도 되는지 고민을 해야 할 정도였다.

비극의 현장에서 어린 나이에 목숨을 잃었던 이승복은 1959년생으로, 할머니와 부모님 그리고 4형제와 함께 평창에서 살고 있었다. 이승복 어린이의 가족은 산을 일구어 만든 화전에서 옥수수를 재배하며 살아가는 평범한 사람들이었다. 이들은 넉넉하지 않은 살림에도 늘 행복한 웃음이 끊이지 않았다. 하지만 1968년 갑자기 들이닥친 북한 무장공비에 의해 모든 것이 풍비박산 나버렸다.

6·25 전쟁 이후 북한 무장공비는 끊임없이 남쪽으로 내려와 시설을 파괴하거나 민간인에게 피해를 주고 있었다. 특히 1968년은 울진·삼척 지역으로 무장공비 130여 명이 침투한 큰 사건이 벌어진 해다. 대한민국 국군은 북한 무장공비 침투 사실이 발각되자 병력을 동원해 무장공비를 격퇴했다. 이 과정에서 쫓기던 무장공비는 여러 분대로 흩어져 북으로 되돌아가던 중, 일부 무장공비가 굶주린 배를 채우기 위해 이승복의 집에 들이닥쳤다. 집에 있던 감자 등으로 어느 정도 배를 채운 무장공비는 그제서야 한숨 돌리며 옆에 있던 이승복 어린이에게 공산당이 좋냐고 물어봤다. 총을 들고 일가족을 위협하며 먹을 것을 뺏어가는 무장공비에게 9살이었던 이승복 어린이는 학교에서 배운 대로 공산당이 싫다고 대답했다.

이에 화가 난 무장공비는 이승복 어린이의 입을 귀밑까지 찢어서 죽인 뒤 남은 일가족이 경찰에 신고하지 못하도록 남은 가족들도 죽여버렸다. 이 과정에서 할머니와 아버지가 도망쳐서 경찰과 군대에 신고를 한 뒤 가족들을 구하기 위해 다시 집으로 달려왔다. 하지만 무장공비는 이미 도망가고 없었고, 집에는 무장공비에게 무참하게 살해된 어린아이들의 시신만이 남아 있을 뿐이었다. 그나마 다행인 것은 이승복 어린이의 큰형이 36군데나 칼에 찔렸지만 살아남은 것이었다. 이 소년은 훗날 끔찍했던 그날을 기억하며 많은 사람에게 분단의 아픔과 고통을 알리며 통일의 필요성을 널리 알리게 된다.

── 어린 시절 배운 반공교육

나는 어린 시절 이승복 어린이의 피살사건을 통해 공산당은 잔혹하고 무조건 나쁘다는 반공교육을 받았었다. 그러나 시간이 흐를수록 이승복 어린이가 공산당에 대해 제대로 알고 비판하다 목숨을 잃은 것인지에 대한 의구심이 커져갔다. 내 생각으로는 이승복 어린이는 비판적 사고를 제대로 하지 못하는 9살의 어린아이였기에, 그저 학교에서 배운 대로 공산당이 싫다고 대답하지 않았을까 싶다. 그리고 그에 대한 대가로 무장공비에게 일가족이 무참하게 피살당했다. 살아남은 가족들도 끔찍한 그날의 고통을 평생 짊어지고 살아가야 했다.

그래서 이승복 어린이 피살사건을 누가 책임져야 하는지 묻고 싶다. 이승복 어린이의 죽음은 북한을 개돼지로 표현하며 죽여 마땅한 대상으로 가르치던 남한의 잘못일까? 아니면 무력 통일을 위해 민간인 사살도 서슴지 않았던 북한의 잘못일까? 나는 6·25 전쟁 당시 남북

이승복 어린이 동상

한 모두가 서로를 죽이며 씻지 못할 앙금을 남겨놓고 분단된 것이 가장 큰 원인이라고 생각한다.

어린 소년이던 이승복이 신고 다니던 검정 고무신이 더 이상 흙길을 달리지 못한 채 기념관에 보관될 줄 누가 알았겠는가? 나는 기념관에 있는 사진들을 보면서 눈을 질끈 감아야 했다. 9살짜리 이승복 어린이와 4살짜리 동생도 서슴지 않고 죽여버리는 만행을 저지른 공산당이 무섭고 싫었다. 좀 더 솔직하자면 공산당이 싫은 마음보다는 무서움이 더 컸다. 그리고 이와 같은 역사의 비극이 65년이 훨씬 지난 지금도 끝나지 않고 계속된다는 사실에 마음이 무겁고 착잡했다.

── 이승복과 두 딸을 보다

기념관을 나와 이승복 어린이가 다니던 초등학교에 들렀다. 학교는 예전 모습을 그대로 유지한 채 기념관으로 활용되고 있었다. 이제는 이 학교에서 아이들에게 국어와 수학을 가르치진 않지만, 분단이라는 아픈 과거를 보여줌으로써 우리가 앞으로 통일을 위해 해야 할 일이 무엇인지 알려주고 있었다. 학교는 과거에 사용하던 교육 기자재를 관람할 수 있는 공간 그리고 이승복 어린이가 다니던 교실의 모습을 재현해놓은 공간 두 곳으로 구성되어 있었다. 어린 자녀와 함께 온 부모라면 이곳에서 옛날 교육 기자재를 아이들에게 설명해주며 재미있는 시간을 보낼 수 있다. 나도 아이들에게 풍금과 함께 어린 시절 사용하던 교육 기자재를 설명하며 잠시나마 무거워졌던 마음을 풀 수 있었다.

그러나 이승복 어린이가 수업을 듣던 교실에 들어서는 순간 다시 숙연해지고 말았다. 교실에는 이승복 어린이가 앉아서 수업을 듣던 책걸상이 표시되어 있었다. 앞에서 오른쪽 두 번째 자리가 이승복 어린이가 앉았던 책걸상으로, 책상 위에 이승복 어린이의 이름표가 놓여 있었다. 이름표를 보는 순간 몸이 경직되어 한동안 움직일 수 없었다. 왜 움직일 수 없었는지는 한마디로 표현하기가 어려웠다. 이승복 어린이에 대한 미안함, 슬픔, 두려움, 안타까움 등 여러 감정이 겹쳐져 시간이 흐른 지금도 명확하게 설명하기 어렵다.

이승복기념관을 나오면서 딸들에게 "공산당이 좋아? 싫어?"라고 물어보았다. 당시 9살짜리 큰딸은 "공산당은 나쁜 사람이니까 싫어."라고 대답했다. 반면 5살짜리 둘째 딸은 "공산당이 좋아."라며 의외의 대답을 했다. 막내딸의 답변에 깜짝 놀란 나는 "왜?"라고 되물었다. 둘째 딸이 이런 끔찍한 만행을 보고도 공산당이 좋다고 대답한 이유가

강원도

위 | 이승복 어린이가 다녔던 초등학교
아래 | 이승복 어린이가 공부했던 교실

당최 이해되지 않았기 때문이다. 아직 어리기에 잘못된 학습이 이루
어졌을까 봐 심히 걱정되었다.

걱정스러운 마음으로 재차 묻는 나의 질문에 둘째 딸은 상상도
못 한 답변을 내놓았다. "공산당이 싫다고 하면 총으로 빵 쏴서 죽이니
까 좋다고 해야 해."라고 대답하는 둘째의 대답에 한동안 머리가 멍해

졌다. 5살짜리 딸아이가 나보다 인생을 더 잘 아는 것 같았다. 5살짜리 딸이 예쁘고 기특해서 아이의 머리를 쓰다듬으며 볼에 뽀뽀를 해주었다. 그리고 9살과 5살 두 딸의 고사리 같은 작은 손을 잡고 걸어가면서 딸들의 나이를 헤아려보니 그 당시 이승복 어린이 형제의 나이와 비슷했다. 이승복 어린이가 이렇게 어린 나이에 죽었다는 사실에 다시 한번 가슴이 아파왔다. 결국 걸음을 멈추고 딸들을 품 안에 꼭 껴안으며 눈물을 흘려야 했다.

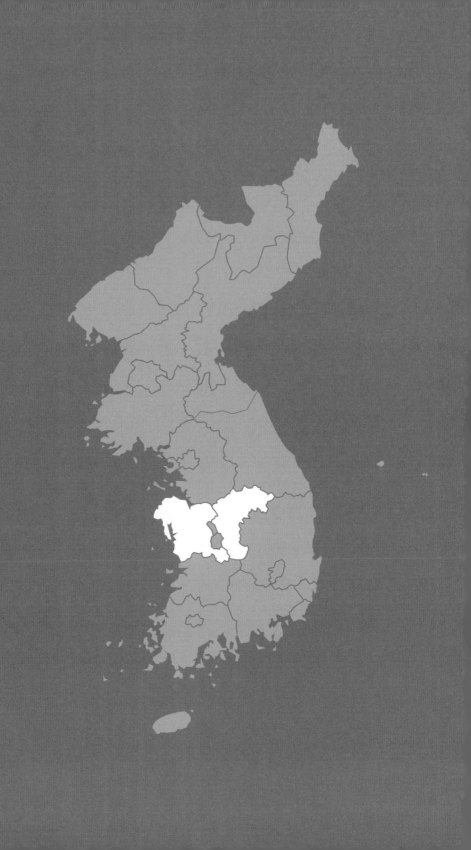

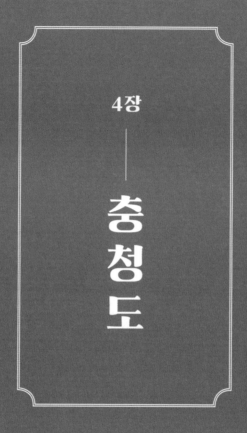

4장

―

충청도

정림사지 화양서원 임존성 보탑사 진천농다리

해미 순교성지 단재 신채호 사당

충청도는 역사의 중심에서 빠진 적은 없으나 주인공이었던 적도 없다. 그래서인지 생각보다 가슴 아픈 역사가 많이 서려 있다. 충청도의 역사를 접하고 돌아서면 왠지 모르게 가슴 한편이 아려와 다시 돌아보게 된다. 하지만 지역에 대한 자부심은 다른 어느 지역에 뒤지지 않는다. 무엇이 그들에게 자부심을 심어주었을까?

| 충청도에서 가볼 곳

해미 순교성지

• 충남

당진군

태안군

서산시

아산시

천안시

예산군

홍성군

세종
특별자치시

청양군

공주시

임존성

보령시

대전광역시

부여군

계룡시

정림사지

서천군

논산시

금산군

• 충북

제천시

충주시

단양군

음성군

진천군

증평군

괴산군

청주시

화양서원

보은군

보탑사

옥천군

영동군

단재 신채호 사당

진천농다리

백제의 우수한 문화를 보여주다

정림사지

── 백제의 정수를 품다

과거 충남 부여는 백제의 마지막 수도로서 많은 사람이 찾는 대표적인 여행지였다. 연세가 있는 분들은 부여로 수학여행을 다녀왔던 추억을 떠올리기도 한다. 그러나 최근 부여로 여행을 다녀오는 사람이 부쩍 줄었다. 부여의 4곳이 유네스코 문화유산으로 등재가 되었음에도 부여를 찾는 관광객이 크게 늘지 않고 있다. 과거 많은 사람들로 북적였던 부여는 언제 그랬나 싶을 정도로 너무나 조용해서 안타까운 마음이 드는 장소다. 사람들의 방문이 줄어들수록 부여의 가치도 같이 저평가되지는 않을까 심히 걱정스러울 정도다.

사실 부여는 다른 지역과 비교해도 뒤처지지 않을 정도로 많은

왼쪽 | 탑을 만드는 과정을 실물 크기로 제작해놓은 정림사지박물관
오른쪽 | 많은 사람이 찾지 않는 것에 아쉬움이 남았던 정림사지

문화재가 보존되어 있다. 그중에서도 정림사지는 부여를 방문하면 꼭
들러야 하는 장소 중 하나다. 정림사지 오층석탑이 갖는 의미를 안다
면 절대로 그냥 지나칠 수 없는 곳이지만, 넓은 부지 안에 덩그러니 서
있는 석탑을 굳이 입장료를 내면서 봐야 하나 생각하는 사람이 더 많
다. 그러나 정림사지 오층석탑은 미륵사지 서석탑과 함께 백제의 석
탑을 보여주는 중요한 유물이다. 불교가 융성했던 백제에는 많은 석
탑이 있었는데, 대부분의 석탑이 백제의 멸망과 함께 다 사라져버렸
다. 백제 석탑에 대해 알 수 있도록 형태가 온전하게 남아 있는 석탑은
정림사지 오층석탑이 유일하다. 더욱이 정림사지 내부에 있는 박물관
은 탑에 관련해서는 전국 최고가 아닐까 생각될 정도로 풍부한 자료
를 갖추고 있어 방문객이 탑에 대해 쉽게 이해할 수 있도록 돕고 있다.

아이를 둔 가족이나 탑에 관련한 공부를 하는 사람이라면 꼭 방문해 보기를 권하고 싶다.

정림사지박물관은 단순히 유물을 전시하고 간단한 설명을 적어 놓는 일반적인 방식 외에도 관람객이 탑을 쉽게 이해하고 접근할 수 있도록 구성해놓았다. 예를 들어 아이들이 쉽게 이해하고 다가갈 수 있도록 역사신문 형식으로 백제의 불교 전파를 설명하거나, 모형과 그림을 이용해 탑에 대해 전반적으로 설명하고 있다. 또한 1층에는 정림사를 복원한 모형도가 있어서 1,400여 년 전 융성했을 당시의 모습을 상상할 수 있도록 도와준다. 개인적으로 박물관에 있는 모형도를 잘 기억했다가 정림사지 터의 빈 공간을 채워 넣는 것도 여행을 즐길 수 있는 하나의 방법이라 생각한다.

—— 당나라 소정방이 세운 평제탑으로 오해받다

사실 정림사는 충남 부여가 백제의 수도로 영광을 누리던 당시에 는 매우 큰 사찰이었지만, 신라와 당나라의 침략으로 멸망하는 과정 에서 철저히 파괴되었다. 그 후 남아 있는 것도 돌보는 이가 없어 시나 브로 사라져갔다. 그래서 1,400여 년이 지난 지금 정림사 터에는 오층 석탑과 석불좌상만이 남아 옛 모습을 전하고 있다. 정림사지 오층석 탑이 지금의 이름으로 불리게 된 것도 오래된 일이 아니다. 우리나라 국보로 지정된 이 석탑은 아주 오래전부터 평제탑(平濟塔)으로 불려왔 다. 평제탑이라 부른 데는 당나라 장수 소정방과 관련이 깊다. 백제를 쳐들어온 당나라 장수 소정방은 백제의 수많은 자원을 약탈하고 방화 를 일삼으며 찬란했던 백제 문화를 한순간에 없애버렸다. 이 과정에서 백제의 상징과도 같았던 정림사지 오층석탑 1층 탑신 사면에 평제기공문(平濟紀功文)을 새겨놓았다. 정림사에 대한 기록이 모두 사라지고 소정방이 새겨놓은 평제기공문만 남은 상황에서 우리는 한동안 탑을 소정방이 만든 것으로 인식하고 평제탑이라 불렀다.

평제기공문이란 백제를 멸망시킨 자신의 공로를 기념한 글로, 소정방이란 인물이 얼마나 오만하고 기고만장했는지를 보여준다. 타국의 문화와 역사 그리고 전통을 이해하지 못하는 이런 인물에 의해 백제의 찬란했던 700여 년의 역사가 실전되었다는 사실이 가슴을 아프게 한다. 그로 인해 유일하게 온전한 형태로 남은 백제의 석탑인 정림사지 오층석탑을 중국이 세운 것이라 생각했으니 분통이 터진다. 그런데 역설적으로 중국이 세운 전승탑이라고 생각했기에 신라시대를 넘어 지금까지 남아 있을 수 있었던 것인지도 모르겠다.

기록이 사라져 오랫동안 평제탑이라 불러왔는데 누가 정림사지 오층석탑이라는 것을 밝혀냈을까? 그 주인공은 한국인이 아니라 일본인 후지사와 가즈오다. 그가 1942년 부여를 방문했을 때 이곳에서 "태평팔년무진정림사대장당초(太平八年戊辰定林寺大藏當草)"라고 적혀 있는 기와를 발견했다. 중국 연호인 태평팔년은 고려시대 현종 19년을 뜻한다. 백제시대에 불리던 사찰의 이름이 무엇인지는 지금도 알 수 없지만, 고려 현종 때 이곳을 정림사로 불렀다는 사실을 밝혀내면서 오늘날 정림사지라 부르게 되었다.

정림사지 오층석탑은 멀리서 볼 때는 크게 특별할 것 없는 평범한 석탑으로 보인다. 그러나 탑에 가까워질수록 누구나 감탄을 자아내며 한참을 바라보게 된다. 가까이에 서면 카메라에 탑의 전신을 모

가까이서 보면 웅장하게 느껴지는 정림사지 오층석탑. 백제의 석탑이 아니라는 오해를 받은 정림사지 오층석탑은 일반적인 3층 석탑의 모습과는 다르다.

두 담을 수 없을 정도로 높고 거대하다. 정림사지 오층석탑을 보고 있으면 미륵사지 석탑처럼 엄청난 위압감을 느끼게 된다. 전국을 돌아다니며 나름대로 많은 석탑을 봐왔지만, 백제의 석탑만큼 크고 웅장한 기운을 뿜어내는 것은 보지 못했다. 이 감정을 제대로 표현하지 못하는 나 자신이 답답할 정도다.

역사적으로도 정림사지 오층석탑은 우리나라 석탑의 계보에서 매우 중요한 가교 역할을 하고 있다. 우리나라는 불교가 전래된 4세기에서 6세기 말까지 주로 목탑이 제작되었다. 불교가 토착 종교화되는 7세기부터는 우리 자연환경에 맞추어 목탑보다 석탑이 주로 만들어졌다. 이 과정에서 가장 앞서 있던 나라가 백제였다. 백제가 석탑을 만드는 선진 기술을 보유했음을 보여주는 이야기로 무영탑(석가탑)의 전설이 있다. 무영탑의 전설을 살펴보면 김대성이 불국사를 세계 최고의 사찰로 만들기 위해 백제 지역의 아사달이라는 석공을 초청해 석가탑을 만들었다는 내용이 나온다. 신라에는 당대 최고의 석탑을 만들 수 있는 기술자가 없어 백제 기술자인 아사달을 초빙했다는 것은, 백제가 석탑을 만드는 가장 뛰어난 기술을 확보하고 있었음을 보여주는 것이다.

── 백제의 선진 문화를 알려주는 정림사지 오층석탑

그리고 백제의 앞선 기술을 실제로 증명하는 것이 바로 정림사지 오층석탑이다. 이 탑을 통해 우리는 목탑에서 석탑으로 변화되는 과도기의 모습을 볼 수 있다. 목탑과 석탑은 자재의 무게와 형태가 달라 탑을 만드는 방식이 다를 수밖에 없다. 그런데 정림사지 오층석탑은 목탑의 특징을 그대로 살리면서도 석탑으로서 꼭 갖춰야 할 안전성을 갖추었다. 참으로 대단하다는 말밖에는 나오지 않는다.

그러나 백제가 멸망할 때 많은 지배계층과 기술자들이 중국에 끌려가거나 일본으로 도망갔다. 남아 있는 백제의 모든 것은 부정되었고, 남아 있는 백제인은 자신들의 모든 것을 감춰야만 했다. 시간이 흐를수록 점차 많은 백제의 유물이 버려지고 파손되면서 백제의 찬란했던 과거는 사라졌다. 그 결과 오늘날 유물과 기록이 조금밖에 안 남아

머리와 몸통이 분리되어 다시 연결해놓은 고려시대의 석불좌상

있어 백제 문화가 신라 문화보다 평가 절하되고 있다. 정림사지 오층석탑이 신라의 석가탑과 비교해도 절대 뒤처지지 않음에도, 상대적으로 관심을 받지 못하고 잊혀간다는 사실이 아쉽기만 하다.

정림사지에는 국보로 지정된 정림사지 오층석탑 외에도 보물로 지정된 석불좌상도 볼 수 있다. 석불좌상은 마모 정도가 매우 심해 정림사 오층석탑보다 오래된 것으로 보이지만, 실제로는 훨씬 후대인 고려시대에 제작된 비로자나불상이다. 석불좌상을 자세히 살펴보면 머리와 몸통 부분의 연결이 부자연스럽다. 이는 석불좌상이 훼손되는 과정에서 부처님의 머리 부분이 파손되어 없어지자, 후대에 부처님의 머리를 다시 만들어 붙였기 때문이다. 여기에는 조선시대 억불 정책의 영향도 있었겠지만, 소정방의 글씨가 없다는 점도 한몫하지 않았을까 싶다. 사대주의에 빠져 있던 선조들은 중국의 기록이 남아 있던 정림사지 오층석탑을 보존했지만, 석불좌상은 중국과 아무 관련이 없었기 때문에 파손했을지도 모른다.

나는 700년이라는 긴 시간 동안 찬란한 문화를 꽃피웠던 백제를 몇 점 안 되는 유물과 유적으로 학생들을 가르쳐야 한다는 사실이 늘 안타까웠다. 정림사지 오층석탑을 보고 있자니 씁쓸한 마음이 더욱 커진다. 그리고 이처럼 우수한 백제의 석탑을 보러 찾아오는 사람이 없다는 사실에 가슴이 먹먹해진다. 경주 불국사에 많은 인파가 모여들어 발 디딜 틈 없이 분주한 모습과 텅 빈 정림사지의 모습이 교차하며 착잡함이 커진다.

나라에서도 건들지 못한 절대권력

화양서원

── 누구도 건들 수 없었던 화양서원의 횡포

충북 괴산은 사람들로 가득 찬 번잡하고 복잡한 이미지보다는 속
리산의 아름다운 풍경을 먼저 떠오르게 한다. 그래서일까? 괴산은 자
연과 어우러지는 여행지가 많다. 그중에서도 멋진 자연경관을 자랑하
는 화양구곡은 괴산을 대표하는 관광명소다. 화양구곡을 따라 올라가
다 보면 길옆으로 조그마한 화양서원이 자리 잡고 있다. 화양구곡을
지나는 사람들이 가끔 눈길을 주기도 하지만, 특별히 시간을 내서 서
원을 찾아오는 사람은 많지 않다. 지금은 사람의 발길이 뜸하고 조그
맣지만 화양서원은 조선 후기에는 국가에서도 쉽게 건들 수 없을 정
도로 강력한 힘과 영향력을 가지고 있었다.

기암절벽으로 멋진 경관을 제공해주는 화양구곡

    화양서원은 공자·맹자 등 뛰어난 선현에게만 붙이는 '자(子)'를 조선시대에 유일하게 쓸 수 있었던 우암 송시열을 모신 서원이다. 송시열은 살아 있을 때 현직에서 나랏일을 많이 하진 않았지만, 그의 말 한마디는 국가 운영의 방향성과 틀을 바꿀 힘이 있었다. 송시열은 자신의 정치적 이념과 학문적 성향이 다르면, 그들을 사문난적(교리에 어긋나는 언행으로 유교 질서를 어지럽히는 사람)으로 몰아 정계에서 축출하거나 죽음으로 몰고 갔다. 물론 송시열이 의도했는지, 아니면 그를 추종하는 사람들이 자발적으로 축출했는지는 모른다. 송시열과 그를 추종하는 서인들에 의해 축출된 대표적인 인물로 윤휴가 있다.

    하지만 강력한 힘을 가지고 있던 송시열도 끝은 좋지 않았다. 숙종 15년 83세의 송시열은 제주도로 유배되었다가, 서울로 압송되던 중 정읍에서 사약을 먹고 죽음을 맞이했다. 송시열은 숙종이 내린 사약을 먹고 죽었지만, 오히려 살아 있을 때보다 죽은 이후에 그의 영향력은 더욱 강해졌다. 우암 송시열이 죽은 이후 서인들은 송시열과 그의 학문을 교조화했고, 그 결과 조선은 학문 사상과 국가 경영에 있어 다양한 의견이 공존하지 못하는 경직된 모습을 보이게 되었다. 결국 송시열의 학문과 정치 사상을 따르지 않는 남인과 소론 세력이 정치 권력에서 배제되면서, 송시열은 조선 후기까지 그 누구도 건들 수 없는 인물이 되었다.

송시열은 사약을 먹고 죽었지만 1694년(숙종 20년)에 복권되면서, 그를 제향하는 서원이 전국 각지에 많이 세워졌다. 당시 송시열을 제향하는 서원 중에 국가로부터 사액(임금이 사당, 서원 등에 이름을 지어 편액을 내리는 것)을 받은 서원만 37개에 달했다. 이는 송시열의 영향력이 얼마나 대단했는지를 보여주는 대표적인 사례라 할 수 있다. 그중에서도 최고의 정점에 있는 서원이 화양서원이었다.

화양서원은 송시열의 제자였던 권상하가 세웠고 국가로부터 사액을 받았다. 화양서원은 송시열과 함께, 임진왜란 당시 조선에 군대를 파병해주었던 명나라 황제 신종과 명의 마지막 황제 의종의 신위를 모시고 제향을 올렸다. 이후 선조가 어필로 적은 '만절필동(萬折必東, 강물이 꺾여 굽이치더라도 반드시 동쪽으로 흘러간다는 사자성어로 충신의 절개를 의미)'에 착안해 명나라 황제를 모시는 사당 이름을 만동묘라 불렀다.

조선을 소중화로 인식하고 자랑스러워하던 송시열과 그의 학파에게 만동묘는 그들이 존재하고 권력을 가질 수 있는 사상적 기반이었다. 청나라를 섬기면서도 조선이 청보다 우위에 있다고 생각하는

만동묘의 정문인 양화문. 정면으로 서지 않고 조심스럽게 걷도록 계단을 좁고 가파르게 만들었다.

소중화의 인식은 병자호란의 패배를 인정하지 않고 극복할 수 있는 원동력이 되었다. 그래서 조선 후기 내내 많은 왕은 만동묘를 중히 여기며 각종 지원을 아끼지 않았다. 영조는 만동묘 제사를 올리는 데 필요한 토지와 노비를 하사하며 예조 90명이 묘우를 돌아가며 지키도록 했다. 정조는 어필로 사액을 하사했으며 헌종 때는 음력 3월과 9월에 관찰사가 제사를 지내게 했다. 이처럼 국가가 적극적으로 화양서원을 지원하자 서원의 힘은 점차 막강해져갔다.

화양서원은 강원도와 삼남에 많은 토지를 소유하는 것에 그치지 않고, 제사를 지내는 시기가 되면 화양묵패를 전국 각지에 돌렸다. 화양묵패는 서원에서 지내는 제사에 필요한 물품과 경비를 정해진 날짜에 봉납(헌납)하라는 문서였다. 당시 문서에 묵인(먹으로 된 도장)을 찍어 군현에 발송했기에 묵패라고 불렀다. 묵패를 받고도 응하지 않을

일제에 의해 훼손되었다가 1983년 다시 정비한 만동묘 묘정비

경우 화양서원이 사형까지 내릴 수 있었다고 하니, 국가 권력을 능가하는 힘을 가졌다 할 수 있다. 또한 제향이 이루어지는 봄과 가을에는 수천 명의 유생을 접대하기 위해 화양서원 주변에 음식과 술을 파는 복주촌이 열렸다. 복주촌이 운영되는 과정에서 인근 양민들에게 강제로 돈을 징수하거나, 부역을 면하게 한다는 명목으로 돈을 받는 경우가 발생하면서 조선 후기 내내 많은 문제를 일으켰다.

당시 권력을 움켜쥐고 운영하던 사람들에게도 화양서원의 횡포는 감당하기 어려웠는지 19세기 세도정치 때 영의정에 있던 안동 김씨 김좌근의 주청으로 1858년 복주촌이 철폐되기도 했다. 그러나 이도 큰 효력이 없었는지 1862년 서원을 수리한다는 명목으로 전라도에서까지 재물을 거두었다는 기록이 남아 있다.

── 화양서원의 몰락

이 외에도 화양서원의 횡포를 보여주는 일화가 전해져온다. 안동 김씨의 눈치를 보며 하릴없이 세월을 보내던 흥선대원군이 전국을 유랑하던 중 벌어진 일이다. 흥선대원군이 말을 타고 화양서원 앞을 지나가자, 유생들이 왕실 종친이라도 화양서원 앞을 지나칠 때는 말에서 내려 예를 구하라며 매질을 했다. 그래서일까? 훗날 흥선대원군이 집권한 후 왕권을 강화하기 위한 목적으로 서원을 철폐할 때 화양서원이 포함되었다. 조선 후기 큰 힘을 가졌던 화양서원이 철폐령이 제외된 47개의 서원에 포함되지 못한 것은 젊은 시절 모욕을 당했던 흥선대원군의 개인적인 원한이 담겨 있기 때문은 아닐지 조심스레 추측해본다.

그 이후 서양문물이 물밀듯이 밀려오는 격동기 속에서 조선의 국운이 기울어지고 성리학이 사회를 이끄는 틀이 되지 못하자, 화양서원은 그 힘을 잃고 점차 사람들의 기억에서 잊혀갔다. 특히 일제는 조선을 지배하려는 과정에서 중국을 섬기는 풍토를 없애기 위해 화양서원에 있던 만동묘를 철폐해버렸다. 1942년에는 화양서원의 건물을 모두 철거하는 과정에서 만동묘 묘정비를 훼손시켰다. 일제는 묘정비에 새겨진 글자 획을 쪼아버린 후 땅에 묻었고, 그 이후 사람들의 기억 속에 만동묘 묘정비는 완전히 잊혔다. 그렇게 사라졌던 만동묘 묘정비는 아이러니하게도 1983년 큰 홍수 때 세상에 다시 모습을 드러내면서 사람들의 이목을 끌었다. 이후 옛것을 되살려 전통을 이어가야 한다는 사회적 합의 아래 만동묘와 화양서원이 복원되어 오늘에 이르고 있다.

세도정치하에서 안동 김씨도 건들지 못했던 화양서원

화양서원은 예전의 큰 영화를 잃어버린 채 지나가는 사람들의 작
은 관심거리로 전락해버렸지만, 개인적으로 그리 아쉽지는 않다. 큰
나라에 무조건적으로 맞추어야 한다는 사대주의의 표상인 만동묘가
화양서원에 있기 때문이다. 그렇다고 만동묘를 부정하고 싶지도 않
다. 아무리 좋지 않은 역사라도 간직해야 하는 이유는 아픈 역사를 되
풀이하지 않기 위한 타산지석으로 삼아야 하기 때문이다.

—— 마음을 무겁게 만드는 화양서원

내가 화양서원이 마냥 편하지 않은 진짜 이유는 국가와 국민에게
서 권력의 정당성이 나온 것이 아니라 송시열 개인을 통해 권력의 정
당성이 만들어졌기 때문이다. 조선 후기 노론들은 수백 년에 걸쳐 민
의를 반영해 만들어놓은 제도와 법을 무시하고 어겼다. 송시열을 교

충청도

조화함으로써 권력의 정당성을 개인에게서 이끌어냈고 국가 위에 군림하고자 했다. 이처럼 어떠한 정당성도 갖지 못한 채 힘을 행사하고 그것을 당연한 특권으로 여기고 행동한 역사가 마음에 들지 않는 것이다.

이 세상의 모든 법과 제도는 완벽하지 않다. 그러나 법과 제도는 우리 모두에게 필요하다고 여기는 것을 국민들이 합의하고 만든 것이다. 정당하고 합법적인 절차를 거치지 않고 사회 질서를 어지럽혀 국민들을 힘들게 만드는 모습이 조선 후기에만 있는 것 같지는 않다. 최근에도 국민들이 부여하지 않은 국가 권력을 개인이나 일부 세력이 움켜쥐고 남용하는 모습을 여러 번 지켜보고 있다. 풍경 좋은 화양구곡에서 너무 무거운 주제를 가지고 다가갔는지는 모르겠지만, 때로는 과거를 통해 현재를 반성하고 미래를 설계해보는 것도 괜찮지 않을까? 그래도 화양서원이 있는 화양구곡은 아름다운 자연을 접할 수 있는 멋진 장소라는 사실은 변하지 않는다.

백제의 얼이 담긴 산성

임존성

최근 충남 예산을 방문하면 관광도시로 거듭나기 위해 많은 노력을 기울이고 있는 모습을 여기저기서 쉽게 만날 수 있다. 예산에는 여름이면 꼭 한 번 이상 방문해 아이들과 노는 곳이 하나 있다. 깨끗한 계곡물을 가두어놓은 풀장인데, 입장료 없이 누구나 자유롭게 물놀이를 즐길 수 있도록 개방된 곳이다. 혹시나 모를 안전사고에 대비해 물놀이장 관리자도 따로 두고 있어 어린 자녀가 있는 부모에겐 더욱이 최적의 장소다. 아직까지는 많은 사람에게 알려진 곳이 아니다 보니 아이들과 여유로운 시간을 마음껏 보낼 수 있는 나만의 소중한 비밀장소다. 이곳이 어디냐 하면 1,400여 년 전 백제의 유민들이 모여 백제를 다시 일으키기 위해 신라와 당에 저항했던 임존성이 있는 봉수

산을 따라 구불구불 쌓아 올린 임존성

산 자연휴양림이다.

봉수산 자연휴양림은 잘 포장되어 있는 언덕길을 따라 올라가면 차량 수십 대를 수용할 수 있는 주차장이 마련되어 있어 접근성도 매우 좋다. 봉수산은 해발고도 484m로 높은 산이 아니어서, 실제로 올라가기 전에는 큰 의미를 부여하기 어려울 정도로 특별한 것이 하나 없다. 하지만 봉수산은 백제에 대한 그리움과 대몽항쟁지 그리고 묘순이의 슬픈 전설이 어려 있는 역사적으로 특별한 장소다.

—— 백제 부흥의 중심지였던 임존성

백제 의자왕은 660년 신라와 당이 손을 잡고 고구려가 아닌 백제를 침략하리라고는 생각지도 못했다. 백제는 당나라와 심한 갈등을 겪지 않던 상황이라 660년 나당 연합군의 공격은 예상 밖의 일이었다. 예상치 못했던 침략이었기에 당연히 전쟁에 대한 아무런 준비가 되어 있지 않았다. 계백의 5천 결사대가 신라군을 막고 있는 사이 의자왕은 전국의 귀족들과 일본에 구원 요청을 보냈다. 그리고 나당 연합군에 맞서기 위해 높은 산으로 둘러싸여 있는 과거 수도였던 웅진(지금의 공주)으로 이동했다. 웅진은 5세기 동아시아의 맹주로 이름을 날리던 고구려의 맹공을 막기 위해 도읍을 정할 정도로 적군의 침략을 방어하는 데 매우 효과적인 장소였다. 그러나 웅진성을 책임지고 있던 예식진 장군의 배신으로 의자왕은 너무나 허무하게 저항다운 저항을 해보지도 못한 채 당나라 소정방에 의해 중국으로 끌려갔다.

그렇게 백제가 멸망한 이후 많은 유민들은 당나라의 횡포와 수탈로 어려움을 겪어야 했다. 나라를 잃어버렸다는 망국의 설움은 곧 백제 부흥 운동으로 이어지면서 많은 지역에서 봉기가 일어났다. 그리고 이들은 서로 연합해 조직적인 저항을 하며 당과 신라군을 내몰고 백제의 영토를 되찾기 시작했다. 이곳 봉수산에 위치한 임존성도 혹 치상지가 3만여 명의 백성을 데리고 700년 역사의 백제를 부활시키려 했던 부흥 운동의 중심지였다.

봉수산 자연휴양림에서 임존성을 향해 등산을 하다 보면 군사들이 매복하기 좋은 커다란 바위를 많이 볼 수 있다. 또한 산의 중심부로 갈수록 절벽은 아니지만, 그와 비슷한 효과를 낼 수 있는 지형도 마주하게 된다. 산 정상으로 올라갈 수 있는 길도 몇 개로 한정되어 있어 경사가 심하지 않은 곳임에도 불구하고 적군의 침입을 방어하기에 최적의 장소였음을 확인할 수 있다.

이런 천혜의 자연환경에 백제의 공성 기술을 백분 활용해 성벽의

왼쪽 | 과거 백제 부흥군 3만여 명의 식수를 책임졌던 우물
오른쪽 | 백제 부흥 운동의 중심지였음을 알려주는 표지석

바깥은 돌로 쌓고 안은 흙으로 채우는 내탁법으로 성을 축조했다. 그래서 신라와 당의 연합군이 성벽을 무너뜨리기 위해 준비한 공성 무기를 무력화할 수 있었다. 이 외에도 임존성은 성 둘레가 2.8km에 달하는 큰 규모를 자랑한다. 여기에 임존성은 백제의 수도였던 사비(부여)와 웅진(공주)과의 거리가 90리(약 35km) 길로 마음만 먹는다면 하루 만에 충분히 다녀올 수 있는 전략적 요충지였다.

이런 여러 이유로 663년 백강 전투의 패배로 백제의 부흥을 내걸었던 수많은 성들이 무너졌을 때도 임존성은 30여 일을 더 버텨낼 수 있었다. 오늘날 임존성은 예산 시내에서도 떨어진 외곽에 위치한 조그만 산성이라 생각되지만, 실제로는 전략적 가치가 매우 높았던 백제 부흥을 위한 최적의 장소였다.

현재 임존성이 모두 복원되지는 않았지만, 예당저수지를 내려다보며 옛 성곽길을 걷는 것은 몽환적 분위기를 느끼기에 충분하다. 이른 아침 예당저수지의 물안개와 임존성의 산안개를 헤치며 성곽길을 걸으면 지금이 21세기라는 것을 잊게 될 만큼 임존성은 큰 매력을 발산한다. 그 매력에 빠져 성곽길을 걷다 보면 3만 명의 백제 유민의 식수를 담당했던 우물과 '임존성 백제 복국 운동 기념비'를 만나게 된다. 그리고 기념비에서 멀지 않은 곳에서 묘순이 바위를 볼 수 있다.

── 남녀 차별의 슬픔이 깃든 묘순이 바위

묘순이 바위에는 과거 남녀 차별의 시대적 상황이 고스란히 담겨 있는 슬픈 전설이 내려온다. 과거 봉수산 인근에 힘이 장사였던 묘순이 쌍둥이 남매가 살고 있었다고 한다. 지금은 이해하기 어렵지만 과거에는 한 집안에서 2명의 장사가 태어나면 역적이 나온다며 관아에서 조사를 나왔다. 조사가 시작되자 묘순이 집안은 난리가 났다. 남매 모두가 죽지 않으려면 둘 중에 한 명만 죽어야 하는 비극적인 운명에 직면하게 된 것이다.

결국 남매의 어머니는 자식 중 한 명이라도 살리기 위해 묘순이 남매에게 목숨을 건 시합을 제안했다. 어머니는 누이인 묘순이에겐 봉수산에 성을 쌓고 남동생에겐 쇠나막신을 신고 한양을 다녀오라고 했다. 불가피하게 두 남매는 살기 위해 목숨을 건 내기를 하게 되었다. 묘순이는 커다란 돌을 머리에 이고, 앞치마에는 작은 돌을 담아 쉬지 않고 산을 오르내리며 성을 쌓았다.

묘순이가 성을 거의 다 쌓도록 쇠나막신을 신은 남동생은 돌아올 기미가 보이지 않았다. 성을 쌓는 것보다는 쇠나막신을 신고 한양에 다녀오는 것이 훨씬 빠를 거라 생각했던 어머니는 성이 완성될수록 초조해졌다. 이러다가 아들이 죽어 가문의 대가 끊길까 두려워졌다.

딸은 시집가면 내 식구가 아니라는 출가외인이란 말이 떠오른 어머니
는 석 달 동안 제대로 먹지도 않고 쉬지도 못한 채 성을 쌓던 묘순이를
찾아갔다. 묘순이가 성을 쌓지 못하게 방해함으로써 아들이 집으로
돌아올 시간을 벌어보자는 속셈이었다.

어머니는 남동생의 코빼기도 보이지 않으니 조금만 쉬라고 꾀었
지만, 묘순이는 목숨이 달린 일이라 어머니의 말을 듣는 둥 마는 둥 하
며 부지런히 돌을 날랐다. 결국 최후의 수단으로 어머니는 묘순이가
좋아하는 종콩밥(종콩은 메주를 쑤는 데 주로 사용되는 작은 콩)을 해줄 테
니 잠시만이라도 쉬자고 꼬드겼다. 묘순이는 어머니의 간곡한 부탁에
마음이 흔들리기도 했지만, 그보다는 큰 힘을 쓰느라 허기가 져서 김
이 모락모락 올라오는 종콩밥이 너무 먹고 싶었다.

묘순이가 산 정상에 올라가 한양 방면을 내려다보니 동생이 오
는 모습이 보이지 않았다. 그제야 마음이 놓인 묘순이는 피로가 밀려
오면서 잠시 쉬자는 생각으로 어머니를 따라 집으로 갔다. 맛있는 종
콩밥을 먹으면서 마음이 늘어진 묘순이는 어머니와 이런저런 이야기
를 나누며 오래간만에 달콤한 휴식을 취했다. 그러나 행복했던 휴식
도 잠시, 저 멀리서 남동생이 매우 빠른 속도로 달려오는 소리가 들려
왔다. 묘순이는 급한 마음에 성을 완성할 마지막 바위를 머리에 이고
산에 올라갔지만, 이미 노곤해진 몸은 생각처럼 따라주지 않았다. 결
국 묘순이는 산길에서 발을 헛디디면서 머리에 이고 있던 바위에 깔
려 죽고 말았다.

그러고 보면 임존성은 슬픔이 가득한 장소다. 백제를 다시 한번
일으켜보겠다고 모였던 3만여 명의 사람들의 염원과 슬픔이 묻혀 있

여자로서 힘든 삶을 살아야 했던 선조들의 아픔이 담긴 묘순이 바위

다. 또한 차별과 억압을 받던 조선시대 여성들은 묘순이 바위라는 슬
픈 전설을 만들어냈다. 그러나 오늘날 이 아픈 과거는 보이지 않고, 많
은 이들이 이곳에서 휴식을 취하며 행복한 순간을 즐기고 있다.

아름다운 정원 같은 사찰

보탑사

── 오래된 사찰로 착각하기 쉬운 보탑사

우리나라 산천에는 사찰이 참 많다. 대부분의 사람들은 사찰이라고 하면 으레 오래된 역사를 가지고 있다고 생각한다. 아무래도 오랜 세월 불교가 우리와 함께하며 많은 영향을 주었기 때문이다. 하지만 많은 사찰이 오랜 역사를 가지고 같은 자리에 있었던 것은 아니다. 조선시대 숭유억불 정책으로 도심에 있던 많은 사찰이 깊은 산으로 쫓겨났다. 산으로 쫓겨난 사찰은 빈번하게 일어나는 산불로 전각이 불타고, 다시 세워지기를 반복하다 보니 우리가 생각하는 것만큼 역사가 깊은 사찰이 많지 않다.

물론 사찰의 역사가 짧다고 가치가 작은 것은 아니다. 모든 생물

사찰에서 좀처럼 보기 어려운 전각

에 생로병사가 있듯, 보이지 않는 모든 존재에도 생명이 피었다 진다.
과거 많은 사람이 찾아오던 사찰이 생명을 잃고 사라졌다가, 최근에
다시 개창한 사찰이 충북 진천에 있다. 이 사찰은 전국의 어떠한 사찰
보다도 아름다운 모습으로 다시 태어났는데 그 이름이 보탑사다.

보탑사는 고려시대에 사찰이 있었다고 기록만 남아 있던 자리에
지광, 묘순, 능현 스님 외 많은 분들이 1996년부터 2003년까지 많은
정성과 노력을 기울여 완성한 사찰이다. 보탑사 입구에 서 있는 300년
넘는 큰 나무는 보탑사가 창건한 지 얼마 되지 않았는데도 마치 아주
오래전부터 이 자리에 있었던 것 같은 착각을 불러일으키게 한다.

보탑사에 들어서면 제일 먼저 눈에 띄는 것은 52m에 달하는 거
대한 삼층목탑이다. 52m의 목탑 높이를 과거 길이를 재던 척(尺)으
로 환산하면 108척이 된다. 불교에서는 108번뇌, 108배, 108염주 등

108이라는 숫자에 큰 의미를 둔다. 보탑사의 삼층목탑을 108척의 높이로 제작한 데는 많은 이들의 소원과 염원이 이루어지기를 바라는 세심함이 담겨 있다. 또한 보탑사 삼층목탑은 황룡사 구층목탑을 모델로 제작되었다. 단순히 황룡사 구층목탑의 외형적인 모습만이 아니라 우리나라 전통 건축 방식에 따라 쇠못을 하나도 사용하지 않고 탑을 쌓아 올렸다. 목탑의 자재도 강원도에서 벌채된 소나무만 사용할 정도로 꼼꼼하고 세심하게 신경 쓴 모습은 보탑사가 어떤 마음이 모여 창건되었는지를 느끼게 해준다.

탑의 1층은 대웅전으로 동방 약사우리광불, 서방 아미타여래불, 남방 석가모니불, 북방 비로자나불을 네 방향에서 모시고 있다. 2층은 법보전으로 팔만대장경 번역본을 회전 책장인 윤장대에 보관하고 있다. 그리고 한글로 된 법화경을 새겨놓은 화강석이 자리하고 있다. 3층은 미륵전으로 미륵 삼존불이 위치하고 있어 보탑사의 핵심이자 중요 가치를 3층에 담아두었다. 특히 1,300년 만에 사람이 직접 탑을 올라갈 수 있도록 만들었다는 점에도 특별한 의미가 있다.

보탑사를 건축할 당시 많은 사람이 목탑에서 기도할 것을 예상하고, 1천여 명이 목탑에 들어가서 기도를 해도 될 정도로 크고 넓게 제작했다. 그리고 사람들이 탑돌이를 하면서 기도할 수 있도록 2층과 3층 외부에 난간을 설치하고, 상륜부에는 염주와 법화경 등을 봉안해 놓았다. 불기 3000년, 서기로는 2456년에 봉안된 것을 공개한다고 하니 일종의 타임캡슐이라 할 수 있다. 삼층목탑은 다른 사찰에서는 볼 수 없는 건축물이기에 보탑사를 방문한다면 꼭 탑 안에 들어가봐야 한다.

쇠못을 사용하지 않는 전통 제작 기법으로 만들어진 삼층목탑

─── 사찰이라기보다는 아름다운 정원

보탑사가 오랫동안 인상에 남아 있던 이유는 삼층목탑보다는, 아름다운 정원을 방문한 것 같은 느낌을 받아서였다. 봄에 방문할 당시 많은 차량들이 보탑사를 향해 가고 있었다. 왜 이리 많은 사람들이 방문하는지에 대한 의문은 보탑사에 들어서며 바로 풀렸다. 석가탄신일을 앞에 두고 온갖 꽃들이 보탑사를 가득 채운 채 활짝 피어 있었다. 그 모습은 보탑사가 사찰이라기보다 오히려 꽃들이 만발한 정원 같았다. 보탑사는 만뢰산과 하나가 되어 세상 어느 곳보다도 넓은 면적의 아름다운 정원이었다. 보탑사라는 커다란 정원은 봄의 싱그러움이 가득 차 있어 눈길이 머무는 곳마다 아낌없이 행복을 선물해주었다.

내가 보탑사를 방문한 날은 날씨도 화창해서 맑은 하늘과 푸르른 산, 울긋불긋한 꽃들로 인해 기분 좋지 않은 순간이 없었다. 아름다움

왼쪽 | 탑조차도 정원의 일부라고 여기게 되는 보탑사
오른쪽 | 꽃에 파묻힌 조각작품 같은 보살

에 취해 보탑사 여기저기를 거닐다가 문득 소나무에도 꽃이 피어 있다는 사실에 깜짝 놀랐다. 소나무 꽃은 100년에 한 번 핀다는 말을 들은 적이 있는 나로서는 굉장히 놀라운 일이었다. (사실 소나무는 매년 꽃을 피운다.) 소나무 꽃이라는 귀한 광경을 봤다는 기쁨에 들떠 소나무를 자세히 들여다보니 소나무의 꽃이 아니라 사람들이 만든 연꽃이었다. 허탈함에 잠시 기운이 빠지기도 했지만, 소나무에 매달린 연꽃은 주변 경관과 아무런 어색함이 없이 자연스러웠다. 오히려 연꽃이 소나무와 참으로 잘 어울린다는 생각이 들었다.

　　보탑사 내에 있는 모든 소나무에는 연꽃이 가득 피어 있는데 꽃 색깔이 진달래와 같아 주변 경관과 전혀 어색하지 않았다. 오히려 보탑사를 더욱 아름다운 정원으로 만드는 데 일조하고 있었다. 인간이 인위적으로 만들어내는 아름다움이 자연과 잘 어울리는 경우는 찾아 보기 쉽지 않은데 보탑사는 그것을 해내고 있었다. 아름다운 보탑사를 보고 있자니, 누가 석가탄신일에 맞춰 이것들을 계획하고 준비했는지 모르지만 그분들의 섬세함에 감사함이 밀려왔다.

── 보탑사에 남아 있는 보물

보탑사라는 아름다운 정원에 심취해 있다가 이곳이 예전에는 고려시대 사찰이었음을 보여주는 삼층석탑을 보았다. 석탑은 웅장하지는 않았지만 여기저기 닳고 떨어져 나간 모습에서 오랜 세월 이 자리에 부처님의 뜻이 계속 머물렀음을 보여주고 있었다.

보탑사에는 삼층석탑 외에도 국가 보물로 지정된 연곡리 석비도 있다. 고려시대 초기에 세워진 것으로 추정되는 연곡리 석비는 높이만 3.6m에 달하는 큰 석비지만, 비문이 없어 백비(白碑)라고도 불린다. 백비에 대한 기록이 오늘날까지 남아 있지 않아 우리는 비석에 새겨진 글이 지워진 것인지, 아니면 처음부터 백비의 양식으로 만들어졌는지 알지 못한다. 그러나 백비를 통해 고려시대에 큰 사찰이 이곳에 자리하고 있었음을 짐작할 수는 있다.

보탑사는 전체적으로 화사함이 느껴지는 사찰이다. 다른 사찰에서는 볼 수 없는 검은 석탑과 석탑 상륜부의 황금색은 보탑사의 어느 것보다 쉽게 눈에 띄었다. 그리고 굉장히 인상적이었다. 작은 동산 위에 있는 검은 삼층석탑조차 이곳이 사찰이 아닌 조각 공원에 온 듯한 느낌을 주었다. 보탑사가 검은 삼층석탑을 어떤 의미로 만들었는지는

흔하게 볼 수 없는 형태로 예술작품이라 여겨지는 검은 삼층석탑

모르겠다. 그러나 탑의 기단부터 일반적으로 볼 수 있는 석탑의 형태와 달라서, 보탑사가 기존의 불교를 이어가면서도 새로운 것을 도입하고 변화시키려 했음을 충분히 느낄 수 있었다. 그런 변화 중의 하나가 편안함이다. 보탑사는 사찰의 정취가 느껴지면서도 다양한 조각품과 고택 그리고 아름다운 정원을 걷는 듯한 착각에 빠질 정도로 여유로움과 편안함을 안겨준다. 유모차에 아이를 태운 채 따사로운 봄볕을 맞으며 한가로이 보탑사 경내를 걷는 젊은 엄마를 보면서, 나도 흐뭇한 미소로 봄기운을 즐길 수 있었다.

진천

동양에서 가장 오래된 다리

진천농다리

── 누구나 쉽게 건널 수 있는 것은 아니다

김유신이 태어난 충청북도 진천은 많은 역사적 장소와 함께 수려한 자연경관을 지니고 있다. 그중에서도 진천농다리는 천 년 동안 유지되어온 돌다리로 우리나라만이 아니라 세계적으로도 그 이름을 널리 알리고 있다. 오늘날 아무리 잘 지은 교각도 천 년이 지난 후에 온전할까 생각해보면 쉽게 답하기가 어렵다. 그런데 우리 선조들은 특별한 건축 자재가 아닌 돌을 사용해 천 년을 이어온 다리를 만들고 보존해온 것이다. 이처럼 선조들의 뛰어난 지혜로 만들어진 진천농다리가 너무도 궁금했다. 그러나 선조의 지혜와 선진 기술을 접해보고자 방문한 나의 의도와는 달리, 딸에게는 겁이 나서 선뜻 움직이지 못하는 엄마와 아빠를 놀릴 수 있는 최고의 놀이터였다.

　김유신의 생가를 방문한 뒤 도착한 진천농다리가 있는 미호천 모래 둑에는 많은 차를 세워놓을 수 있을 정도로 넉넉한 주차 공간이 마련되어 있었다. 미호천 모래 둑에 여유롭게 주차를 한 뒤 가족들과 진천농다리를 건너 초평저수지까지 산책하듯 천천히 다녀오고자 했다. 그러나 진천농다리는 누구나 쉽게 건너다닐 수 있는 것이 아니었다. 딸아이가 놀릴 정도로 고소공포증이 많은 나 같은 사람은 두 번 다시 건너고 싶은 생각이 나지 않는 무서운 곳이었다. 그 이유는 진천농다리는 돌을 반듯하게 깎아서 만든 것이 아니라 자연 그대로의 돌을 활용해 만든 것이기 때문이다.

　큰 돌 사이에 작은 돌을 넣어 얼기설기 다리를 만들다 보니 돌 틈사이로 빠르게 흘러가는 물살이 그대로 보였다. 어떤 돌은 밟는 순간 덜컹거리며 움직이니 새가슴인 나로서는 몸이 경직되며 움찔거릴 때가 한두 번이 아니었다. 더구나 다리 길이가 약 94m로 결코 짧지 않았다. 다행인지 불행인지 많은 사람이 농다리를 건너기 위해 밀려들면서 자의 반 타의 반으로 돌다리를 건널 수밖에 없었다.

　앞에서 빨리 오라고 재촉하는 둘째 딸과 뒤에서 한숨을 쉬며 빨리 가라고 무언의 압력을 주는 뒷사람들의 눈치를 받으며 어영부영 다리를 건너자 비로소 제정신을 차릴 수 있었다. 안도의 한숨을 내쉬고 나서 가만히 생각해보니 안전해 보이지 않는 진천농다리가 원망스러웠다. 그리고 내가 왜 이곳을 왔을까 하는 후회가 밀려왔다. 하지만 잠시 뒤 이렇게 허술해 보이는 진천농다리가 천 년 동안 이 자리에 계속 서 있었다는 사실 자체가 경이로워졌다.

임연 장군이 마을 사람들을 위해 놓았다는 전설을 가진 농다리

── 고려시대 임연 장군이 다리를 놓다

사실 진천농다리가 정확하게 언제 만들어졌는지는 아무도 모른다. 일설에 의하면 김유신의 아버지 김서현이 고구려로부터 낭비성을 되찾은 것을 기념하기 위해 만들었다는 이야기도 있지만, 대부분의 사람은 고려시대 임연 장군이 농다리를 만들었다고 믿는다. 임연 장군(?~1270)은 고려시대 무신정권의 마지막을 장식했던 사람으로 역사에서는 좋은 평가를 받지 못하지만, 고향인 진천에서만큼은 다른 대접을 받는다. 임연은 노비 출신으로 상장군 송언상의 시종이었다. 사람 취급받지 못하던 천민이었지만, 그는 몽골군이 침략하자 마을 사람들을 모아 몽골군에 맞서 싸워 이기면서 관직에 오를 수 있었다. 워낙 힘이 좋았던 임연은 그 이후로도 몽골과의 전쟁에서 많은 승리를 거두며 승승장구해 높은 관직에 올랐다. 그리고 훗날 최고 권력자였

던 최의를 죽이고 공신으로 추대받게 된다. 하지만 권력을 가지면 마음도 변하게 된다는 일반적인 법칙에 따라, 임연은 고려 왕 원종을 폐하고 무소불위의 권력을 휘두르다 원나라의 추궁에 불안해하며 죽음을 맞이했다.

임연은 권력을 놓지 않기 위해 악행도 저질렀지만, 젊은 시절에는 의기가 넘치고 불쌍한 이를 보면 늘 도와주는 사람이었다. 임연이 어려운 이를 도와주는 의로운 사람이었음을 보여주는 것이 진천농다리다. 어느 추운 겨울날 임연 장군이 미호천에서 세수를 하고 있는데 젊은 여인이 발을 동동거리며 안절부절못하는 모습이 보였다. 임연 장군은 여인에게 다가가 왜 그러냐고 물어보았다. 젊은 여인은 임연의 질문에 "아버지가 돌아가시어 빨리 친정으로 돌아가야 하는데, 하천을 건널 수 없어 이렇게 애만 태우고 있습니다."라며 울먹이다 그 자리에 주저앉아버렸다. 아버지의 장례식에 참여하지 못해 펑펑 우는 여인이 안쓰러웠던 임연 장군은 생각에 잠겼다. 남편이 있는 젊은 여인을 등에 업고 하천을 건넌다는 것도 부담되지만, 차가운 물에 여인이 감기라도 들까 걱정이 되었다. 그리고 앞으로도 많은 사람이 하천을 건너지 못해 애태울 모습이 떠오르자, 임연 장군은 이 기회에 모두를 위한 다리를 만들어야겠다고 다짐했다.

생각한 것이 있으면 행동으로 바로 옮기던 임연 장군은 자신이 아끼는 말의 등에 주변의 산과 하천에 있는 커다란 돌을 싣고 와서 다리를 놓기 시작했다. 실어오는 돌이 얼마나 무거웠는지 말굽이 바위에 박혀버렸다. 말굽이 바위에 박혀 말이 움직이지 못하자, 임연 장군은 커다란 돌을 지고 있는 말을 어깨에 메고 하천으로 뛰어 내려갔다.

이 전설을 아무도 믿지 않을 것이라 예상했는지, 농다리 건너에는 말의 발굽이 박혔다는 바위와 함께 임연 장군이 말을 어깨에 메느라 움푹 파였다는 바위를 표시해놓았다. 임연 장군이 아끼던 말은 이후로도 무거운 돌을 계속 나르다가 기력이 다해 돌을 옮기던 중 죽고 말았다. 이때 말의 등에 실려 있던 돌이 떨어져 한참을 굴러가다가 멈추자, 마을 사람들이 용마(龍馬)의 넋을 기리기 위해 용바위라 불렀다.

농다리가 만들어진 설화와 관련 있는 김유신의 아버지 김서현과 임연 장군은 치열한 전쟁이 벌어지던 시기에 진천을 지키던 무인들이다. 참혹한 전쟁에서는 멀리 있는 왕보다는 바로 옆에서 자신을 지켜주는 장수를 사람들은 가장 믿고 의지하게 된다. 그러한 점에서 농다리는 백성들의 어려움을 들어주고 해결해주는 무인에 대한 믿음과 평화를 소망하는 마음이 담겨 있다. 그래서인지 농다리에는 평화로운 삶이 계속 영위되기를 바라는 또 다른 전설이 내려오고 있다. 나라에 위험한 일이 생기면 진천농다리가 주변 인근 주민들이 잠을 이루지 못할 정도의 큰 소리로 운다고 한다. 가장 최근에 운 것이 일제에 나라를 빼앗기던 1910년과 동족상잔의 비극이 벌어졌던 6·25 전쟁 때라고 한다.

—— 지나친 욕심을 경계하는 살고개 성황당

농다리를 건너 언덕에 올라서면 용고개 성황당이 나타난다. 살고개 정상에 위치하고 있어 살고개 성황당이라고 하는데 여기에도 재미난 전설이 내려온다. 지금은 초평호에 매몰된 화산리에 욕심 많은 큰 부자가 살고 있었다고 한다. 어느 날 스님이 시주를 부탁하자, 욕심 많

용의 전설이 담긴 초평호

은 부자는 땀을 흘리지 않고 빈둥거리며 노는 쓸모없는 놈이라며 곡
식 대신 소똥을 주며 내쫓아버렸다. 모욕을 당한 스님은 화가 난 마음
을 숨기고 부자에게 온화한 미소를 지으며, 마을 앞산을 깎아 길을 내
면 자손 대대로 더 큰 부자가 될 수 있다는 거짓말을 했다. 부자는 더
큰 재물을 얻을 수 있다는 욕심에 마을 사람들을 동원해 앞산을 허물
기 시작했다. 시간이 흘러 앞산이 다 허물어지자, 갑자기 땅에서 피가
솟구쳐 흐르기 시작했다. 그리고 앞산을 허무는 데 앞장섰던 부잣집
은 이후 완전히 망해버리고 말았다.

　　이 전설을 이해하기 위해서는 초평호를 내려다보면 된다. 초평
호 주변은 용의 형상을 하고 있는데 스님이 알려준 앞산은 용의 허리
에 해당하는 곳이다. 욕심 많은 부자는 마을을 지켜주는 수호신이던
용의 허리를 끊어 죽이는 행위인지도 모르고 열심히 앞산을 허물었
던 것이다. 욕심에 눈이 멀었던 부잣집뿐만이 아니라, 용을 죽이는 데

동참했던 마을 사람들도 더 이상 마을에 남을 수 없었다. 용의 분노였던 것인지, 아니면 마을을 수호하던 용이 죽어서인지는 모르지만 마을은 영영 사라지고 말았다. 이후 후대 사람들은 욕심에 눈이 멀어 용을 죽였다는 의미로 이곳을 살고개라 불렀고, 다시는 이러한 어리석은 일이 벌어지지 않도록 성황당을 만들어 마을의 수호와 안녕을 기원했다.

이처럼 자연이 주는 선물을 당연하게 여기며 고마움을 모르는 인간들의 어리석음을 꾸짖는 성황당을 따라 내려가면 시원한 초평호를 마주하게 된다. 두타산의 배경과 잘 어우러지는 초평호를 따라 만들어진 산책길을 따라가다 보면 앞산에서 흘러내린 용의 피가 고였다는 피서대를 만나게 된다. 피서대의 왼쪽이 용의 코에 해당하는 지형으로, 용의 콧바람 때문에 지금도 겨울에 물이 얼지 않는다고 한다. 이처럼 여기저기 재미있는 전설이 많이 담긴 진천농다리는 이곳을 찾는 이들에게 잠시도 지루할 틈을 주지 않는다.

죽음과도 맞바꾼 천주교 신자의 믿음

해미 순교성지

── 해미에서 천주교 박해가 시작되다

서산 해미읍성에서 얼마 떨어져 있지 않은 곳에 해미 순교성지가 있다. 1800년대 수많은 천주교 신자들이 자신의 믿음을 지키기 위해 죽음을 맞이해야 했던 이곳은 교황이 방문할 정도로 세계의 모범이 되는 성지가 되었다. 해미 순교성지가 위치한 지역은 조선 중기까지만 해도 전략적 요충지로서 해안으로 들어오는 적을 맞아 싸우던 장소였다. 그러나 양난 이후 외침이 없어지고 평화로운 시기가 오래 지속되자 1800년대에는 군사적 중요성이 감소했다. 하지만 해미 지역은 여전히 군사 도시로서 역할이 줄어들지 않고 유지되었고, 해미 지역에 부임한 무관 영장의 권한은 매우 막강했다. 무관 영장은 해미와 인근 내포 지역의 국방을 책임지기 위해 1,400~1,500여 명의 군졸을 거느리며 현감의 역할도 겸하고 있었다. 영장은 국가에 위해가 된다고 판단되는 사건의 경우 독자적으로 처벌을 내릴 수 있는 막강한 권력도 가지고 있었다.

문제는 해미읍성이 위치한 내포 지역이 매우 풍요롭고 서구의 문물을 받아들이기 좋은 장소라는 점이다. 내포 지역은 오늘날 서산과 홍성 그리고 예산과 당진 지역을 아우르는 넓은 평야 지대를 말한다. 넓은 평야에서 많은 쌀이 수확되는 만큼 예부터 관리들의 수탈이 많이 이루어졌다. 또한 중국과 바닷길로 가까워 서구 문물이 다른 지역보다 빨리 유입될 수 있었다. 그래서 중국으로부터 서학, 즉 천주교가 다른 지역보다 빠르게 전파될 수 있었다.

1800년까지 내포 지역에서 크게 억압받지 않던 천주교는 정조가 죽으면서 큰 시련을 맞게 되었다. 천주교가 유교적 사회이념에 위배되는 평등 사상을 주장하기도 했지만, 정조가 육성한 세력을 내쫓는 방법으로 천주교 박해를 활용했기 때문이다. 이 과정에서 정조의 측근들만이 아니라 평범한 천주교 신자들이 많이 죽거나 유배되었는데, 특히 내포 지역의 많은 천주교 신자들이 희생을 당했다.

홍선대원군 때는 러시아의 영토가 조선 국경에 접하게 되자, 천주교는 또다시 탄압을 크게 받아야 했다. 부인이 천주교 신자였던 홍선대원군은 정권을 잡았던 초창기에는 천주교에 관대한 모습을 보였다. 그러나 러시아의 남하를 막는 데 프랑스 선교사들이 협조하지 않자, 홍선대원군은 유생들로부터 성리학에 위배되는 천주교를 옹호한다며 정치적 압박을 받았다. 결국 정치적 위기를 극복하기 위한 방편으로 홍선대원군은 1866년 천주교를 대대적으로 탄압했다. 이때 국내에서 활동 중인 프랑스 선교사 12명 중 9명이 죽고, 천주교 신자 8천여 명이 처형당했다. 이를 병인박해라고 한다.

── 이름 없던 천주교인들이 박해받은 순교성지

내포 지역의 천주교 신자들도 박해를 피하지 못하고 큰 곤혹을 겪어야 했다. 이름이 알려졌거나 집안이 좋은 양반가문의 천주교 신자들은 충남 공주에 있던 상위 관청으로 보내 죄의 유무를 심사받았다. 반면 가난하고 힘이 없던 서민 계층의 천주교 신자들은 제대로 된 재판도 받지 못하고 해미읍성과 순교성지에서 목숨을 잃어야 했다. 해미 순교성지는 읍성과 1km 정도 떨어진 곳으로 박해 당시에 이곳은 바다로 이어지는 갯벌과 숲이 우거진 곳이었다. 사람을 죽이고 매장하는 데 큰 어려움이 따르지 않아, 병인박해에만 1천여 명이 넘는 사람들이 이곳에서 희생당했다.

희생당하는 모습을 전하는 이야기와 함께 천주교 신자를 박해할 때 사용했던 물건들이 해미 순교성지에 보관되어 있다. 천주교 신자를 죽였던 과정을 듣다 보면 자연스레 몸서리가 쳐진다. 박해 초기에는 천주교 신자를 나무에 매달아 처형했지만, 신도가 끝도 없이 나오자 더 이상 시신을 매달 나무가 없게 되었다. 이에 관군들은 천주교 신자를 움직이지 못하도록 묶은 다음, 돌다리에다 패대기를 쳐서 머리를 깨뜨려 죽이기 시작했다. 이를 자리개질이라고 한다. 그런데 이처럼 잔인한 방법으로도 믿음을 버리지 않고 하느님(천주교에서는 하느님, 개신교는 하나님으로 부른다.)의 뜻을 좇는 사람이 늘어나자 해미천에 구덩이를 파고 살아 있는 신도를 밀어 넣어 죽여버렸다. 이조차도 신도 수가 너무 많아지자 구덩이를 파는 것도 어려운 일이 되어버렸다. 이에 구덩이를 파는 수고조차 줄이기 위해 물웅덩이에 두 손과 두 발을 묶은 신자들을 밀어 넣어 익사시켜버렸다. 충청도 사투리로 물웅덩이를 덤벙이라고 하는데, 이 물웅덩이는 죄인들이 빠져 죽은 물웅덩이란 뜻으로 '죄인 덤벙'이라 불리다가 점차 줄여져서 지금은 '진둠벙'이라 불린다. 병인박해는 참으로 잔인하고 끔찍한 역사의 순간이라고밖에는 설명할 수가 없다.

천주교 신자가 순교하던 모습을 설명하는 안내판과 함께 자리개질하던 돌판과 진둠벙을 보고 있자니 저절로 무서워졌다. 상상하는 것만으로도 이렇게 무서운데, 그 당시 천주교 신자들은 옆에서 끔찍하게 죽어가는 신자들의 모습을 보면서도 믿음을 버리지 않고 "예수 마리아"를 외쳤다니 참으로 대단하다는 생각밖에는 들지 않는다. 그러나 천주교 신자가 아니어서 예수 마리아를 알지 못하는 사람들은 천주교 신자들이 죽으며 외쳤던 '예수 마리아'를 '여수머리'로 잘못 알아들었고, 이후 이곳은 여숫골이 되었다.

이처럼 수많은 천주교 신자들이 죽은 이후, 이곳에서 농사를 짓던 사람들은 밭을 갈 때마다 나오는 사람의 뼈를 버리는 것이 일상이 되었다고 한다. 병인박해 이후 70여 년 동안 사람들에게 잊혔던 이곳은 1935년 서산 성당의 범바로 신부의 조사·발굴에 의해 세상에 알려졌다. 1984년에는 한국 천주교 200주년을 기념해 방문한 교황 요한 바오로 2세가 한국의 순교자 103위를 성인으로 선포하면서 해미 순교성지는 국내를 넘어 전 세계적으로 널리 알려졌다. 이후 천주교 교단

왼쪽 위 | 수많은 천주교 신자를 내리쳐 죽게 만들었던 자리개 돌
왼쪽 가운데 | 천주교 신자를 밀어 넣어 죽였던 물웅덩이 '진둠벙'
왼쪽 아래 | 무덤의 형태로 만들어진 기념관
오른쪽 | 잔혹했던 그 당시의 모습을 기억하기 위해 만들어놓은 조형물

은 이곳을 성역화하기 위해 해미 성당을 설립했다. 2014년에는 프란
치스코 교황이 해미읍성과 순교성지를 방문해 인언민, 김진후, 이보현
세 사람을 공경할 복자로 결정하고 선포하면서 한국 천주교의 위상이

크게 높아졌다. 그러나 아직까지 순교자의 인적사항 대부분을 알지 못하고 132명만을 밝혀냈다는 점에 천주교는 안타까움을 표현하고 있다.

—— 한국의 천주교가 특별한 이유

순교성지에 들어서면 이름도 알리지 못하고 순교의 길을 택했던 이들을 기억하며, 성경을 이어 쓸 수 있는 '이름 없는 집'이 있다. 이곳은 병인박해 당시 신도 대부분이 농민이었던 점을 감안해 작은 초가집으로 만들었다. 여기에는 1800년대 당시 천주교 신자들이 성경을 읽고 쓰던 방식으로 오른쪽에서 왼쪽으로 기도문을 5절 이상 적을 수 있는 책자가 있다. 책자에 성경을 옮겨 적으며 순교자들을 기억하고, 하느님을 믿고 따르겠다는 다짐을 스스로에게 하기 위해서 말이다. 혹시라도 장난으로 낙서를 하거나 쓰지 말아야 할 내용을 책자에 기록하지 못하도록 자신의 이름도 같이 적게 되어 있다.

'이름 없는 집'을 나오면 내포 지역의 순교자들이 겪었던 아픔을 느낄 수 있도록 조형화된 작품이 있는 무덤 형태의 기념관을 들어갈 수 있다. 기념관 안에는 순교의 역사가 많이 기록되어 있는데 그중에서도 가장 눈에 먼저 들어온 것이 포승줄에 묶여 끌려가는 이름 없는 순교자의 모습을 조형해놓은 부조다. 기념관에는 죽음 앞에서도 자신의 믿음과 철학이 옳다고 생각하고 추구했던 이들의 자취가 남아 있었고, 그 자취를 쫓아가는 동안 숙연해지는 것은 당연한 일이었다.

기념관을 나와 노천성당 앞에 서니 가슴이 먹먹해졌다. 순교했던 천주교 신자들은 야외에서라도 자유롭게 자신의 믿음을 표현할 수 있는 날이 오기를 얼마나 간절히 기도했을까? 더욱이 무명 순교자의 묘

왼쪽 | 무명 생매장 순교자들의 묘
오른쪽 | 자유로운 믿음생활이 이루어지길 바라며 만든 노천성당

는 병인박해 당시 박해받고 죽임을 당해야 했던 순교자를 위한 고귀
한 장소였다.

　해미 순교성지를 나오면서 뒤를 돌아보니 우뚝 솟은 해미순교탑
이 보였다. 처음에 해미 순교성지를 들어갈 때 보던 느낌이 아니었다.
순교성지를 둘러보고 난 후 내 눈에 비치는 순교탑은 이곳을 돋보이
기 위해 단순하게 높이 쌓아놓은 것이 아니라 이름 모를 많은 순교자
의 숭고한 뜻을 알리기 위한 탑이었다. 천주교를 믿고 안 믿고를 떠나
서 자신의 믿음을 위해 목숨을 버릴 수 있었던 이름 모를 많은 사람들
이 정말 대단해 보인다. 스스로 천주교의 보급을 이끈 나라는 세계에
서 우리밖에 없다는 사실이 한동안 뇌리에 맴돈다.

애틋한 사랑을 나눈 신채호와 박자혜

단재 신채호 사당

─── 사람이 찾지 않는 단재 신채호 사당과 묘소

대한민국에 살면서 단재 신채호 선생을 처음 들어보는 사람은 없을 것이다. 우리에게 신채호 선생은 일제의 식민사학에 맞서 역사를 바로 세우고자 했던 분으로 기억되고 있다. 하지만 신채호 선생의 역사관과 국가관이 심오하고 어려워 우리가 이해하기란 쉽지 않다. 그러나 분명한 건 신채호 선생이 자주적인 역사관을 통해 독립을 이루고, 과거의 영광을 재현하고자 했던 분이라는 것이다. 신채호 선생은 우리나라를 대표하는 역사학자이지만, 일제 식민사학에 동조하고 대한민국 역사 교육을 좌지우지했던 사람들에 의해 그가 연구하고 발표했던 우리의 역사는 허황되고 허무맹랑한 이야기로 치부되고 있다.

그래서일까? 신채호 선생의 위명에 비해 선생과 관련된 유적지가 국내에 많지 않다. 그나마 1978년이 되어서야 충청북도 청주시에 신채호 선생의 묘소와 기념관이 건립될 수 있었다.

그러나 청주에 위치한 신채호 선생의 사당은 이정표를 확인하고도 차로 한참을 들어가야 할 정도로 접근성이 좋지 않았다. 겨울에 방문한 신채호 사당에는 전날 내린 눈 위로 산짐승 발자국만 남아 있을 뿐 사람의 흔적은 어디에도 보이지 않았다. 하루 종일 나 이외에는 신채호 사당에 방문한 사람이 단 한 명도 없었다는 사실이 가슴을 무겁게 했다.

그래도 신채호 묘소에 올라가 주위를 둘러보니 사당과 묘소가 잘 관리되고 있어 다행이라는 생각이 들었다. 신채호 선생의 묘소에는 신채호 선생과 부인 박자혜 여사가 같이 누워 있었고, 그 아래로는 책을 읽는 신채호 선생 옆에 묵묵히 서 있는 박자혜 여사의 모습을 형상화한 동상이 있었다. 신채호 선생의 개인사를 잘 알지 못하는 대부분의 사람들은 아마도 신채호 동상 옆에 서 있는 여성이 누구인지 궁금해할 것이다. 그러나 아쉽게도 이 여성에 대한 설명은 동상 어디에도 기록되어 있지 않다.

── 신채호 선생의 부인이자 독립운동가였던 박자혜 여사

동상의 주인공은 신채호 선생의 부인이자 독립운동가였던 박자혜 여사다. 박자혜 여사는 어린 시절 아기나인으로 궁궐에서 생활했다. 하지만 궁궐에서의 삶은 오래가지 못했다. 대한제국이 일제에 의해 망하자 박자혜 여사도 궁궐에서 쫓겨나야 했다. 생계 유지가 막막

위 | 아무도 찾지 않아 새하얀 눈이 그대로 남아 있는 단재 신채호 사당

가운데 | 독립운동에 앞장섰던 신채호 선생을 기리는 사당

아래 | 신채호 선생과 박자혜 여사의 동상. 박자혜 여사는 묵묵하게 신채호 선생이 가는 길을 뒷받침해주었다.

해졌지만 궁궐에서 배운 약간의 의술 덕분에 근근이 입에 풀칠을 하며 살아갈 수 있었다. 그러던 중 3·1 운동이 일어나자 박자혜 여사는 나라를 빼앗기던 순간이 떠올랐다. 어떻게 나라를 빼앗겼는지 현장에서 생생하게 봤던 박자혜 여사는 그 누구보다도 열정적으로 대한독립만세를 외쳤고, 그 결과 일제에 쫓기게 되었다. 평화롭게 만세 시위를 벌이던 한국인에게 무차별 총격을 가하는 일제를 보며 박자혜 여사는 나라의 독립을 위해 자신의 모든 것을 걸겠다고 결심했다.

박자혜 여사는 독립군을 치료하는 군의관이 되고자 북경으로 건너가 의예과에 입학했다. 군의관이 되기 위해 열심히 공부하던 여사에게 어느 날 이회영 부인이 한 남자를 소개해주었다. 이 남자가 바로 신채호 선생이었다. 당시 신채호 선생은 부인과 사별하고 홀로 지내며 독립운동활동을 전개하고 있었다. 박자혜 여사는 신채호 선생과 나이 차가 많이 났지만, 선생의 인물됨과 독립을 향한 큰 뜻에 감명받고 결혼을 결심하게 된다.

자신의 안위보다는 나라의 독립을 위해 애쓰던 신채호 선생과의 삶은 궁핍했지만 박자혜 여사는 늘 행복했다. 그러나 자신과 신채호 선생 사이에서 태어난 아들 그리고 배 속의 아이로 인해 신채호 선생이 마음껏 독립운동을 하지 못한다고 생각한 여사는 과감히 서울로 돌아왔다. 여사는 서울로 돌아온 뒤 산파원을 차려 생계를 꾸려나갔다. 하지만 이 당시에는 대부분 집에서 아이를 출산했고, 정상적인 출산이 어려운 경우에만 산파원을 찾았다. 그러다 보니 일거리가 늘 일정치 않았고, 수입도 매우 적었다. 박자혜 여사와 아이들은 궁핍한 생활을 하던 중 둘째 아들이 죽는 가슴 아픈 일도 일어났다.

그래도 박자혜 여사는 꿋꿋하게 아이들을 키우며, 신채호 선생을 뒷바라지하는 일에 소홀하지 않았다. 더불어 의열단원이 국내에 들어오면 여사는 그들에게 숙식을 제공하며 독립운동가로서의 활동을 계속 이어나갔다. 대표적으로 동양척식주식회사에 폭탄을 던졌던 나석주 의사가 국내에 잠입했을 때 박자혜 여사의 집에서 숙식을 해결하며 의거 활동을 준비하기도 했다.

─── 박자혜 여사의 쓸쓸한 죽음

자신의 공로를 드러내지 않고 묵묵하게 독립운동을 펼치던 박자혜 여사에게 어느 날 갑자기 비보가 들려왔다. 1929년 신채호 선생이 일제에 검거되어 여순 감옥에 투옥되었다는 소식이었다. 박자혜 여사는 신채호 선생이 걱정되어 여순 감옥으로 한걸음에 달려가고 싶었지만, 어려운 경제 형편에 차비를 마련할 길이 없어 속으로 눈물만 흘려야 했다.

옥중에 있는 신채호 선생을 만나는 것은 고사하고, 옥중이 너무 추워 솜이 들어 있는 옷을 보내달라는 선생의 부탁도 들어주지 못할 정도로 가난했던 여사는 늘 죄를 짓는 심정으로 생활해야 했다. 그런 박자혜 여사에게 1936년 신채호 선생의 죽음은 모든 것이 무너져 내리는 일이었다.

신채호 선생의 죽음을 듣는 순간 박자혜 여사는 "이제는 모든 희망이 아주 끊어지고 말았습니다."라고 중얼거렸다고 한다. 이 말을 통해 신채호 선생을 먼저 떠나보낸 비통함이 얼마나 컸는지를 짐작해볼 수 있다. 실제로도 박자혜 여사는 신채호 선생이 돌아가신 이후 삶

위 | 신채호 묘소에 갈 수 있는 입구
아래 | 신채호 선생의 묘

의 끈을 놓아버렸다. 첫째 아들이 해외로 떠나고 셋째 아들마저 영양
실조로 죽자, 서울에 홀로 남은 박자혜 여사는 밥도 제대로 먹지 않는
등 자신을 돌보지 않았다. 그 결과 1943년 박자혜 여사는 젊은 나이
에 셋방에서 삶을 마감했다.

그렇다면 신채호에게 박자혜는 어떤 인물이었을까? 대쪽 같은 성

품에 무장독립투쟁을 주장하던 신채호 선생에게서 자상한 남편의 모습이 쉽게 상상되지 않는다. 그러나 신채호 선생은 누구보다도 변치 않는 마음으로 아내 박자혜 여사를 사랑하지 않았을까? 대한민국을 누구보다 사랑했고 일제의 수많은 유혹과 탄압에도 변치 않던 모습에서 지고지순한 신채호 선생의 사랑을 상상해볼 수 있다.

한 가정을 이룬 나로서는 아내와 어린아이들이 고생할 것을 뻔히 알면서도 독립운동을 한다는 것을 상상하기가 어렵다. 아니 솔직히 자신이 없다. 그렇기에 신채호 선생의 사당을 둘러볼수록 신채호 선생과 박자혜 여사의 독립운동과 사랑이 숭고하고 위대해 보이기만 한다.

누가 이처럼 애달픈 사랑을 할 수 있을까? 이제는 두 분이 같은 곳에 나란히 누워 서로를 보듬어주고 있을 거라 생각한다. 살아생전 나누지 못했던 살가운 정을 나누고, 독립을 이룬 대한민국을 바라보면서 때로는 걱정하고 때로는 흐뭇한 미소를 지으며 우리가 발전해가는 모습을 지켜보고 있지 않을까? 신채호 사당을 나오면서 신채호 선생과 박자혜 여사의 독립운동과 사랑이 세상에 좀 더 알려졌으면 좋겠다는 생각을 하며 아무도 밟지 않은 새하얀 눈밭을 걸어 나왔다.

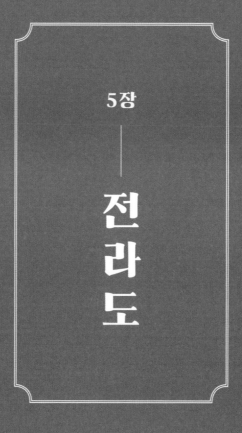

5장

전라도

화엄사 송광사 순천왜성 광한루

전주사고 광양 김시식지 동국사

전라도는 너른 평야로 예부터 풍요로운 지역이었다. 풍요로운 만큼 맛있는 음식과 이름난 명승이 사람들의 발길을 잡아끈다. 하지만 그런 풍요로움은 많은 침략과 수탈로 이어져 힘든 삶을 강요당하는 역사를 만들기도 했다. 이를 극복하고자 전라도의 선조들은 어떤 노력을 기울였는지 살펴보자.

| 전라도에서 가볼 곳

• 전북

동국사

전주사고

광한루

군산시
익산시
완주군
무주군
김제시
전주시
진안군
부안군
정읍시
임실군
장수군
고창군
순창군
남원시

화엄사

• 전남

영광군
장성군
담양군
곡성군
구례군
함평군
광주광역시
신안군
무안군
나주시
화순군
순천시
광양시
목포시
영암군
장흥군
보성군
여수시
강진군
고흥군
진도군
해남군
완도군

송광사

순천왜성

광양 김시식지

세상의 중심은 우리다

화엄사

─── 의상대사와 원효대사 그리고 화엄사

우리나라를 대표하는 지리산에는 수많은 사찰이 자리 잡고 저마다의 역사와 전통을 자랑하고 있다. 전라남도 구례에 위치한 화엄사는 그중에서도 으뜸을 차지할 정도로 많은 이야기와 귀중한 유물을 가득 품고 있다. 어느 가을날 지리산을 종주하고 템플스테이로 하룻밤 묵었던 경험이 있는 화엄사는 나에게 개인적으로도 더욱 특별하게 다가오는 사찰이다.

화엄사는 인도 승려 연기조사가 544년(백제 성왕 22년)에 창건해 백제 법왕 때는 3천여 명의 승려가 거주할 정도로 매우 큰 사찰이었다. 645년(선덕여왕 14년)에는 신라의 승려 자장율사가 부처님의 진신

위 | 어느 사찰보다도 큰 화엄사 일주문
아래 | 각황전보다 더 유명해진 홍매화

(부처의 진실한 몸) 사리를 화엄사에 모시고, 4사자 3층 석탑을 세우며
중수했다고 한다. 그런데 선덕여왕 시절은 백제와 치열한 전쟁을 치
르며 양국의 관계가 최악으로 치닫던 때였는데, 신라 승려가 백제 지
역에 사찰을 중수했다는 것이 쉽게 이해되지 않는다. 이를 두고 학계
에서도 사실 여부에 대한 많은 논란이 있었다.

또한 의상대사가 장육전(현재 각황전)을 세우면서 화엄경을 벽에 새겼다고 하는데, 화엄경 역시 797년(원성왕 13년)이 되어야 번역되었기에 화엄사에 대해 여러 의혹의 말이 나올 수밖에 없었다. 무엇이 진실인지 알지 못하던 문제를 해결해준 것이 황룡사지에서 출토된 〈신라백지묵서대방광불화엄경(新羅白紙墨書大方廣佛華嚴經)〉 발문이었다. 발문에서 경덕왕 시절 황룡사 승려였던 연기가 화엄경사경을 완성했다고 밝히면서 화엄사의 창건이 500년대가 아닌 700년대로 밀려나게 되었다. 또한 원효, 의상, 자장대사와 관련된 이야기도 후대에 만들어진 창작물이라는 것이 밝혀졌다.

그러나 역사적 사실과 다른 전설이라도 그 속에는 숨겨진 역사적 사실과 당대 사람들의 가치관이 담겨 있다. 전설과 설화에는 후대 사람들의 생각과 염원이 반영되어 있기 때문이다. 화엄사는 이름에서부터 화엄종과 깊은 연관을 가진 사찰이라는 것이 느껴진다. 화엄종은 불교 종파에서도 왕과 지배층이 갖고 있는 권력의 정당성을 뒷받침해주는데, 화엄종의 가장 큰 핵심은 '일즉다 다즉일(一即多 多即一)'로 '하나인 것이 모두요, 모두가 하나다.'로 해석된다. 이 사상을 왕과 지배계층의 입장에서 풀이해보면 '왕이 곧 국가요, 국가는 왕이 있어야 존재한다.'라는 논리가 된다.

신라왕이 스스로 전륜성왕으로 자처하며 불국토를 만들어 부처님의 뜻을 펼치겠다는 말을 가장 잘 뒷받침해준 것이 화엄종이었다. 왕이 곧 국가이며 부처님의 뜻을 펼치는 존재로 규정한 화엄종은 백성들에게 왕이 꼭 필요한 존재라는 인식을 심어주기에 충분했다. 이 덕분에 신라는 화엄종을 적극적으로 지원하고 육성했다. 그런 시대적 배경을 바탕으로 600년대 중반에는 우리가 아주 잘 아는 큰스님들이 나오게 된다. 바로 자장대사, 원효대사, 의상대사다. 이들은 모두 화엄종의 대가였는데, 자장대사는 문헌상으로 보면 636년 당나라 오대산에서 문수보살을 만나 화엄의 진리를 깨닫고 신라에 들어와 '화엄경'을 처음으로 강설했다고 한다. 원효대사도 화엄 사상을 크게 이해하고 『화엄경종요』와 『화엄경소』를 저술해 가르침을 남겼다.

그러나 화엄종이라고 하면 우리는 해동화엄종을 개창한 의상대사를 가장 먼저 떠올리게 된다. 661년 중국 당나라에 유학 간 의상대사는 중국 화엄종의 제2조였던 지엄에게 가르침을 받아 깨달음을 얻은 뒤 671년 신라로 귀국했다. 귀국한 의상대사는 낙산사에서 관세음보살을 만난 뒤 부석사를 세워 화엄 사상을 신라에 널리 펼치고자 했다. 그 결과 오늘날까지도 큰스님으로 모셔져 존경을 받고 있다. 의상대사가 저술한 책은 많이 남아 있지 않지만, 의상대사가 만든 〈화엄일승법계도〉는 화엄 사상의 정수로 일컬어지고 있다.

자장, 원효, 의상대사의 큰 공통점은 중국의 불교를 무비판적으로 수용하지 않고, 우리의 정서와 문화를 반영한 한국 불교를 만들어냈다는 점이다. 이를 뒷받침하는 이야기가 국보로 지정된 화엄사 각황전에 내려온다. 『삼국유사』를 보면, 의상대사는 중국 화엄종을 계승할 수 있는 위치에 있었지만, 당나라 고종이 신라를 침략한다는 사실을 접하게 되자 귀국을 결심하고 신라로 돌아왔음을 알 수 있다. 이는 의상대사가 개창한 화엄종이 호국불교의 성격을 갖고 있음을 보여준다. 이후 의상대사는 신라 왕실의 지원을 받으며 많은 사찰을 세우고 화엄종의 진리를 강연하러 다녔다. 의상대사는 당나라로 유학길을 같

각황전 앞 석등

이 떠난 적이 있던 원효대사에게도 자신이 깨달은 바를 알려주려 했으나, 원효대사는 이미 화엄 사상을 꿰뚫고 통달해 있었다.

중국에서 화엄 사상을 배워 화엄 사상에 관해서는 신라에서 최고라 여기던 의상대사는 너무 놀라며 원효대사에게 어찌 화엄 사상에 대해 이리 잘 아느냐고 물었다. 이에 원효대사는 이미 130여 년 전에 인도의 연기조사가 지리산 밑에 화엄사를 세워 삼한에 부처님의 뜻을 가르치고 있었노라 답했다. 이어 자신은 중국의 화엄 사상이 아닌 인도의 화엄 사상을 직접 배워 깨달음을 얻었고, 삼한을 위해서는 의상대사도 천축국(인도)의 화엄 사상을 배울 필요가 있다고 말했다.

이에 의상대사는 한동안 말없이 깊은 생각에 잠겨 있다가, 직접 화엄사로 가서 자신이 익히고 깨달은 것과 우리나라에 맞게 해석된 천축국의 화엄 사상을 비교해보겠다고 달려갔다. 의상대사는 화엄사에서 중국에 뒤처지지 않으면서도 자주적인 성격을 지닌 우리의 화엄 사상을 통해 큰 깨달음을 얻었다. 그리고 신라만의 화엄종을 만들겠다는 굳은 다짐을 했다. 그 다짐의 표현으로 화엄사에 3층의 장육전을 세워 황금장육불상을 모셨다. 장육이란 부처님의 몸을 의미하는 것으로, 부처님의 진리를 담은 화엄경을 돌에 새기면서 화엄사를 해동 화엄종의 시작으로 삼겠다는 의지를 담은 것이다. 그리고 신라가 해동 화엄종의 시작이며 불국토임을 보여주기 위해 화엄 사상을 근본으로 하는 사찰을 전 국토에 많이 세우게 된다.

─── 호국불교를 보여주는 화엄사

위에서 말한 것처럼 화엄사가 의상대사와 직접적인 관련은 없지만, 장육전 사방 벽에 화엄경을 새겨놓은 돌이 있었음은 틀림없는 사실이다. 임진왜란 당시 불타버린 화엄사를 중건하는 과정에서 나온 석경(화엄경이 적힌 돌) 1,500여 점이 각황전과 동국대학교에 보관되어 있기 때문이다. 이처럼 각황전과 관련된 의상대사의 전설은 우리나라에 불교가 전래되면서 호국불교로의 성격을 지니게 되었음을 잘 보여준다. 자장, 원효, 의상대사는 신라가 삼국을 통일한 이후 당나라의 침략을 받던 시기에 살던 사람들이다. 영토·경제·군사 외에도 문화적인 측면에서 당나라에 열세일 수밖에 없었던 신라로서는 자주국으로 살아가기 위해 각계각층의 사람들이 한마음 한뜻으로 참여해야 했다.

숙종이 직접 편액을 내린 각황전. 부처님의 진리를 담은 화엄경을 돌에 새겨놓았다.

이는 깨달음을 얻어 해탈에 이르고자 하는 승려도 예외일 수 없었음을 보여준다.

　이런 모습은 이후 불교계가 국난이 있을 때마다 적극적으로 참여하는 선례를 만들었다. 임진왜란 때도 화엄사에서 불도를 닦던 승려들이 왜군을 맞아 의병 활동을 벌이며 큰 승리를 거두며 국난을 극복하는 데 힘을 보탰다. 승려들의 활약으로 전투에서 패배한 왜군들은 화엄사를 불 지르며 보복을 저질렀다. 이 과정에서 화엄사는 폐허가 되고, 소중한 문화유산들이 불타 소실되어버렸다.

　그러나 훗날 벽암대사가 조선 인조 때 화엄사를 중건하면서 세상 밖으로 다시 나오게 되었다. 이후 왕실의 후원으로 화엄사의 가장 핵심이 되는 장육전이 세워지자 숙종은 직접 각황보전이라는 편액을 내리면서 오늘날까지 각황전으로 불리고 있다.

화엄사의 각황전은 우리나라가 거대한 중국 옆에서 어떻게 독자적인 문화를 지켜왔는지 보여준다. 중국은 수준 높은 문화로 주변 민족을 흡수하며 오늘날 거대한 문명권을 형성했다. 하지만 중국이 절대적으로 흡수하지 못한 나라가 있으니 바로 우리나라다. 선조들은 우리의 전통과 문화를 근본으로 삼은 뒤 중국의 선진 제도나 문물을 받아들였다. 그리고 중국과는 다른 우리의 색을 입혀 더욱 발전시켰다. 이처럼 화엄사의 각황전은 우리가 중국의 속국이 아니라 자주적인 나라이며, 세상의 중심이라는 상징을 내포하고 있는 자랑스러운 문화재다.

순천

큰스님을 배출한 승보사찰

송광사

— 지눌대사의 염원이 담기다

불교에서 귀하게 여기는 불보(佛寶)·법보(法寶)·승보(僧寶)를 가리켜 삼보라고 하며, 우리나라에는 삼보를 대표하는 사찰이 있다. 불보는 부처님의 진신 사리를 의미하며 양산의 통도사를 일컫는다. 법보는 부처님의 진리가 담긴 말씀을 의미하며 팔만대장경을 보관하고 있는 합천 해인사가 법보를 상징한다. 마지막으로 승보는 부처님의 말씀에 따라 진리를 깨닫고 사람들을 올바른 길로 이끄는 스님을 많이 배출한 순천 송광사다. 예부터 통도사와 해인사 그리고 송광사를 우리나라 삼보사찰이라 했다.

16명의 국사(國師)를 배출한 송광사와 주변 경관이 아름답다는

라
도

233

송광사가 승보사찰임을 보여주는 승보전

말을 예전부터 들어왔지만 서울에서 순천까지 내려가기는 쉽지 않은 일이었다. 늘 마음속으로 언젠가는 꼭 내려가보겠다고 벼르다가, 2019년 새해를 맞이해 가족들과 함께 순천 송광사를 향했다. 이른 새벽이었지만 송광사는 많은 사람이 찾는 유명 사찰이어서 찾아가는 데 큰 어려움은 없었다. 차를 주차장에 주차한 뒤 자는 아이들을 깨웠다. 아이들은 따뜻한 차 안에서 나오기 싫어했지만, 나는 그토록 오고 싶었던 송광사를 방문한다는 기쁨에 사찰을 향해 걷는 발걸음이 가벼웠다. 송광사에 대한 기대감 때문인지 산안개 너머로 보이는 소나무와 전각들에서 왠지 모를 신비함이 느껴졌다. 송광사를 향해 천천히 걸어 올라가면서 왜 지눌대사가 고려의 수도였던 개경에서 그토록 먼이곳까지 와서 불교정화운동을 펼쳤는지 생각해보았다.

지눌대사(1158~1210)는 고려시대 황해도 서흥에서 몸이 약한 아이로 태어났다. 지눌대사의 아버지는 곧 죽을 것만 같은 아이를 살리기 위해 부처님이 계신 사찰을 찾아갔다. 지눌대사의 아버지는 부처님을 향해 연신 절을 올리며 아이가 건강하게 살아남을 수만 있다면, 부처님에게 아이를 바치겠다고 마음속으로 약속했다. 부처님의 도움 덕분이었을까? 생사를 장담할 수 없던 어린 지눌이 건강해지자, 아버지는 강원도 강릉시 굴산사(신라 말에 범일이 개창한 사찰)에 어린 지눌을 출가시켰다. 이곳에서 지눌대사는 종휘를 스승으로 두고 불경에 대한 공부와 참선을 게을리하지 않았다. 그 결과 24살이라는 젊은 나이로 승과(僧科)에 급제할 수 있었다.

지눌대사는 개인의 영달을 이룰 수 있는 승과에 급제했지만, 마음은 돌이 내려앉은 듯 무거웠다. 당시는 무신정변이 일어나 많은 무인들이 권력을 차지하기 위해 서로 싸우면서 나라와 백성을 돌보지 않던 시기였다. 끊임없는 정권 교체로 고려 사회는 불안정했고 경제는 파탄 나고 있었다. 차마 죽지 못하고 근근이 살아가는 백성들이 대다수였다. 그런데 일부 승려들은 어디에도 기댈 곳 없이 힘들어하는 백성들을 어루만지고 돌봐주기는커녕 오히려 사채놀이와 노비를 이용한 수공업으로 막대한 부를 올리는 세속적인 모습을 보였다. 그러면서도 그들은 교종과 선종으로 나누어져 자신들의 믿음만이 옳다고 싸우고 있었다.

지눌대사는 우선 불교계의 타락을 심각하게 우려하며 정화운동을 펼칠 것을 주장했다. 우선 불교계의 쇄신을 위해 교종과 선종이 추구하는 바가 다르지 않음을 강조했다. 그리고 불교계가 나서서 사회의 혼란과 부조리를 해결해야 한다고 주장했다. 지눌은 자신과 뜻을

부처님의 말씀을 세상에 전달하는 법고

함께하는 승려들을 모아서 신앙결사단체인 정혜사(定慧社)를 만들고 『권수정혜결사문(勸修定慧結社文)』을 지었다. 그리고 행동으로 옮겼다. 신앙결사의 이름은 나중에 수선사(修禪社)로 바뀌게 된다. 그러나 지눌대사와 같은 뜻을 가지고 모인 승려들조차 기존의 틀과 악습에서 크게 벗어나지 못하자, 지눌은 송광사로 들어와 새롭게 신앙결사운동을 시작했다.

원래 송광사는 신라 말 체징이 세운 길상사라는 조그만 사찰로, 고려 인종 이후 폐허가 되어 있었다. 지눌이 길상사를 개혁의 터로 잡은 이유는 최고의 스승으로 여기던 육조혜능의 머리가 모셔진 쌍계사와 멀지 않았고, 굳은 절개와 의지를 상징하는 소나무가 많은 송광산이 자신의 의지를 보여주기에 최적이라고 여겼기 때문이다. 여기에 폐허가 된 길상사가 복원되는 과정처럼 불교계가 쇄신되기를 바라는 마음도 있었다. 지눌은 길상사를 복원하는 것에 그치지 않고 소나무가 많아 송광산이라 불리던 산의 이름도 혜능의 조계 보림사에서 이름을 가져와 조계산으로 명칭을 바꾸었다. 이처럼 지눌대사는 산의 이름과 사찰의 이름을 완전히 바꾸면서 불교계의 쇄신 의지를 강력히 표출했다. 그리고 마침내 지눌대사는 선종과 교종을 통합한 조계종을 개창하게 된다.

── 여러 번의 위기에도 많은 보물을 간직한 송광사

나는 우리나라 불교계에서 가장 큰 종파인 조계종이 시작된 송광사이기에 굉장히 많은 전각이 있을 거라고 기대했지만, 막상 경내에 들어서니 전각이 많다는 느낌을 받지 못했다. 그 옛날 송광사가 80여 동의 전각으로 이루어졌을 때는 큰비가 와도 전각 밑으로만 다니면 비를 맞지 않고 경내를 다닐 수 있었다는 말이 거짓처럼 느껴졌다. 그러나 송광사의 전각들이 사라진 데는 아픈 역사가 담겨 있다. 임진왜란과 정유재란 당시 순천이 왜의 마지막 거점이 되면서 송광사는 폐허가 되었고, 1842년에는 큰불로 대웅전을 비롯한 많은 건물들이 불에 타버렸다. 이후 어느 정도 복구되었던 송광사는 대한민국이 건국되는 과정에서 여수·순천 사건과 6·25 전쟁을 거치며 대웅전이 또다시 불타는 불운을 겪었다.

이후 불교계가 정비되고 발전하는 과정에서 송광사는 수차례의 복원을 거쳐 현재 50여 동의 전각이 자리하고 있다. 그래서인지 오히려 전각보다는 대웅보전 앞의 넓은 마당이 깊은 인상을 주었다. 여느 사찰보다도 훨씬 마당이 넓은 대웅보전 앞에 서 있으면 부처님 오신

전라도

스님들이 예불하는 소리가 울려 퍼지던 대웅보전

날의 웅장한 모습이 머릿속에 그려진다. 때마침 대웅보전에서 중후하
게 울려 퍼지는 스님들의 예불 소리는 깊은 울림을 주었다. 예불 소리
에 취해 시간이 흐르는 것도 잊은 채 넋 놓고 대웅보전을 바라보고 있
자니, 어느덧 예불이 끝나고 수십 명의 스님이 줄 맞춰 대웅보전을 나
오고 있었다. 수십 명의 스님이 모습을 드러내자 대웅보전의 넓은 마
당이 한가득 채우지는 장관이 연출되었다. 지금의 모습만으로도 위용
이 대단한데 과거 승보사찰로 많은 스님과 신도 들이 모여들던 송광
사의 모습을 상상하니 온몸에 전율이 느껴졌다.

　　과거에 송광사에 얼마나 많은 사람이 찾아왔는지를 보여주는 증
거로 승보사 옆에 보존된 비사리구시가 있다. 비사리구시는 조선시
대에 송광사를 찾아오는 신도들을 공양하기 위해 밥을 담아두던 것으
로, 쌀 7가마분의 밥을 담을 수 있었다고 한다. 쌀 7가마는 4천여 명이

약 4천 명분의 밥을 담을 수 있는 비사리구시

먹을 수 있는 양으로 숭유억불 정책을 펼친 조선시대에서도 송광사의
위상이 어떠했는지를 보여준다.

　　이 비사리구시에는 재미난 전설이 있다. 1724년(조선 경종 4년) 거
대한 태풍이 불어닥치면서 남원 송동면 세전리에서 800년 넘게 살아
온 싸리나무가 쓰러졌다. 당시 마을 사람들은 싸리나무를 세 토막 내
어 인근의 큰 사찰로 보내기로 결정했다. 싸리나무에서도 가장 굵은
아랫부분을 곡성에 위치한 도림사로 운반하려 했으나 어찌 된 일인지
수레가 꿈쩍하지 않았다. 마을 사람들은 싸리나무가 도림사를 원하지
않는다는 생각에 구례의 화엄사로 목적지를 바꿔 옮기려 했으나, 수
레가 움직이지 않는 것은 매한가지였다. 마지막으로 삼보사찰 중에서
도 으뜸으로 치는 송광사로 옮기기로 결정하자 싸리나무 밑동을 실은
수레는 언제 그랬냐는 듯 스르륵 움직였다. 그 싸리나무로 만든 것이

지눌대사가 다시 찾아오면 생명을 피운다는 고향수

바로 이 비사리구시다. 이런 전설 때문인지 비사리구시는 현재 송광사의 3대 보물이 되었다.

송광사에는 비사리구시 외에도 전설이 깃든 물건이 많이 있다. 송광사 일주문 앞으로 가면 돌무더기에 꽂힌 나무 기둥이 하나 서 있다. 이 나무 기둥의 이름은 고향수로, 보조국사 지눌이 늘 짚고 다니던 지팡이라고 전해진다. 지눌대사가 어느 날 지팡이를 땅에 꽂자 생명을 얻어 잎이 나고 꽃이 피는 나무가 되었다고 한다. 새 생명을 얻었던 나무는 지눌대사가 열반에 들자 잎을 떨구며 따라 죽었고, 현재까지도 썩지 않은 채 800년 가까이 앙상한 기둥으로 남아 있다. 그리고 훗날 지눌대사가 송광사를 다시 찾게 되면 고향수가 다시 살아난다는 이야기가 전해진다. 이 전설보다도 수많은 전란과 화재에서도 고향수가 불에 타지 않고 오늘날까지 전해진다는 것이 더 놀랍다.

── 큰스님을 계속 배출할 송광사

송광사에는 찬란했던 역사와 기이한 전설을 보여주는 전각 외에도 조선시대 숭유억불 정책으로 사찰이 왕실에 종속되어 활동했음을 보여주는 관음전도 있다. 현재의 관음전은 고종황제의 무병장수를 기원하는 황실기도처로 1903년 성수전이란 이름으로 지어졌다. 그래서 성수전에는 다른 전각과 달리 태양은 고종을, 달은 명성황후를 상징하는 〈일월오병도〉가 있다. 또한 좌우 벽으로 2품 이상의 고관 대신들이 국궁배례(몸을 굽혀 절하며 예를 차림)하는 품계도를 그리고, 외벽에는 십장생 벽화를 그려놓았다. 현재는 1957년 성수전 앞에 있던 관음전을 해체하는 과정에서 관음보살상을 성수전으로 옮긴 뒤, 관음전으로 이름을 바꿔 사용하고 있다. 이것은 종교가 국가와 사회로부터 자유로울 수 없음을 보여주는 사례로 조선이 멸망한 현실이 반영되어 있다.

이 외에도 송광사에는 수많은 보물과 함께 전해 내려오는 전설이 열거하기 어려울 정도로 많다. 그러나 무엇보다 승보사찰이라는 이름답게 고려시대 지눌대사부터 시작해 16명의 국사를 배출한 전통이 현재에도 이어지고 있다. 송광사에는 우리가 잘 알고 있는 무소유의 법정스님과 불교계에 큰 영향을 미친 구산선사가 이곳에서 깨달음을 얻고 가르침을 설파했다. 그리고 앞으로도 송광사는 세상을 바른길로 이끌 큰스님을 계속 배출할 것이다.

아픈 역사지만 꼭 보존해야 할 유적지

순천왜성

── 왜성이 순천에 있는 이유

임진왜란 당시 왜군은 조선 정복이 어려워지자 전국 8도 중 4도
만이라도 갖기 위해 명나라와 교섭을 벌였다. 조선을 배제한 채 명과
순조롭게 휴전 협상이 이루어지면서 왜는 우리 강토 곳곳에 왜성을
쌓으며 우리 강산을 그들의 영토로 삼을 준비를 했다. 하지만 도요토
미 히데요시의 무리한 요구로 명과의 휴전 협상이 결렬되자, 1597년
왜는 협상을 유리하게 이끌기 위해 정유재란을 일으켰다.

왜는 정유재란을 승리로 이끌기 위해 거짓된 정보를 흘려 삼도수
군통제사였던 이순신 장군을 파직시키고, 전라도 순천에 재침략의 전
진기지이자 방어기지로 왜성을 쌓았다. 우키타 히데이에와 도도 다카

토라 두 장수의 지휘로 3개월에 걸쳐 쌓아 올린 성이 오늘날 전라도에 유일하게 남아 있는 순천왜성이다.

임진왜란 막바지에 쌓아 올린 순천왜성에 가면 무엇을 얻어올 수 있을지 궁금했다. 임진왜란을 마무리 짓는 노량대첩의 배경이 되는 순천왜성을 다녀와야 학생들에게 임진왜란에 대해 자신 있게 설명할 수 있을 것 같았다. 그러나 순천왜성에 도착하는 순간, 아무것도 보이지 않는 황량한 모습에 실망감이 밀려왔다. 순천왜성으로 가는 교통편도 좋지 않았지만, 여기저기 보이는 공사 현장으로 인해 이곳이 순천왜성이 맞는지에 대한 확신도 서지 않았다. 다만 갈대와 웅덩이 너머로 작게 보이는 성문인 문지가 이곳에 제대로 찾아왔음을 알려줄 뿐이었다.

순천왜성으로 들어가는 길목에 서서 한동안 고민해야 했다. 버려진 듯한 이곳에서 배우고 익힐 것이 있을까 하는 생각에 발길이 여러 번 멈추기를 반복했다. 그러나 여행을 마친 후에는 중도 포기하지 않고 끝까지 다 돌아보기를 잘했다는 생각이 들었다. 순천왜성 중심부로 갈수록 성곽은 잘 보존되어 있었고, 임진왜란 당시의 순천왜성을 보여주는 그림들이 곳곳에 세워져 있어 400년 전 과거로 감정 이입하기에 부족함이 없었다.

—— 임진왜란의 마지막 격전지

고니시 유키나가(소서행장)는 정유재란을 통해 풍요로운 조선 남부 지역을 자신의 영지로 만들 수 있다는 꿈에 부풀어 있었다. 하지만 그의 꿈은 복직된 이순신 장군을 상대로 벌인 명량해전에서 일본 수군이 크게 패한 후 철저하게 깨져버렸다. 순천왜성이 세워지자 고니

매복하기 좋은 구조의 왜성

시 유키나가는 이곳에 1만 4천여 명의 왜군을 이끌고 머물렀다. 순천 왜성에 들어간 고니시가 이끄는 일본군은 독 안에 든 쥐가 되었다.

육지로는 권율과 명나라 장수 유정이 순천왜성을 압박하고, 바다 에서는 이순신과 명나라 제독 진린이 한 명의 왜군도 빠져나가지 못 하도록 에워싸고 있었다. 도요토미 히데요시의 죽음 이후 일본 본토 에서 벌어지는 권력투쟁에서 자신의 위치를 확고히 하기 위해서라도 고니시는 하루라도 빨리 일본으로 돌아가야만 했다. 하지만 이순신 장군이 왜군을 한 명도 살려 보내지 않겠다는 굳은 의지로 바다를 철 통같이 지키고 있어 하루하루를 초조하게 지낼 수밖에 없었다.

결국 고니시 유키나가는 자력으로는 빠져나갈 수 없다고 판단하 고 남해 일대에 분산된 왜군을 하나로 모아 본토로 돌아갈 계획을 세 웠다. 고니시 유키나가는 명군에게 많은 뇌물을 바친 끝에 통신선 1척을 순천왜성 밖으로 내보내 고성, 사천, 남해에 주둔하던 일본군을 같은 날 같은 시간에 노량바다로 모았다. 이때 모인 왜의 전함이 500여 척에 6만여 명에 이르렀다고 하니 실로 어마어마한 숫자다.

1598년 11월 18일 이순신 장군은 왜군을 무찌른다면 지금 죽어도 여한이 없다는 굳은 의지를 내보이며 조선 수군 83척과 명나라 수군 63척, 총 146척에 2만여 명의 군대를 이끌고 노량바다로 출정했다. 다시는 왜가 침략할 생각조차 할 수 없도록 매서운 맛을 보여줘야 한다는 생각으로 출정한 이순신 장군은 위험에 빠진 명나라 제독 진린을 구하면서도 수백 척에 이르는 왜선을 격침해버렸다.

결국 숫자만 믿고 덤벼들었던 왜군은 이순신 장군과 조선 수군의 활약에 관음포로 50여 척의 전선만을 이끌고 급히 도망쳐야 했다. 그러나 이 과정에서 왜군이 쏜 총탄에 왼쪽 가슴을 맞은 이순신 장군은 "나의 죽음을 알리지 말라."라는 말을 남기며 숨지고 만다. 이순신 장군이 전사한 이 전투를 마지막으로 7년간의 임진왜란은 막을 내렸다. 우리는 임진왜란의 마지막 대첩이자 이순신 장군의 마지막 전투를 노량대첩이라 하며 기리고 있다.

── 백성의 아픔과 한이 서려 있다

이처럼 순천왜성은 임진왜란의 치열한 마지막 격전지이며, 조선인을 끝까지 괴롭혔던 장소다. 개인적으로 순천왜성이 오늘날까지 남아 있다는 것이 잘 이해되지 않았다. 전쟁 이후 왜성을 허물어버릴 국력이 없었기에 방치한 것이 현재까지 이어진 것일까? 아니면 임진왜란의 참담함을 오래도록 기억하며, 다시는 그런 참담함을 겪지 않기 위해서일까? 이도 저도 아니라면 그냥 버려졌던 것일까?

정확히는 모르겠지만, 전쟁 직후 조선은 왜성을 허물어버릴 국력이 없었고, 이후에는 사람들에게 버려진 땅이 되지 않았을까 추측해본다. 전설에 따르면 순천왜성에서 죽은 왜귀(왜군 귀신)들의 울부짖는 소리로 사람들이 한날한시도 제대로 된 삶을 살 수 없었다고 한다. 밤마다 울부짖는 왜귀 때문에 전쟁이 끝난 이후에도 마음 편히 지내지 못하던 순천 백성들은 마지막 방편으로 왜성 맞은편에 이순신 장군을 모시는 사당을 세웠다. 이순신 장군을 모신 충무사가 들어서자 기세 등등하던 왜귀들이 순식간에 사라져버렸다는 내용에서 백성들에게 순천왜성은 다시는 떠올리기도 싫은 참혹한 장소로 기억되었음을 짐작할 수 있다. 결국 순천 지역민들에게 왜성은 고개를 돌려 바라보기도 싫을 정도로 기피하는 땅이 된 것은 아니었을까 생각해본다.

하지만 순천왜성은 1500~1600년대의 일본 건축을 살펴볼 수 있는 중요한 역사적 장소다. 그래서 조선과 일본의 축성 방식과 군대 운영 방식의 차이점을 통해 임진왜란 당시를 재현해볼 수 있게 도와준다. 기초공사로 토대를 닦고, 그 위에 성벽을 쌓는 조선의 방식과는 달리 일본은 기초공사 없이 커다란 돌로 성벽을 쌓아 올린다. 그만큼 성을 쌓는 공사 기간이 짧아, 임진왜란 당시 왜군은 3개월 만에 순천왜성을 완공하며 이곳을 전쟁의 전진기지이자 방어기지로 활용할 수 있었다. 물론 여기에는 왜군에 포로로 잡힌 수많은 조선 백성들의 강제 노역이 있었음을 잊지 말아야 한다. 현재 남아 있는 성벽을 보고 있자니 왜군에게 끌려와 심한 매질을 당하며 성을 쌓았을 선조들의 모습이 떠올라 가슴이 아파왔다.

빠른 시간 내에 축성이 가능했던 왜성

—— 이순신 장군의 염원이 이루어지다

임진왜란 내내 수많은 조선인을 해치고 노략질을 일삼던 왜군이
자신들만은 살아야겠다며 꼼수를 부리고 있는 순천왜성을 이순신 장
군은 어떤 눈길로 바라봤을까? 이순신 장군은 도요토미 히데요시가
죽어 잠시 물러날 뿐, 왜의 정치가 안정되면 다시 조선을 침략할 것이
라 판단했다. 지금 왜군을 순순히 돌려보내면 분명 그들은 더 많은 왜
군을 이끌고 올 것이라 예상했던 이순신 장군은 한 명의 왜군도 절대
살려 보낼 수 없었다. 그러나 조선의 왕과 관료들은 전쟁을 멈추고 왜
군을 돌려보내고자 했다. 오히려 끝까지 싸우려는 이순신 장군을 다
른 눈으로 바라보며 경계하고 의심했다.

이순신 장군의 충심과 백성을 생각하는 마음은 전장에서 함께한
병사들만이 알고 있었다. 왜군이 물러날 수 있도록 경계를 풀라는 명

전
라
도

먼바다까지 감시할 수 있었던 사령대

령이 내려올 때마다 이순신 장군은 왕의 명령을 따르지 않아 삼도수
군통제사에서 내쫓겼던 일이 떠올랐다. 그로 인해 생사고락을 함께했
던 수많은 부하를 칠전량에서 잃어야 했던 아픈 기억이 이순신 장군
을 힘들게 했다. 또다시 자신을 믿고 따르는 병사들을 죽음으로 내모
는 것은 아닌지 이순신 장군은 심히 두려워하고 괴로워했다. 그러나
이순신 장군은 다시는 왜가 조선을 침략하지 못하도록 왜군을 섬멸하
는 것을 선택하고 자신의 목숨을 걸었다. 나는 이순신 장군의 선택이
임진왜란 이후 300년 동안 일본이 조선을 침략하지 못하도록 만들었
다고 생각한다. 도요토미 히데요시의 허황된 꿈이 한국을 정벌하겠다
는 정한론을 만들었다면, 이순신 장군의 노량대첩은 일본의 침략 의
욕을 300년 동안 막아낸 것이다. 이는 지금의 우리에게 진정한 자주
가 무엇인지 가르쳐주고 있다.

순천왜성을 방문하면 꼭 사령대에 올라가 산업단지를 내려다보기를 권하고 싶다. 왜가 그렇게 갖고 싶어 하던 이곳에 대규모의 산업단지가 조성되어 대한민국의 경제를 책임지고 있는 모습을 볼 수 있다. 산업단지를 내려다보고 있으면, 수많은 어려움을 이겨내고 세계 속의 대한민국으로 우뚝 서게 했던 우리 선조들에게 감사함을 느끼게 된다.

　　순천왜성은 단순히 왜성의 구조만 보여주는 것이 아니라, 내가 이순신 장군이 되어 임진왜란을 느껴볼 수 있도록 도와주었다. 잘못은 반성하지 않은 채 살길만 찾던 왜를 이순신 장군이 왜 그냥 보내줄 수 없었는지도 알게 해준다. 그러나 당시 집권층이 왜에 강제 노역을 당하며 죽음으로 내몰렸던 백성을 버리고, 권력을 지키는 데만 급급했던 역사도 떠오르게 하며 오늘을 다시 되짚어보게 한다.

선조들이 사랑했던 아름다운 공간

광한루

── 누구와 있어도 행복을 주는 곳

우리는 살면서 많은 이야기를 책과 영상 매체를 통해서 접하게 된다. 최근에는 우리나라의 전통 작품보다는 서구의 작품을 접하는 경우가 많지만, 과거에는 우리 땅을 배경으로 우리의 정서가 반영된 이야기를 더 많이 접했다. 그중에서도 가장 많이 들었던 이야기가 『춘향전』이다. 어릴 때는 춘향이와 이도령의 변치 않는 사랑을 보면서 아름다운 사랑을 꿈꾸는 이들도 많았다. 1950년대부터 『춘향전』을 배경으로 시작된 춘향선발대회는 스타등용문으로 많은 이들의 눈길을 끌었던 미인대회다.

이처럼 우리나라를 대표하는 『춘향전』의 배경이 되는 장소가 남원 광한루다. 역사적으로도 남원에 있는 광한루는 사랑을 나누기 좋은 배경으로 사용되었다. 광한루의 첫 번째 이름은 광통루로 우리에게 명재상으로 널리 알려진 황희 정승이 1419년 남원으로 유배 오면서 사용되었다. 이후 한글 창제에 참여해 『용비어천가』를 지었던 정인지는 달나라 미인 항아가 살고 있는 광한청허부가 이 세상에 존재한다면 광통루처럼 아름다울 것이라며 이름을 광한루라 고쳐 불렀다.

이후 커다란 누각만 있던 광한루가 사랑의 의미를 담게 된 것은 선조 시절 남원부사 장의국이 연못을 만들고 사랑의 다리인 오작교를 설치하면서부터다. 장의국은 광한루 앞에 동서 100m, 남북 59m에 이르는 거대한 연못에 견우와 직녀가 1년에 한 번 만난다는 전설의 오작교를 설치했다. 아마도 장의국은 감수성이 풍부했거나, 슬픈 사랑의 기억을 가지고 있었나 보다. 견우와 직녀의 슬픈 사랑 이야기가 서려 있는 오작교가 만들어지면서 훗날 광한루는 사랑 이야기를 담은 『춘향전』의 배경이 된다.

이후 남원에는 문학적 감수성이 풍부하고 뛰어났던 인물들이 많이 찾아왔다. 그중에서도 선조 때 정여립 모반사건을 맡아 무고한 많은 사람을 죽였지만, 〈관동별곡〉과 같은 훌륭한 문학작품을 남긴 정철이 있다. 정철은 광한루를 증축하면서 『사기열전』에 나오는 신선이 살고 있다는 삼신산을 광한루 연못에 재현해놓았다. 예부터 삼신산이란 진시황이 신하들에게 불로장생약을 구해 오라며 보낸 산으로 알려져왔다. 우리나라에서는 금강산을 봉래산, 지리산을 방장산, 한라산을 영주산으로 생각하고 삼신산이라 불렀다.

이런 배경으로 봤을 때, 광한루는 달나라의 궁전이고 오작교가

다양한 건축양식을 접할 수 있는 광한루. 연못에 비친 모습이 더욱 아름답다.

있는 연못은 은하수가 된다. 정철은 하늘과 땅 모두를 담은 광한루에 머물면서 신선과 같은 삶을 살기를 원했을지도 모르겠다. 비단 정철 만이 아니라 아름다운 자연환경을 갖춘 남원에 부임하는 모든 관리들 도 똑같은 생각을 가졌다. 넓은 평야가 있어 풍요로운 생활을 할 수 있 는 남원에서 복잡한 인간사를 떠나 신선이 되고자 했던 것은 어찌 보 면 당연한 일이었다.

그래서 정유재란 당시 광한루가 불에 타서 소실되자 많은 이들이 안타까워하고 슬퍼했다. 광한루의 아름다운 풍경을 다시 보고 싶은 사람들의 바람은 사그라지지 않고 계속 이어져, 임진왜란이 끝나고 얼마 되지 않은 1607년 광한루터에 작은 누각을 세웠다. 그리고 인조 시절인 1626년에는 남원부사 신감이 광한루를 복원했다. 이후에도 광한루의 중축은 계속 이루어졌다. 1794년에는 삼신산을 표현한 영주섬에 영주각이라는 정자를 세웠고, 1964년에는 방장섬에 방장정을 만들면서 오늘날의 광한루가 되었다.

예부터 많은 사랑을 받아온 광한루는 자연의 화려한 풍경과 인간의 삶이 잘 어우러져 있다. 광한루를 비롯해 연못 주변의 작은 숲과 꽃 그리고 대나무들은 한 공간에 있으면서도 각기 다른 공간에 존재하는 것처럼 느껴진다. 특히 삼신산에 있는 정각들은 멀리서는 광한루를 구성하는 일부지만, 그 안으로 들어가면 광한루가 아닌 다른 공간을 연출해내며 색다른 아름다움을 제공한다.

── 남원의 보물을 품다

나는 광한루의 아름다운 풍경만으로도 시간 가는 줄 모르고 망중한을 즐길 수 있었지만, 딸들은 비슷비슷한 풍경에 식상해하며 시원하고 놀 거리가 있는 곳으로 가자고 보챘다. 그래서 연못 옆에서 팔고 있는 잉어 먹이를 사서 아이들에게 건네주고서야 비로소 온 가족이 행복한 시간을 보낼 수 있었다. 연못에는 수많은 물고기들이 살고 있는데 그중에는 사람의 얼굴과 비슷한 모습을 한 인면어가 있다. 아이들과 인면어를 찾는 놀이를 하며 한동안 시간 가는 줄 몰랐다.

연못 옆에는 일명 널병바위, 다른 이름으로는 넓은 바위라 불리는 바위가 있다. 남원성 동문 앞에 있던 바위를 이곳에 옮겨다 놓은 것인데 전설에 의하면 옛날에 한 장수가 짊어다 놓은 것이라고 한다. 널병바위에는 수십 개의 성혈(性穴)이 있는데 고고학적으로 매우 의미가 있다. 성혈이란 선사시대부터 근대에 이르는 동안 수많은 사람들에 의해 만들어진 구멍이다. 성혈이 만들어진 정확한 연대를 알 수는 없

남원에 흩어져 있던 비석을 모아둔 광한루

지만, 시대마다 특별한 의미가 담겨 있다. 일반적으로 성혈은 주로 고인돌 덮개돌에 만들어졌는데, 바위 구멍이 태양이나 알 그리고 여자의 성기를 의미하면서 다산과 풍요를 상징하는 것으로 알려져 있다. 이곳에 있는 널병바위의 성혈도 오랜 세월 행복한 삶을 영위하고자 했던 남원 지역 사람들의 염원이 담겨 있을 것이다.

　이러한 염원을 받아 훌륭한 정치를 했던 많은 관료의 공덕비가 광한루 한쪽에 세워져 있다. 원래부터 이곳에 비석들이 자리한 것은 아니었다. 여기에 있는 비석들은 남원이 도시화되는 과정에서 사라지고 훼손되자 보존하기 위해 광한루에 모아둔 것이다. 모든 것은 원래 있던 자리에 두고 보존하는 것이 제일 좋겠지만, 현실적으로 불가능하다면 광한루의 널병바위와 공덕비처럼 한곳에 모아두는 것도 괜찮은 방법일 수 있다. 그러나 옛것이 사라져가는 현실에 씁쓸한 마음은 감출 수가 없었다.

5
장.

광한루에는 춘향 사당과 『춘향전』의 내용을 한눈에 볼 수 있는 춘향관도 위치하고 있다. 춘향관에 있는 박남재 화백의 유화 9점을 통해 『춘향전』의 내용을 한눈에 볼 수 있을 뿐 아니라, 옛 『춘향전』 고서와 서화류도 감상할 수 있었다. 춘향관을 나와서는 아이들이 직접 체험하고 느낄 수 있는 월매집으로 향했다.

월매집은 더위를 이겨내기 위해 바람이 잘 통하도록 일자형으로 지은 남부 지방 가옥의 특징이 잘 드러나 있었다. 그중에서도 유독 화장실이 눈에 띄었다. 여기 있는 화장실처럼 아빠도 어린 시절 재래식 화장실을 사용했다는 사실을 알려주고 싶었다. 내가 어릴 때만 해도 화장실이 집 밖에 있는 것이 당연했지만, 요즘 아이들은 화장실이 집 밖에 있다는 것을 상상도 하지 못하기 때문이다. 그런데 진짜 사용하는 재래식 화장실이어서 혹시라도 불결하거나 냄새가 나면 어쩌나 걱정이 되었다. 그것도 추억이 될 수 있겠다고 생각하며 문을 여는 순간, 우리 가족 모두가 쥐와 눈을 마주쳐 소스라치게 놀랐다. 뛰는 가슴을 진정시키며 아무렇지도 않은 척 아이들을 데리고 다른 장소로 이동하면서, 괜히 화장실 문을 열어서 아이들을 놀라게 한 건 아닌가 하는 미안함이 밀려왔다. 그래도 광한루에 설치되어 있는 전통 그네를 타고 곤장과 칼을 찰 수 있는 체험을 하면서 쥐를 맞닥뜨렸던 일을 금세 잊어버리고 재미있는 시간을 보낼 수 있었다.

나중에 아이들이 성장해 품에서 떠나게 되면 아내와 날이 어두워지는 저녁에 오작교를 다시 방문해야겠다. 영원히 변치 않는 사랑을 뜻하는 오작교 위에서 광한루의 멋진 야경을 보며 데이트를 해야겠

위 | 『춘향전』과 관련된 자료를 모아놓은 춘향관
아래 | 남부 지방 가옥의 특징을 살필 수 있는 월매집

다. 비록 이몽룡과 춘향이가 될 수는 없겠지만, 수십 년을 함께한 사람에게 감사와 사랑의 마음을 꽃에 담아 선물해야겠다. 그날은 과연 언제쯤일까?

기록의 소중함을 느끼게 해주는 곳

전주사고

—— 경기전보다 더 가치 있는 전주사고

우리가 가장 많이 접하는 왕조의 역사는 조선이다. 우리는 어떻게 조선 500여 년의 역사를 이토록 자세히 알 수 있을까? 이는 조선이 기록을 매우 중요하게 생각해 고증과 논의를 거쳐 모든 순간을 『조선왕조실록』에 담아두었기 때문이다. 그러나 임진왜란 시기에 소중한 『조선왕조실록』 모두를 잃어버릴 뻔했다. 만약 당시 경기전 내에 위치한 전주사고에 있던 『조선왕조실록』을 지켜내지 못했다면 우리는 조선을 배경으로 하는 영화나 드라마를 보지 못했을 수도 있다.

전주사고는 전주 한옥마을의 중심에 있는 태조의 어진을 보관한 경기전에 있다. 전주 이씨의 시작점이라고 할 수 있는 경기전은 몇 개

『조선왕조실록』을 보관하던 장소임을 알려주는 비석

남지 않은 조선 왕들의 초상화인 어진을 볼 수 있다는 점에서 큰 의미가 있다. 하지만 나는 오히려 경기전 내에 있는 전주사고가 더 눈에 들어왔다. 전주사고에 있던 『조선왕조실록』을 지켜내기 위한 선조들의 노고에 감사함이 느껴졌기 때문이다.

조선은 『조선왕조실록』을 보관하기 위해 서울의 춘추관 외에 충주, 전주, 성주 3곳에 문고를 보관하는 건물인 사고(史庫)를 세웠다. 전주사고는 1445년(세종 27년)부터 실록각 건립을 위해 노력을 기울였으나, 흉작 등으로 기금을 마련하기 어려워 성종 때인 1472년 양성지를 봉안사로 삼은 뒤에야 공사에 착수할 수 있었다. 그로부터 1년 뒤인 1473년에 전주사고가 완성되어 실록을 봉안하기 시작했다.

── 조선의 역사를 지키다

이후 전주사고는 1592년 임진왜란이 일어나기까지 조선왕조의 기록을 보관하며 2~4년에 한 번 봄과 가을에 서책을 꺼내 말리며 실록 관리에 정성을 다했다. 하지만 왜군이 충남 금산까지 내려오자 이제는 서책 관리가 문제가 아니라 온전하게 지켜낼 수 있는지가 관건이 되었다. 이미 춘추관(조선시대 시정의 기록을 관장하던 관청)과 충주사고, 성주사고는 왜군에 의해 모두 불에 타버려서 전국에 남아 있는 사고는 전주사고밖에 없었기 때문이다.

권력과 부를 가진 사람보다 대다수의 평범한 민중이 우리나라를 지켜온 역사가 이때도 어김없이 나타났다. 왜군이 지척에 있다는 소식에 높은 관리들은 모두 도망쳤지만, 오늘날 공무원 9급 정도에 해당하는 종9품의 경기전 참봉 오희길은 자신의 책무를 다하기 위해 끝까지 남았다. 그러나 혼자서는 태조의 영정과 13대 임금의 기록이 담긴 총 805권 614책 및 다른 책을 옮길 수가 없어 고심에 빠졌다.

고민 끝에 오희길은 인근에 높은 덕망으로 존경받던 손홍록을 찾아가 전주사고에 보관된 책을 왜군으로부터 지켜달라고 부탁했다. 손홍록은 오희길의 이야기를 듣자마자 깊은 공감을 표하며 친구인 안의와 조카 손숭경을 불러 도움을 요청하고, 하인 30여 명을 데리고 전주사고로 향했다. 그리고 전주사고에 있는 수많은 서적을 말과 나귀에 싣고 내장산의 은봉암으로 가져가 숨겨두었다. 이후 만에 하나라도 왜군에게 발각될 것을 우려해 태조의 어용(御容)만 따로 비례암으로 옮겨 서책이 모두 소실되는 것을 막고자 했다. 다행히 충남 금산에서 조헌과 700여 명의 의병이 왜군을 막아내면서 전주사고의 서책들

전라도

259

은 1년 가까이 내장산에서 안전하게 보관될 수 있었다.

이후 조정은 전주사고의 서책들이 안전하게 보관되어 있다는 소식에 바닷길을 이용해 내장산에서 영변 묘향산 보현사로 옮겨 국가적 차원에서 관리했다. 임진왜란이 끝나자 조선 조정은 1603년 서책을 강화도로 옮겨 전주사고본을 토대로 5개의 실록을 새로이 만들어 강화, 묘향산, 태백산, 오대산, 춘추관 전국 5곳에 보관했다. 그리고 임진왜란 당시 대부분의 관료들이 사고를 지키지 않고 도망친 점을 감안해, 사고 주변에 있는 사찰을 선정해 그곳의 승려들이 사고를 지킬 수 있도록 했다.

그러나 임진왜란 이후 만들어진 사고들도 현재까지 모두 남아 있지 않다. 서울 춘추관에 있던 실록은 이괄의 난과 병자호란 때 불타버렸고, 오대산에 보관하던 실록은 일제가 동경제국대학으로 1910년에 가져갔다가 관동대지진 때 모두 소실되어버렸다.

현재 남은 2개의 사고 중 묘향산에 있던 사고는 전라도 무주를 거쳐 구황실 문고에 따로 보관했으나 6·25 전쟁 때 북한에 빼앗겼다. 남한에 있는 것은 강화도 정족산과 태백산에 있던 실록을 합친 것으로, 조선총독부 학무과에서 보관하고 있다가 현재는 서울대학교 도서관에서 보관하고 있다.

이러한 과정을 보았을 때 『조선왕조실록』이 현재까지 보관되고 있는 것은 역사와 전통을 중요하게 생각하는 선조들의 노력이 있었기에 가능한 일이었다. 이는 다른 국가에서는 상상도 할 수 없는 기적과도 같은 일로 『조선왕조실록』과 더불어 전주사고는 우리의 자랑스러운 문화유산이자 역사 그 자체다.

5
장.

최근에 복원되어 박물관으로 활용되고 있는 전주사고

─── 보이는 것이 전부가 아니다

소중하고 값진 전주사고지만, 막상 눈앞에 마주하게 되면 어쩐지 실망스럽다. 너무나도 작은 규모의 2층 건물인 사고를 보면서 어떻게 이 좁은 공간에 그 많은 책을 보관할 수 있었을까 하는 의구심이 든다. 그럴 수밖에 없는 것이 전주사고는 조선 왕조 500여 년의 역사를 기록한 『조선왕조실록』 전체를 보관하지 않았다. 전주사고에는 임진왜란이 일어나기 전인 13대 임금의 실록만이 보관되어 있었다.

또한 현재의 시선에서 바라봐서도 안 된다. 오늘날 도서관의 규모와 비교한다면 초라하고 보잘것없어 보일지 모르겠지만, 조선시대의 눈으로 본다면 전주사고는 정말 많은 책으로 가득 채워진 대규모의 도서관이었을 것이다. 마지막으로 현재 존재하고 있는 전주사고는 정유재란 당시 불에 타버려 1991년에 복원된 건물이다. 조선 후기에

전
라
도

세워진 다른 사고들과 비교해본다면 전주사고는 지금보다 훨씬 더 컸을지도 모른다.

현재 복원된 전주사고는 고증에 충실하게 만들어져, 땅의 습기와 침수 그리고 각종 해충으로부터 책을 안전하게 보존하기 위해 1층은 비워두고 2층에 책을 보관하는 형태를 갖추고 있다. 2층에 올라가면 『조선왕조실록』이 존재하지 않지만, 『조선왕조실록』에 대한 용어 및 제작과정, 보관방법 등이 자세하게 설명되어 있다. 특히 손홍록이 실록을 싣고 옮겨 가는 모습을 조형물로 만들어두어 『조선왕조실록』이 오늘날까지 어떻게 보존될 수 있었는지를 알려준다. 『조선왕조실록』에 대한 자세한 설명이 적혀 있어, 설명문을 읽다 보면 시간이 어떻게 흘러가는지도 모를 정도로 빠르게 지나간다. 아이들도 그림과 모형을 통해 실록의 역사와 이를 지키기 위해 노력한 인물들과 과정을 충분히 느낄 수 있도록 마련해놓았다.

경기전에 방문했다면 꼭 전주사고를 둘러보기를 권하고 싶다. 역사와 기록을 중히 여기는 민족은 지금까지 맥이 끊긴 적이 없다. 그러나 자신의 역사를 모르는 자들은 나라를 잃어버렸다. 우리가 자랑스러운 대한민국 국민으로 살아갈 수 있도록 역사를 알려주는 데 큰 공헌을 했던 전주사고는 필히 방문하고 기억해야 할 장소다.

모두가 좋아하는 김을 최초로 양식하다

광양 김시식지

── 광양과 김을 연결하다

우리나라 효자 수출 품목 중의 하나가 김이다. 우리나라에서 먹거리로는 두 번째로 많이 수출하고 있으며, 중국인과 일본인 관광객이 한국을 방문하면 빼놓지 않고 구매해 가는 것도 바로 김이다. 이처럼 김은 한국인뿐만 아니라 일본인을 비롯한 세계의 많은 사람들이 좋아하는 식품이다. 우리는 마땅한 반찬이 없을 때 김만 있어도 밥 한 그릇을 뚝딱 해치울 수 있다. 이렇게 사랑받는 김은 언제 어디서 양식되기 시작했을까?

김으로 유명한 광천을 비롯한 많은 지역이 청정지역을 강조하며 저마다 김의 상품성을 강조하다 보니 김을 최초로 양식한 장소를 엉

김의 역사를 담아놓은 김역사관

뚱한 곳으로 알고 있는 사람이 많다. 그래서 우리나라 최초로 김을 양식한 지역이 전라도 광양이라고 하면 많은 이들이 믿지 않는다. 그럴 만도 한 것이 오늘날 광양을 떠올리면 광양제철소와 불고기가 가장 먼저 떠오르기 때문이다. 김이 생산되지 않는 상황에서 광양을 최초의 김 양식장이 있던 곳으로 생각하는 게 오히려 이상할 수도 있다.

그러나 불과 얼마 전까지만 해도 광양은 전국적으로 질 좋은 김을 양식하기로 유명한 지역이었다. 여기에는 전국 최초로 김을 양식하기 시작한 장소가 광양이라는 역사도 한몫한다. 그래서일까? 광양 태인동에 가면 김을 최초로 양식한 김여익(1606~1660)을 모시는 사당과 함께 김역사관이 자리한 김시식지가 있다. 이곳에는 문화해설사가 상주하며, 찾아오는 방문객에게 김의 역사와 가치를 알리는 데 힘을 쏟고 있다. 하지만 정작 이곳을 찾아오는 이는 많지 않다.

─── 김 양식에 성공한 김여익

　김을 처음으로 양식하게 된 시기는 생각보다 오래되지 않았다. 병자호란 당시 전라도 영암에 김여익이라는 양반이 살고 있었다. 1636년 병자호란이 발발하고 인조가 남한산성에 갇혀 항전한다는 소식이 전라도 영암까지 들려왔다. 평소 충의를 목숨처럼 소중히 여기던 김여익은 인조를 구하기 위해 의병을 일으켜 남한산성을 향해 올라갔다. 그러나 인조가 45일 만에 항전을 포기하고 청에 항복해버렸다. 김여익은 당시 청주 지역을 지나고 있어 실질적으로 나라를 위해 아무것도 하지 못했다. 이후 김여익은 자신이 좀 더 빨리 의병을 일으켜 남한산성으로 갔다면 삼전도의 굴욕을 당하지 않았을 거라는 죄책감에 힘들어했다. 김여익은 아무것도 하지 못한 채 고향으로 돌아갈 수 없어 자신을 아무도 알아보지 못하는 보성에서 3년을 머물렀다.

　녹차로 유명한 보성은 많은 사람이 왕래하던 지역이어서, 김여익은 이곳에서 아는 사람을 만날까 두려웠다. 결국 그의 나이 35살이 되던 해에 사람들의 이목을 피해 광양 인근의 작은 섬이었던 태인도로 숨어들었다. 해안선이 10km에 불과한 작은 섬에서 김여익은 특별히 할 일이 없었다. 그저 해안가에 앉아 하염없이 시간을 죽이며 스스로를 자책하고만 있었다.

　그러던 어느 날 김여익은 바다 위를 떠다니는 나무에 김이 붙어 있는 것을 발견했다. 김여익이 섬 어부들에게 무엇인지 물어보니 '해의(海衣: 김의 한자식 표현)'로 맛은 뛰어나지만, 수확할 수 있는 양이 적어서 버려둔다는 답변을 들었다. 은둔만 하기에는 너무 젊었던 35살의 김여익은 맛있는 김을 양식하면 어민들의 삶에 큰 도움이 되리라 생각했다. 다음 날 김여익은 밤나무 가지를 썰물로 바닷물이 빠진 애기섬에 꽂아두었다. 그러기를 여러 해, 수많은 시행착오 끝에 드디어 김을 양식할 방법을 터득하게 되었다. 김여익은 김 양식법을 혼자 독차지하지 않고 인근 어민들에게 알려주었다. 그 덕분에 광양에서 많은 양의 김이 생산되었고, 여기에 김을 건조하는 방법까지 고안되면서 전국적으로 김을 널리 보급할 수 있게 되었다.

김 양식하는 방법을 알게 된 태인도 사람들은 이제 배를 타고 먼 바다로 나가 고기를 잡지 않아도 되었다. 김여익이 알려준 방법대로 김을 양식해 인근 하동장(하동의 시장)에 팔았다. 김이 맛있고 영양가도 높다는 사실이 널리 알려지자 김은 광양의 새로운 특산물이 되었다. 조선시대에는 지역의 특산물을 세금으로 납부하는 공납이란 제도가 있었다. 광양의 새로운 특산물이자 대명사가 된 김은 곧 공납의 대상이 되어 왕에게 진상되었다.

왕은 처음 보는 김의 모습에 호기심을 가지고 맛보았다. 김이 입에 들어가는 순간, 고소함이 입안에 맴돌았다. 이후 왕은 김의 고소한 맛에서 헤어 나올 수 없었다. 왕은 이처럼 맛있는 음식의 이름이 무엇인지 너무도 궁금해 신하들에게 물어봤으나 어느 누구도 알지 못했다. 왕이 재차 물으니 한 신하가 "광양에 사는 김가가 만들기 시작해 남도 지역에서는 누구나 다 좋아하는 특산물이 되었습니다."라고 답변했다. 왕은 대답을 듣고 깊은 고민 끝에 "음식에 이름이 없어서는 아니 된다. 김가가 만들었으니 김씨의 성을 따서 앞으로는 김이라 부르도록 해라."라고 했다. 이로써 해의, 감태, 감곽 등 여러 이름으로 불리던 해초는 김으로 이름이 통일되었다.

사실 김여익이 처음으로 김 양식에 성공했다는 이야기 외에도 김 양식의 시작에 대한 두 가지 설이 더 있다. 그중 하나는 경남 하동 지방의 한 노파가 하천에 떠내려오는 나무토막에 김이 붙어 있는 것에 착안해, 인근에 있는 나무를 물속에 넣어 김 양식을 위해 노력한 결과 성공했다는 이야기다. 또 다른 이야기는 조선 후기에 관찰사가 남도 지방을 돌아다니며 백성들의 삶을 살피던 중, 한 수행원이 어민들에게 김 양식을 가르쳐주었다는 설이다.

김 양식에 관한 세 가지의 이야기 중 근거가 남아 있고 신빙성이 가장 높은 것은 아무래도 김여익이 태인도에서 양식했다는 것이다. 한 예로 1714년 숙종 때 광양 현감을 지냈던 허심이 김 양식에 성공한 김여익을 위해 직접 비문을 작성해 묘비를 세웠다는 기록이 김해 김 씨 족보에 '시식해의(始殖海衣)'와 '우발해의(又發海衣)'라고 남아 있다.

어떤 이야기가 사실이든 남도 지방에서 김 양식이 처음으로 이루어진 것은 사실인 듯하다. 특히 광양 태인도는 김 양식으로 주민들이 큰돈을 벌었다고 한다. 물론 태인도로 시집온 여인들은 김 양식의 고된 노동으로 몸은 매우 힘들었지만, 자식들 공부시키는 데 필요한 돈은 걱정할 필요가 없었다고 한다. 그러나 이런 역사도 나이가 있는 분들을 제외하고는 잊어가고 있다. 1982년부터 태인도를 비롯한 11개의 섬이 폭파되고, 그 자리에 광양제철소가 들어섰기 때문이다. 그로 인해 배를 타야 뭍으로 나갈 수 있던 섬들은 이제는 내륙이 되었다. 태인도에서 태인동으로 지명이 변하는 동안 현지의 많은 주민이 섬을 떠나갔고, 남아 있는 사람들의 직업은 바뀌었다. 이제는 김시식지만

최초로 김을 양식한 김여익을 모셔놓은 사당

이 남아 이곳이 예전에 섬이었고, 김 양식과 어업으로 생계를 꾸려나
갔음을 알려주고 있다. 수십 년 전까지만 해도 바다였을 김시식지 앞
의 논을 보고 있자니 상전벽해(桑田碧海, 뽕나무 밭이 변해 푸른 바다가 된
다는 뜻으로, 세상일의 변천이 심하다는 말)라는 말이 이런 것이구나 싶다.

　김시식지에는 김여익의 위패를 모셔놓은 사당인 인호사와 김을
양식했다는 기록이 남아 있는 비문이 영모재에 보관되어 있다. 인호
사는 문이 잠겨 있고 영모재는 우리가 직접 읽고 내용을 이해하기가
쉽지 않다. 그래서 김과 김 시식지에 대해 잘 알기 위해서는 김역사관
을 들어가볼 것을 추천하고 싶다. 물론 김역사관에 많은 유물과 기록
이 전시되어 있지는 않기에 혼자서 역사관을 둘러보면 실망할 수도
있다. 꼭 김시식지에 있는 문화해설사에게 설명을 해달라고 부탁해야
한다. 역사관에 있는 자료보다 김에 대한 풍부한 이야기를 더 많이 들

김 양식을 했다는 기록이 남아 있는 비문

을 수 있을 것이다.

방문한 지 몇 년이 지난 지금도 그때 해설사의 말이 떠오른다. 맞벌이로 두 딸에게 제대로 된 음식을 해주지 못해 늘 미안해하던 우리 부부에게 "애들 김에 싸서 밥 먹인 거 미안해하고 있죠? 근데 미안해하지 않아도 돼요. 김은 영양가가 매우 높을 뿐 아니라, 다른 음식에서 섭취하기 어려운 영양분이 많으니 오히려 잘하신 거예요."라고 말해주었다. 해설사가 설명해준 김의 효능이 지금은 잘 기억나지 않지만, 마음속에 늘 얹혀 있던 아이들에 대한 미안함이 많이 해소되었던 기억이 떠오른다.

군산

국내 유일의 일본식 사찰

동국사

── 동국사가 세워진 배경

군산에는 국내에 유일하게 남아 있는 일본식 사찰이 있다. 1909년 일본인 승려 우치다에 의해 창건된 동국사가 바로 그 주인공이다. 동국사는 일제강점기 시절 한국을 지배하기 위한 목적으로 세워진 사찰이지만, 대한민국에 남아 있는 유일한 일본식 사찰이기에 가치가 높다. 특히 광복을 맞이하면서 김남곡 스님이 금강선사라는 일본 이름을 '우리나라 사찰'이라는 뜻의 동국사(東國寺)로 바꾸었기에 의미가 더욱 크다.

동국사에 들어서자 제일 먼저 눈에 들어온 것은 경사가 급한 지붕으로 만들어진 일본식 대웅전이었다. 한국의 사찰과 너무나 다른

5
장.

270

지붕의 경사가 급한 대웅전

이질적인 모습에 순간 나도 모르게 멈칫했다. 장식 없는 처마와 대웅전 외벽의 수많은 창문은 동국사가 일본식으로 지어진 사찰임을 여실히 보여주고 있었다. 분명 일본식 사찰의 형태라는 것을 알고 왔는데도 너무 낯선 모습에 놀라는 마음은 어찌할 수 없었다. 그래서인지 동국사를 관람하는 내내 군산이 아닌 일본을 방문한 듯한 느낌이 오래도록 지속되었다.

일본 불교가 우리나라에 들어온 시점은 1876년 강화도조약을 체결하고 1년 뒤인 1877년부터다. 일본 정부가 조선에 거주하는 일본인을 위해 일본 불교가 들어올 수 있도록 요청하면서 부산을 시작으로 국내에 유입되었다. 이후 일제의 침략이 가속화될수록 전국 각지에 일본식 사찰이 많이 세워졌다. 마치 유럽이 십자가를 앞에 내세우고 다른 국가를 침략해 식민지로 삼았던 모습을 답습하듯이 말이다.

일제가 식민지 침략에 불교를 앞장세운 배경에는 조선과 일본이 1,400년이 넘는 시간 동안 부처님을 믿었다는 공통점이 있었다. 일제는 불교를 이용해 한국인에게 친숙하고 좋은 이미지를 보여주려 했으나, 실질적으로는 한국 불교의 교단을 장악해 식민통치의 도구로 활용하려는 무서운 계략이 숨어 있었다. 특히 쌀을 수탈해 일본으로 실어나가는 항구 역할을 하던 군산에서 일본 사찰은 꼭 필요한 식민통치 기구였다.

1904년 군산에 위치한 일본인 거주지에 포교소 형태로 문을 연 일본 불교는 한일 강제 병합이 이루어진 후 교세를 크게 확장해나갔다. 특히 1911년에 조선총독부에 의해 발표된 사찰령은 일본 불교가 한국 불교를 흡수해 성장하는 데 날개를 달아주었다. 사찰령에 따르면 사찰의 병합, 이전, 폐사 및 명칭 변경을 하려면 조선총독부의 허가를 받아야 했다. 이 외에도 조선 총독이 주지 임명권을 가지고 불교 의식·인사·재정에 깊이 관여할 수 있었다. 그러다 보니 사찰령 발표 후 일본인 승려와 친일파 승려는 한국 불교의 교단을 흡수하면서 일본 불교를 조선 내에서 크게 확장해나갔다. 이 과정에서 군산의 포교소는 인근 지주였던 구마모토, 미야자키 등 29명에게 받은 시주로 현재 자리에 금강선사라는 사찰을 세울 수 있었다.

군산에 살던 일본인들은 금강선사를 건축하는 데 필요한 목재를 일본에서 직접 가져올 정도로 심혈을 기울였다. 그리고 군산의 일본인들은 완공된 금강선사를 보면서 조선이 일본의 영토가 되었다는 사실에 자부심을 가졌다. 더불어 한국인과 한반도를 짓밟고 얻은 자신들의 부와 권력이 영원하기를 기도했다.

그들이 기도를 드리며 행복했던 시간만큼 한국인의 고통은 나날이 커져만 갔다. 일제강점기 당시 소작인들은 수확량의 70~80%를 소작료로 지불했다. 예를 들어 200만 원을 벌었다면 그중 140만~160만 원을 일본 지주에게 납부했다고 이해하면 된다. 이처럼 동국사는 한국인에게서 강제로 수탈한 재물을 가지고 정성스럽게 세운 사찰이다. 아이러니하게도 100년이 넘는 세월이 흘렀지만 동국사는 어디 하나 손상되지 않고 오늘날까지도 굳건하게 서 있다.

—— 일본의 오만함을 누르다

동국사 내부로 들어가면 부처님을 모시는 법당 한 켠에 일제강점기의 모습을 보여주는 사진과 유물이 전시되어 있다. 그중 동국사 법당 내부에 걸려 있는 한 사진은 매우 불쾌감을 준다. 그 사진에는 일제강점기 시절 일본 스모 선수가 동국사에서 기생을 옆에 두고 술을 마시며 즐기는 모습이 담겨 있다. 사진 속 인물들이 한국인을 무시하고 우리의 문화를 조롱하며 즐거워했을 모습을 상상하니 속에서 화가 치솟아 오른다.

이처럼 일제강점기 시절의 동국사는 부처님을 모시는 경건한 사찰이 아니라 일본인들이 사치와 향락을 즐기던 타락한 장소였다. 지금처럼 사람의 마음을 어루만지며 평온함을 주는 사찰이 아니라, 조선을 식민지로 만들었다는 우월감으로 한국인을 멸시하던 곳이었다. 그리고 국내에 들어온 일본인의 행복이 영원히 지속되기를 바라며 기도하던 공간이었다.

일본인이 여러 종교 중에서도 불교를 믿고 소원을 빌었던 것은

위 | 스님들이 거주하는 요사
아래 | 국내에서 보기 어려운 일본식 동종

일본 역사에 기인한다. 과거 일본 불교는 에도막부 시절부터 권력자
들의 도구로 사용되었다. 에도막부는 일본인을 단가(불교 신자)로 등
록할 것을 강요한 뒤 인구를 파악하고 조세를 걷는 데 활용했다. 그 결
과 오늘날에도 일본인은 불교 신자가 아니더라도 절에 참배하거나 불

교식 장례를 치르고 있다. 이처럼 정부의 필요 아래 보호를 받으며 성장한 일본 불교는 현재 7만 5천 개의 사찰과 9천만 명의 신도를 보유하고 있다. 일본에서 불교는 없어서는 안 되는 꼭 필요한 종교로 성장했다. 이는 일제강점기 조선총독부에도 일본 불교가 조선을 지배하고 수탈하는 데 꼭 필요한 종교기관이었고, 그에 대한 대가로 일본 불교에 비호와 지원이 있었음을 짐작하게 한다.

하지만 역설적으로 한국 불교를 흡수 통합하려는 일제의 35년간의 노력이 실패했음을 보여주는 장소가 동국사다. 광복 이후 금강선사에서 동국사로 명칭을 변경하고 우리의 사찰로 만드는 과정을 통해우리의 얼과 정신은 일제의 어떠한 수단에도 절대 꺾이지 않음을 보여주었다. 동국사에는 일본식 건축물만 남아있을 뿐 현재는 대한불교조계종 산하의 고창 선운사 말사로 운영되고 있다. 이를 통해 일제와일본 불교의 잔재가 한국에 남아 있을 수 없다는 것을 모두에게 보여주고 있다. 이러한 사실을 모르고 과거 일제의 영광을 확인하러 동국사를 방문하는 일부 극우 일본인들은 이곳에서 어떤 생각을 할지 궁금해진다.

—— 일본식 동종과 시래기

또한 국내에서 유일하게 일본식 사찰을 볼 수 있다는 점에서 동국사가 가진 매력은 크다. 한 예로 동국사 내에 있는 동종은 일본의 다카하시 장인에 의해 주조된 것으로 우리나라의 범종과는 생긴 모습부터 소리가 울리는 방법까지 모두 다르다. 우리나라 범종의 경우 상단부분에 1마리의 용이 자리하고 있다. 용의 뒷부분을 자세히 살펴보면

왼쪽 | 항아리가 음통 역할을 하는 일본 동종
오른쪽 | 우리 민족의 모습을 보여주는 듯 건물 뒤편에 널린 시래기

공명(共鳴)과 관계되는 음통이 있다. 그리고 동종의 배 부분에는 우리에게 친숙한 당좌(종 치는 망치가 닿는 부분)와 비천상(천인이 날아다니는 형상) 등이 장식되어 있다. 반면 일본 범종은 종 상단에 2마리의 용이 자리하고 있으나 음통이 없다. 종의 본체도 당좌와 비천상 대신 단순한 선으로 장식되어 우리의 것과는 확연히 다른 모습을 보여준다. 일제강점기에 만들어진 동국사의 범종도 일본 동종의 형식에 따라 상부에 음통이 없다. 대신 종소리가 동종 아래에 위치한 항아리에서 맴돌면서 소리를 만들어낸다.

범종을 끼고 동국사 대웅전 뒤편으로 들어서자 재미와 의미를 함께 부여할 수 있는 모습이 보였다. 동국사가 있는 곳은 군산 시내임에도 불구하고 동국사 대웅전 뒤편은 대나무 숲으로 우거져 있어 이색적인 분위기를 자아냈다. 그러나 대나무보다 더 인상 깊었던 것은 건물 뒤편에 널어놓은 시래기였다. 일본식 건축물에 한국인의 토속적이고 서민적인 음식인 시래기가 매달려 있는 모습을 보면서 많은 생각이 떠올랐다. 시래기는 평범하고 특출나지 않지만 영양가가 높아 한국인이라면 누구나 좋아하는 우리의 음식이다. 동국사의 시래기가 우리 민족을 상징하는 것처럼 느껴졌다. 강한 바람과 매서운 추위를 맞을수록 더욱더 맛있어지고 영양이 풍부해지는 시래기는 모진 풍파를 겪으면서도 절대 꺾이지 않고 강인한 우리 민족과 무척이나 닮아 보였다.

우연의 일치인지는 모르겠지만, 동국사에서 바라본 시래기를 통해 일본의 억압을 이겨내고 그 위에 새로운 역사를 써 내려가는 우리를 보았다. 일제의 가혹한 만행을 잊지 않기 위해 일본식 사찰을 그대로 두면서도, 우리가 얼마나 저력 있는 민족인지를 보여주는 동국사는 특별한 의미를 가지고 있다. 동국사는 외형만 일본 사찰일 뿐, 박은식 선생이 강조하며 이야기하던 우리의 '얼(정신)'이 강하게 어려 있는 대한민국의 자랑스러운 사찰이다.

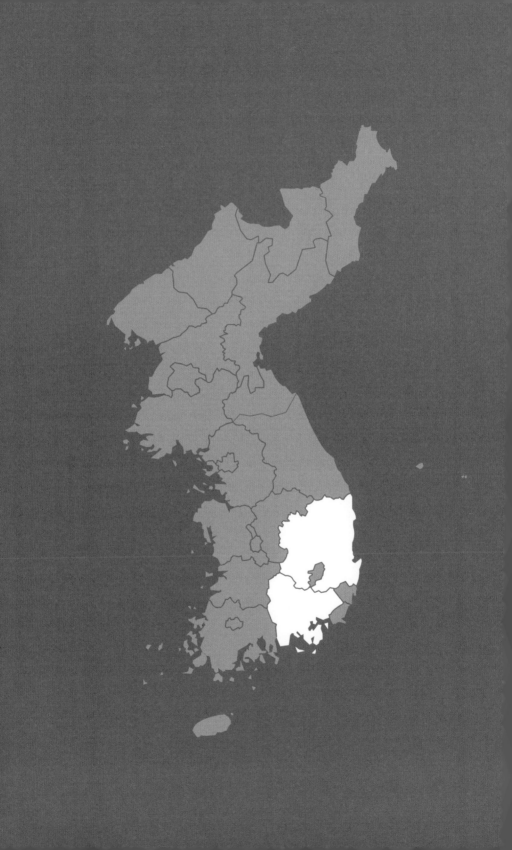

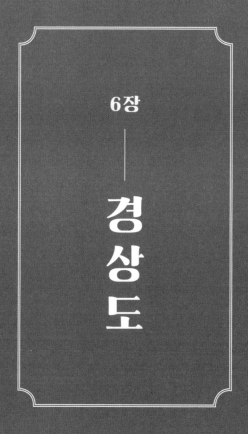

6장

—

경상도

'경상도 문둥이'라는 말을 들어봤을 것이다. 경상도 문둥이는 책을 읽는 아이, 즉 '문동(文童)'이 많다는 의미에서 온 것이다. 그 배경에는 신라와 가야가 오래도록 자리 잡으며 교육이 발달한 역사가 있다. 훌륭한 인물과 수려한 자연이 어우러지며 만들어진 경상도의 역사 속으로 들어가보자.

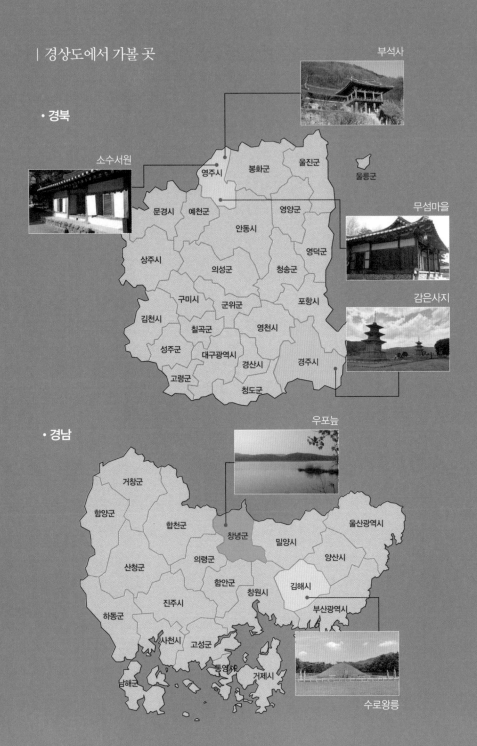

| 경상도에서 가볼 곳

부석사

• 경북

소수서원

영주시　봉화군　울진군

울릉군

문경시　예천군　영양군

무섬마을

안동시

상주시　의성군　청송군　영덕군

감은사지

구미시　군위군　포항시

김천시　칠곡군　영천시

성주군　대구광역시

고령군　경산시　경주시

청도군

• 경남

우포늪

거창군

함양군　합천군

울산광역시

창녕군　밀양시

의령군　양산시

산청군

함안군　김해시

진주시　창원시

하동군　부산광역시

사천시　고성군

수로왕릉

통영시　거제시

남해군

김해

수로왕은 웃고 있을까, 울고 있을까?

수로왕릉

─── 역사가 수로왕릉을 보존하다

부산과 맞닿아 있는 김해는 부산에 비해 작은 도시지만, 삼국시
대에는 가야의 도읍지로서 일대의 정치·경제·사회·문화의 중심지였
다. 이곳 김해는 가야 연맹의 맹주였던 금관가야가 자리 잡은 곳으로,
우리에게 널리 알려진 김수로왕이 잠든 곳이기도 하다. 김해를 방문
한다면 수로왕릉은 꼭 방문해야 하는 장소다. 하지만 어린 두 딸을 데
리고 간 여행이기에 수로왕릉만 보고 온다면 아이들에게 지루한 여행
코스가 될 수 있었다. 그러나 수로왕릉 옆으로 김해민속박물관이 위
치하고 있어 알찬 여행이 되었다. 우리가 방문했을 때는 색칠하는 체
험 활동을 통해 아이들이 재미있는 시간을 보낼 수 있었다. 여기에다

체험 활동을 할 수 있는 김해민속박물관

농업과 관련된 농기구와 유물, 민속놀이가 자세하게 설명되어 있어
교육적 효과도 높았다.

　　김해민속박물관을 둘러본 후 바로 지척에 있는 수로왕릉을 찾아
갔다. 수로왕릉은 타국에 의해 멸망한 왕릉과는 달리 보존이 잘되어
있었다. 시간이 오래된 만큼 일시적으로 수로왕릉이 제대로 관리되지
못하고 훼손되었던 때도 있었지만, 전반적으로는 관리가 잘되어 있는
편이었다. 수로왕릉이 잘 보존된 이유는 가야가 무력에 의해 멸망하
지 않고 신라에 병합되었던 사실에 기인한다. 진흥왕이 이끄는 신라
군에 멸망한 대가야와는 달리 금관가야 왕족들은 스스로 나라를 갖다
바치면서 신라 지배계층에 편입될 수 있었다. 특히 금관가야 왕족 출
신인 김유신이 삼국 통일의 업적으로 신라 왕에 버금가는 권력을 가
졌기에 신라 말까지 능이 잘 보존될 수 있었다.

가야의 역사와 숭선전사(崇善殿史)가 기록된 숭신각

고려시대에도 수로왕릉은 국가적 차원에서 관리되었다. 고려가 개국 초에는 고구려 계승의식을 밝히기는 했지만, 신라 출신의 왕족과 6두품이 고려 지배계층의 주류가 되자 계승의식이 변했다. 고려가 신라를 계승했다는 의식이 강해지면서 수로왕릉은 온전히 보존될 수 있었다. 이러한 사실들은 고려 문종 때까지 수로왕릉이 잘 보존되었다는 『삼국사기』 기록에서 찾아볼 수 있다.

그러나 고려 후기에 들어서면 원의 간섭과 왜구의 침입 등으로 지방 통제 기능이 상실되면서 자연스레 수로왕릉은 훼손되었다. 이후 조선이 건국되고 체제가 안정되자 세종대왕은 수로왕릉을 재정비하고 관리에 힘을 기울이라고 당부했다. 선조 때는 영남 관찰사 허수의 건의로 일반 능으로 재정비되던 수로왕릉을 왕릉으로 격식을 높여 재조성하고 관리했다. 그러나 임진왜란 당시 문화재 약탈에 열을 올리던 왜에 의해 수로왕릉이 도굴되는 등 훼손되다가 인조와 고종 때 능의 보수를 거치며 오늘에 이르고 있다.

—— 금관가야의 역사적 가치

가야가 우리의 역사에서 제대로 인정받고 기록되었는지는 의문이다. 가야는 500년에 가까운 시간 동안 나라를 유지했음에도 불구하고 제대로 된 평가를 받지 못하고 있다. 우선 가야가 있던 시기를 삼국시대라고 표현하는 것부터 문제가 있다. 500여 년 동안 고구려, 백제, 신라와 교류하며 전쟁을 벌였던 가야를 배제하면서 우리의 역사는 어긋나버렸다. 그렇다 보니 역사를 배우면서도 이해되지 않는 부분이 많이 생겼다.

개인적으로 부여(494년)와 가야(562년)의 멸망 연도를 고려한다면 삼국시대 대신 오국시대로 표현하는 것이 옳다고 생각한다. 우리의 역사를 중국의 역사로 왜곡하는 동북공정과 한반도 남부 지역이 일본의 속국이었다는 임나일본부설에 맞서 우리의 역사를 지키기 위해서라도 오국시대 또는 열국시대라는 표현은 꼭 필요하다.

그럼 가야라는 나라는 어떤 나라였을까? 가야는 김해 평야 지역에 자리하고 있어 벼농사가 잘되어 먹을 것이 풍부했고 좋은 품질의 철이 많이 생산되었다. 일본과는 거리적으로 가까워 해상 무역을 통해 선진 문물을 전해주며 강력한 나라로 성장할 수 있는 기반을 갖추었다. 그러나 가야는 많은 이익을 창출했기에 오히려 하나로 통합되지 못했다. 가야 연맹 내에서 주변 왕국을 주도할 만한 세력이 나오지 못하면서 중앙집권국가로 발전하지 못했던 것이다.

위 | 수로왕릉의 정문인 숭화문
아래 | 가야 연맹을 이끌었던 수로왕의 능

    가야가 결정적으로 힘이 약해진 사건은 고구려 광개토대왕의 금관가야 침략이었다. 신라 내물왕은 왜구에 의해 나라가 망할 위기에 처하자 광개토대왕에게 도움을 요청했다. 광개토대왕은 신라의 도움에 응해 5만의 군대로 왜구를 내쫓았다. 이때 고구려군은 도망치는 왜구를 쫓아 김해 지역까지 내려오면서 자연스레 금관가야는 큰 피해를 입을 수밖에 없었다. 일각에서는 가야 연맹이 억울한 피해자가 아니라고도 한다. 왜구가 신라를 독자적으로 침략해서 경주를 함락시킬 능력이 없었다는 점을 내세우며, 가야 연맹이 왜구를 이용해 신라를 견제하고 중앙집권국가로 성장하려던 사건으로 이해하는 것이다.

어쨌든 고구려 광개토대왕의 침략으로 가야는 이후 조금씩 무너져갔다. 김수로왕이 세운 금관가야는 42년에 건국되어 532년을 마지막으로 역사에서 사라졌지만, 수로왕은 다른 어떤 가문보다도 가장 많은 자손을 남겼다. 김해 김씨와 김해 허씨, 인주 이씨가 모두 김수로왕의 후손으로 현재 대한민국에 400만 명이 넘는다. 역사상 영원한 나라는 없다는 사실에 기반한다면 가장 많은 후손을 남긴 김수로왕이야말로 역대 왕 중에 가장 성공한 인물이 아닐까? 수로왕의 자손들은 가야 멸망 이후에도 역사의 주인공으로 자주 등장했다. 과거에도 그랬듯이 김수로왕의 후손들은 대한민국의 자랑스러운 미래를 만들어나갈 것이다.

── 가야의 역사적 재평가를 바라다

김수로왕은 자신이 세운 국가와 후손 중 무엇을 더 중요하게 생각할까? 갑작스럽게 떠오른 질문에 한동안 깊은 생각에 잠겼다. 나 자신의 삶과 부모로서의 삶 중에서 무엇이 더 중요하고 가치가 있는지 아무리 생각해도 답이 나오지 않았다. 어찌 보면 아이를 키우고 있는 부모이기에 어려운 질문일 수도 있겠다는 생각을 하며 걷다 보니 어느덧 수로왕릉 뒤 산책길에 들어서 있었다. 아름다운 산책로를 따라 걸어가니 아담한 크기의 가락유물관이 나왔다. 가야의 또 다른 이름인 '가락'을 사용한 것이 신선하면서도 가야의 역사를 잘 알지 못하는 사람은 이 이름의 의미를 모를 수도 있겠다는 생각이 들었다. 가락유물관에 가야의 유물이 많지는 않다. 가야 유물의 대부분이 김해국립박물관에 보관되어 있어서 이곳에는 간단한 유물과 복제품만이 전시되어 있다. 하지만 몇 점 안 되는 유물을 만나는 것만으로도 가야가 지니고 있는 역사와 가치를 느끼기에는 충분했다.

문재인 대통령이 취임한 지 얼마 되지 않았을 무렵 가야의 연구가 더 많이 이루어져야 한다는 발언을 한 이후 가야에 대한 관심이 높아졌다. 역사를 왜곡하고 잘못을 반성하지 않는 일본을 향해 뼈 있는 소리를 했던 대통령의 발언을 계기로 찬란한 역사와 문화를 가지고 있던 가야에 대한 평가가 제대로 이루어지면 좋겠다. 우리가 가야에 대해 제대로 알게 된다면 일본의 역사 왜곡의 잘못을 지적하고 그들에게 제대로 된 역사를 알려줄 수 있을 것이다. 또한 일본인이 만들어 놓은 식민 사관에서도 벗어날 수 있다. 약 2천 년 전부터 국제사회의 당당한 주역이었던 가야의 역사를 통해 대한민국이 세계 속에서 당당한 자주국이 되기를 꿈꿔본다.

신라가 영원하길 기도하다

감은사지

── 신라의 염원을 담다

경주 시내에서 외곽으로 빠져 동해안으로 가다 보면 감은사지 삼
층석탑을 만나게 된다. 감은사지에는 현재 2개의 석탑만 존재하지만,
이곳에는 생각보다 많은 볼거리와 이야기가 남아 있다. 감은사지에
담겨 있는 이야기를 모르더라도 사진 촬영을 좋아하는 사람이라면 이
곳에서 마음에 드는 풍경과 인물 사진을 마음껏 찍어 갈 수 있다.

감은사(感恩寺)의 이름을 풀이하면 '은혜에 감사하는 사찰'이라는
뜻이다. 신라 문무왕은 삼국 통일이라는 큰 대업을 이룰 수 있었던 것
은 부처님의 은혜가 있어 가능했다고 여겼다. 삼국 통일을 할 수 있게
도와준 부처님께 감사하는 마음을 전하기 위해 정성 들여 지은 사찰

주변에 건물이 없어 더욱 돋보이는 감은사지 삼층석탑

이 감은사다. 더 나아가 통일신라가 외침을 받지 않으며 평화로운 나라로 영원히 존속하고자 하는 희망을 감은사에 담았다.

문무왕은 백제를 멸망시키며 삼국 통일의 토대를 쌓은 무열왕(김춘추)의 아들이다. 무열왕은 당나라와 함께 백제를 멸망시키고 고구려를 정벌하고자 했으나 실패하고 세상을 떠났다. 무열왕이 죽은 이후 삼국 통일의 대업을 계승하고자 왕위에 오른 인물이 문무왕이다. 문무왕은 연개소문이 죽고 난 뒤, 분열된 고구려를 무너뜨리고 삼국을 통일하는 듯했다. 하지만 당나라는 고구려가 멸망하자 신라와 맺은

동맹을 깨버렸다. 대동강 이남의 한반도를 신라에게 넘겨주는 것이 아까웠던 당은 대군을 이끌고 신라를 쳐들어왔다. 약소국이던 신라는 당의 공격에 절체절명의 위기에 빠지게 되지만, 문무왕은 포기하지 않고 당나라와 끝까지 맞서 싸웠다. 문무왕은 백제와 고구려계 유민을 끌어들여 그들과 함께 당나라에 맞서 싸운 결과 매소성·기벌포 전투에서 큰 승리를 거두며 당나라의 야심을 꺾어버렸다. 이후 완전한 삼국 통일을 이룬 문무왕은 오랫동안 다른 모습으로 살아왔던 삼국을 하나로 통합시키며 한민족(韓民族)의 토대를 만들었다.

문무왕은 백제와 고구려 유민들이 다른 생각을 하지 못하도록, 삼국 통일이 부처님의 뜻임을 알릴 필요가 있었다. 그리고 통일신라가 영원한 번영을 누리길 원했다. 이처럼 통일에 대한 정당성을 천하에 공표하고 영원한 제국이 되기를 바라는 염원을 백성들에게 보여주기 위해 감은사를 짓기 시작했다. 그러나 문무왕은 감은사가 완공되기 1년 전에 죽으면서 감은사의 완공은 신문왕 때에서야 이루어졌다. 비록 신문왕 재위 기간에 감은사가 완공되었지만, 문무왕의 염원으로 지어졌기에 문무왕의 사찰로 여겨야 할 것이다.

문무왕은 죽기 직전 유언으로 "나는 죽은 뒤 바다의 용이 되어 신라를 침범하는 왜를 막겠다."라며 강력한 수호 의지를 밝혔다. 신라는 문무왕의 뜻에 따라 일반적인 왕릉과는 다르게 문무왕의 능을 수중릉으로 조성했다. 이후 사람들은 문무왕의 능이 바다 한가운데 있는 거대한 바위틈에 있어 대왕암이라 불렀다. 신문왕은 용으로 환생한 문무왕이 하천을 따라 감은사에 들어와 쉴 수 있도록 지표면과 금당 바닥 사이에 공간을 만들어놓았다. 그래서 다른 사찰에서는 보기 어려

용이 된 문무왕이 드나들 수 있게 만들었던 감은사

운 독특한 형태의 사찰의 모습을 갖추고 있었다. 지금은 감은사가 사라졌기에 독특하고 웅장했을 그 당시의 감은사를 볼 수는 없지만, 남아 있는 터를 통해 우리는 충분히 옛 모습을 짐작해볼 수 있다.

또한 문무왕은 죽기 직전 신문왕에게 만파식적이라는 피리를 주면서 나라에 위급한 일이 생기면 언제든 피리를 불라고 했다. 이후 신라의 왕들은 왜가 쳐들어오는 등 나라에 위기가 발생하면 여지없이 만파식적을 불었다. 만파식적의 소리가 바람을 타고 문무대왕릉에까지 울려 퍼지면, 바다의 용이 된 문무왕이 적군을 물리쳤다는 전설이 내려온다.

이런 전설을 들으면서 말도 안 되는 허구나 거짓으로 치부해버리는 사람을 만날 때마다 아쉽고 안타깝다는 생각이 든다. 고대 신화나 설화는 직접적인 해석을 하면 안 된다. 신화나 설화 속에 담겨 있는 진

경
상
도

짜 의미를 찾아내야 한다. 당시 사람들의 염원과 바람 그리고 아픔 등이 어떻게 담겨 있는지를 봐야 한다. 만파식적 설화에서는 통일을 이룬 신라인들의 자부심과 통일신라가 영원하기를 바라는 염원을 읽어낼 수 있다.

동떨어져 있는 문무대왕릉

감은사에서 멀지 않은 곳에 문무대왕릉이 있다. 문무대왕릉은 해변에서 멀리 떨어진 섬에 있어 실제 모습이 굉장히 궁금하다. 안타깝게도 해변에 표시해놓은 문무대왕릉의 사진은 색이 바래서 제대로 알아볼 수가 없었다. 문무대왕릉을 제대로 바라볼 수 있도록 망원경이라도 설치해놓았으면 좋겠다는 생각이 든다. 문무대왕릉은 신라를 넘어서 세계적으로도 독특한 왕릉이며 종교가 인간의 삶과 역사를 어떻게 변화시켰는지를 보여주는 위대한 유산이다.

신라는 통일 전후 불교국가로 변모하면서 왕릉의 형태가 많이 바뀌었다. 문무대왕릉은 불교의 영향을 받아 왕의 유해를 매장하기보다는 화장했음을 보여준다. 문무왕의 유해가 화장되었다는 사실을 인지한다면 수중릉이 어떻게 조성되었는지 쉽게 이해할 수 있다. 이처럼 소중한 문화유산의 가치를 제대로 인지하고 못하고, 우수한 관광자원으로 활용하지 못하는 점이 안타깝다. 최근 각광받고 있는 드론을 이용해 3D로 문무대왕릉을 보여준다면 이곳을 방문하는 사람들의 만족도가 높아지지 않을까 하는 생각이 든다.

나는 제대로 볼 수 없는 문무대왕릉보다는 감은사지 삼층석탑이 더 좋았다. 인가가 보이지 않는 산에 폭 안겨 있는 감은사터에 올라서서 바다를 보며 1,400년 전 삼국을 통일했던 문무왕에게 감정 이입을 할 수 있었다.

"감은사에 서서 바다를 내려다보니 나 스스로가 대견하고 자랑스럽다. 어느 왕도 하지 못했던 삼국 통일을 내가 해낸 것이다. 많은 백성과 후대의 자손들은 나를 언제나 존경하며 떠받들 것이다. 하지만 이는 선조들과 부처님의 도움도 있었기에 가능했음을 나는 안다. 부처님에게 마지막으로 부탁하고 싶은 것이 있다. 삼국을 통일한 신라가 영원히 평화롭게 유지될 수 있도록 나를 용으로 만들어주면 좋겠다. 내가 용이 된다면 영원토록 부처님의 뜻을 받들면서, 나의 후손과 백성들이 평안할 수 있도록 돌보겠다. 이곳 감은사에 머물면서 매 순간 부처님을 모시며 신라를 위해 나의 모든 것을 바치겠다."

문무왕은 감은사가 완공되면 이렇게 연설하려 하지 않았을까? 내가 이런 상상을 하는지는 어느 누구도 눈치채지 못할 것이다. 그래서 나 혼자만의 역사여행이 늘 즐겁기만 하다. 누구의 눈치도 보지 않고 혼자만의 시간을 보내는 데 이만 한 것이 없다.

역사, 설화, 자연 무엇도 부족하지 않다

부석사

── 의상대사가 선택한 봉황산

경상도 영주는 오늘날 큰 도시는 아니지만, 불교와 유교를 대표하는 건축물이 공존하는 지역이다. 삼국시대에서 고려시대까지는 불교의 나라였고, 조선시대는 성리학의 나라였으니, 대한민국 어느 지역이든 불교와 유교가 공존하는 것은 당연한 일이라 여길 수 있다. 그러나 영주처럼 대한민국을 대표하는 문화유산이 함께하는 곳은 흔하지 않다. 영주가 예부터 큰 도시가 아니었음에도 불구하고, 통일신라시대부터 고려시대까지 불교계에 큰 영향을 미친 화엄종의 본산인 부석사가 봉황산에 있다. 봉황산 아래에는 이황의 건의로 최초의 사액서원이 된 소수서원이 위치하고 있다. 그리고 멀지 않은 곳에는 성리

극락세계로 들어가는 입구를 상징하는 안양루

학을 들여온 안향이 태어난 풍기가 있다.

부석사가 위치한 봉황산은 주변 산보다 낮은 해발 818m에 불과하지만, 정상에 올라서면 소백산맥 줄기를 내려다볼 수 있다. 더불어 강원도와 충청도 그리고 경상도를 마주할 수 있다. 그래서였는지 의상대사는 낙산사에서 관음보살을 알현한 후 화엄 사상을 전파할 수 있는 장소를 찾아다니다가 봉황산을 최적의 장소로 택했다. 의상대사는 이곳에 부석사를 창건하고 40일 동안 법회를 열어 제자들에게 화엄 사상을 가르쳤다. 그래서 부석사는 우리나라 화엄 사상의 시작이라는 의미를 가지고 있다. 의상대사의 존호가 '부석존자'이고 화엄종을 '부석종'이라 부르는 것만으로 부석사가 가진 위치가 어떤지를 짐작할 수 있다.

── 의상대사를 사랑한 선묘

부석사의 창건에는 재미난 설화가 내려온다. 의상대사는 원효대사와 함께 중국으로 유학을 가려다가 고구려군에 붙잡혔다. 이후 원효대사는 해골에 고인 썩은 물을 마신 뒤 깨달음을 얻고 유학을 포기했지만, 의상대사는 661년 혼자서 바닷길을 통해 중국으로 유학을 떠났다. 스스로 깨달음을 얻은 원효대사도 대단하지만, 주변 사람과 환경의 변화에도 흔들림 없이 자신이 갈 길을 묵묵히 떠난 의상대사도 훌륭하다.

의상대사는 배를 타고 등주 해안에 도착해 잠시 머무르는 동안, 선묘라는 젊은 여인을 만났다. 선묘는 키도 크고 잘생긴 의상을 보고 한눈에 반했다. 선묘는 의상대사가 부처님을 모시는 승려라는 사실을 알고 연모하는 마음을 지우려 애썼다. 그러나 사랑하는 마음은 자신의 뜻대로 접을 수 있는 것이 아니었다. 몇 날 며칠을 의상대사의 모습을 떠올리지 않으려고 집 밖으로 나오지 않는 등 여러 노력을 기울였지만, 연모하는 마음은 점점 더 커져만 갔다. 선묘는 마음에 있는 사랑의 감정을 고백하지 않으면 죽을 것만 같았다. 용기를 내어 의상대사를 찾아가 영원히 함께하고 싶은 마음을 드러내며 사랑을 고백했다.

의상대사는 끊임없이 자신을 찾아와 사랑을 고백하는 선묘가 안타까웠지만, 자신의 뜻을 접을 수는 없었다. 선묘가 찾아올 때마다 자신은 부처님의 뜻을 좇아 깨달음을 얻기 위해 정진하는 사람임을 강조하며 돌려보냈다. 선묘는 그럴수록 의상대사의 인품에 매료되어 사랑이 점점 더 깊어져갔다. 하지만 사랑하는 마음이 깊어질수록 의상대사의 고매한 성정에 감응되어갔다. 시간이 흐를수록 의상대사를 자신만의 사람으로 만들 수 없음을 안 선묘는 의상대사가 깨달음을 얻고 큰 뜻을 펼치는 모습만이라도 볼 수 있게 해달라며 한발 물러났다. 그 이후 의상대사가 종남사 지엄을 찾아가 화엄학을 공부하는 데 불편함이 없도록 선묘는 물심양면으로 지원을 아끼지 않았다.

의상대사는 지엄의 가르침에 빠른 성취를 이루며 8년간의 공부와 수련 끝에 화엄학의 대가가 되었다. 그러던 중 670년 당나라가 신라를 쳐들어간다는 소식을 우연히 접하게 되었다. 화엄학이란 종파의 특징이 호국불교이고 왕권 강화에 도움을 주는 성격을 가지고 있다. 화엄학을 공부한 의상대사는 개인의 깨달음보다는 당나라의 공격으로 죄 없는 신라인이 목숨을 잃지 않도록 신라 조정에 전쟁 소식을 알리는 것이 더욱 중요했다. 그래서 지엄의 승계자가 될 수 있는 길을 포기하고, 당나라의 공격을 신라왕에게 알리기 위해 고국으로 향하는 배에 올랐다.

선묘는 의상대사가 신라로 향했음을 뒤늦게 알고 부랴부랴 부둣가로 달려갔지만, 이미 의상대사가 탄 배는 저 멀리 바다 한가운데 있었다. 선묘는 살아서는 의상대사를 다시는 볼 수 없다는 생각에 삶의 의지를 잃어버리고 바다에 몸을 던졌다. 하늘이 선묘의 사랑을 안타깝게 여겼는지 바다에 빠진 선묘를 용으로 환생시켜주었다. 용이 된 선묘는 살아생전과 마찬가지로 의상대사 가까이에 가지 않고 멀리서 지켜만 보았다. 그리고 혹시 있을지도 모를 위험으로부터 의상대사를 보호하고자 했다.

의상대사도 그 마음을 알았지만, 이미 깨달음을 얻은 큰스님이었기에 선묘의 사랑에 연연하지 않았다. 부처님의 뜻을 신라에 널리 알

용이 된 선묘가 들어 올렸다던 선돌

려 불국토를 만들고자 하는 마음만 있을 뿐이었다. 전국을 돌아다니며 화엄학을 알리기 좋은 장소를 찾던 의상대사는 영주 봉황산을 보고 사찰을 세우고자 했으나, 이미 도적 500여 명이 이곳을 소굴로 삼아 활개치고 있었다. 의상대사는 도적들에게 부처님의 말씀을 들려주며 올바른 길로 이끌려 했으나, 오히려 도적들은 칼과 창을 휘두르며 의상대사를 내쫓으려 했다. 이 모습을 지켜보던 선묘는 의상대사를 보호하면서, 큰 뜻을 펼칠 수 있도록 봉황산에 있던 커다란 돌을 들어 도적들을 위협했다. 도적들은 갑자기 나타난 용이 큰 돌로 위협하자 꽁무니를 빼며 도망치기에 바빴다. 이후 의상대사는 도적이 물러난 자리에 사찰을 짓고 설법을 펼치며 부처님의 가르침을 전했다. 이 전설이 사실이라는 것을 보여주는 것이 부석사 무량수전 뒤편에 있는, 용이 된 선묘가 하늘로 들어 올렸다는 커다란 선돌이다. 더욱더 놀라운 것은 선돌을 자세히 살펴보면 아직도 밑돌과 윗돌 사이에 틈이 보일 정도로 공중에 떠 있다는 점이다.

—— 놓치지 않고 봐야 할 보물들

부석사에서 선돌을 보았다면 빼놓지 않고 봐야 할 것이 무량수전이다. 부석사 무량수전은 교과서에 주심포 양식과 배흘림 양식을 설명하는 자료로 활용되며, 수능이나 한국사검정능력시험 등 각종 한국사 시험 문제에 단골로 출제될 정도로 유명하다. 부석사에서 무량수전을 제대로 보지 않는다면 부석사를 찾아간 의미가 없다고 해도 과언이 아니다.

주심포 양식은 고려시대에 주로 만들어진 건축양식이다. 우리의 전각은 지붕과 함께 지붕을 지탱하는 기둥으로 이루어져 있다. 기둥만으로는 지붕의 무게를 감당하기 어려워, 지붕의 무게를 분산시키는 공포를 지붕과 기둥 사이에 설치한다. 이때 기둥 위에 공포가 하나 있으면 주심포 양식이고, 기둥 사이에 여러 개의 공포가 있으면 다포 양식이 된다. 우리나라는 화재가 빈번하게 일어났기 때문에 고려시대의 건축물이 많이 남아 있지 않다. 그렇다 보니 고려시대에 만들어진 주심포 양식의 건축물을 볼 수 있는 곳이 대표적으로 예산의 수덕사 대웅전과 영주의 부석사 무량수전이다.

배흘림 양식은 기둥 가운데 부분이 볼록하게 튀어나온 모양으로, 큰 전각에 시각적으로 안정감을 심어주는 역할을 한다. 배흘림 양식은 보기만 해도 쉽게 알 수 있다. 그러나 대부분의 방문객들은 주심포 양식과 배흘림 양식에 대해 이야기하지 않았다. 그저 사진 찍기에만

왼쪽 위 | 주심포 양식과 배흘림 양식을 볼 수 있는 무량수전. 부석사의 가장 큰 보물이다.
왼쪽 아래 | 무량수전 현판
오른쪽 | 신라시대에 세워진 부석사 삼층석탑

바빴다. 역사 교사라는 직업병이 도져 사람들에게 주심포 양식과 배
흘림 양식에 대해 설명해주고 싶은 마음을 참느라 부랴부랴 선비화(禪
扉花)를 보러 올라갔다.

　　선비화에 얽혀 내려오는 전설에 의하면 의상대사는 평소 짚고 다
니던 지팡이를 부석사 무량수전에서 좀 더 올라간 곳에 꽂아두었다

고 한다. 의상대사의 도력이 지팡이에 남아 있었는지, 지팡이는 가지와 잎이 자라는 생명을 가진 나무가 되었다. 1,300여 년이 지난 지금도 선비화는 생명을 이어가고 있다. 더욱더 놀라운 점은 일반적인 나무와는 달리 성장하지 않고 예전의 모습을 늘 그대로 유지한다는 점이다. 이처럼 대단한 전설과는 달리 선비화를 막상 보면 '이것을 나무라고 부를 수 있을까?'라는 생각이 들 정도로 작은 모습에 실망하게 된다. 그러나 전설이 사실이라 생각하면 오래도록 자라지 않는 나무라는 것이 더욱 신기하게 느껴질 것이다.

── 일몰이 가장 아름다운 부석사

선비화를 보고 나니 날이 어둑어둑해졌다. 부석사를 방문하면서 가장 기대되는 것이 소백산맥 위로 떨어지는 노을이었다. 기대에 부푼 나와는 달리 장인어른은 어두워지기 전에 산에서 내려가자며 발걸음을 재촉했다. 장인어른에게 부석사에서 일몰만큼은 꼭 봐야 한다고 설명했지만, 내심 일몰의 경관이 별로면 어쩌지 하는 불안감이 엄습해왔다. 다리가 아프신 장모님은 차에 가 있겠다며 이미 주차장으로 내려가고 계신 상황에서 이도 저도 못하고 갈팡질팡하던 나에게 갑작스럽게 찾아온 일몰의 장관은 나의 모든 사념을 없애주었다. 해가 소백산맥 뒤로 몸을 숨기기 전 소백산맥은 선명하던 자태를 잃어버리고 수묵화처럼 점차 옅어지고 있었다. 하늘과 산맥의 경계선이 무너지는 곳으로 붉은 태양이 천천히 내려앉는 모습은 무엇으로도 표현하기 어려울 정도로 아름다운 장관을 연출했다.

자연이 선사해주는 멋진 경관에 넋을 잃고 바라보다가 불현듯 장

소백산맥을 물들이는 석양

인어른이 생각나서 눈치를 살폈다. 장인어른의 모습을 보는 순간 나의 걱정이 부질없었음을 바로 깨달았다. 장인어른도 해가 지는 모습에 한순간도 눈을 떼지 못하고 연신 감탄사를 내뱉고 계셨다. 영주에서 태어난 장인어른이지만, 이런 모습은 있는지도 몰랐다며 산 밑으로 내려가지 않기를 아주 잘했다고 말씀하셨다. 해가 저물자 하늘과 산맥의 경계가 무너지듯 가족 간의 보이지 않는 벽을 허물고 하나가되는 시간을 부석사에서 가질 수 있었다.

사라지는 만큼 채워 넣는 곳

무섬마을

── 오랜 세월 자연이 만들어낸 무섬마을

경상북도 영주에는 유명한 관광명소가 많다. 소수서원이나 부석
사같이 인간이 만든 역사적 명소도 있지만, 자연이 수만 년에 걸쳐 만
들어놓은 무섬마을도 있다. 영주 시내에서 멀리 떨어진 무섬마을의
이름은 '물섬마을'에서 유래했다. 물 위에 떠 있는 섬이라 '물섬마을'이
라 불리다가 오랜 세월이 흐르면서 발음하기 편하게 'ㄹ'이 빠지고 오
늘날 무섬마을로 불리고 있다.

무섬마을은 우리의 짧은 인생으로는 느끼지 못할 정도로 유구한
시간의 흐름 속에서 자연의 작은 변화가 만들어낸 결과물이다. 경북
봉화군에서 시작하는 낙동강의 한 지류인 내성천이 빠른 속도로 흘러

내려오다가 영주 무섬마을부터는 속도가 느려진다. 무섬마을을 휘감아 돌면서 속도가 느려진 냇물은 상류에서 가져온 모래알을 하나둘 무섬마을 앞에 떨궈놓았다. 내성천이 떨궈놓은 모래알에 햇빛이 비치면 여기저기 눈이 부시게 반짝이는 너른 모래밭이 된다. 이 너른 모래밭을 경계로 마을의 뒷산은 태백산과 이어지고, 강 건너는 소백산으로 이어진다.

—— 반남 박씨의 집성촌

너른 모래밭과 내성천으로 인해 무섬마을은 오랫동안 사람들이 왕래하기 어려웠다. 그래서인지 조선시대까지 무섬마을에 대한 특별한 기록이 남아 있지 않다. 강원도 영월의 청령포처럼 사람이 살지 않는 내륙의 섬이었던 무섬마을에 사람이 들어와 마을을 이루어 살기 시작한 것은 1666년 반남 박씨가 이곳에 자리를 잡고 선성 김씨와 혼인하면서 집성촌을 이룬 데서 그 역사를 찾을 수 있다.

무섬마을에 다른 가문이 들어오지 못한 것은 자연조건이 한몫을 차지한다. 무섬마을에 들어서기 위해서는 150m 길이에 폭 30cm의 외나무다리를 건너야 한다. 폭이 좁은 외나무다리를 통해 바깥세상과 교류해야 하는 무섬마을에 어느 누구도 쉽게 드나들 수 없었다. 그래서 무섬마을에 시집오면 죽어서야 상여를 타고 마을 밖으로 나갈 수 있다는 말이 전해지기도 한다. 그마저도 여름에는 쉽지 않았다. 장마가 시작되거나 태풍이 불면 외나무다리는 물에 휩쓸려가기 일쑤여서 왕래 자체가 불가능했다. 물길이 잠잠해져 외나무다리를 다시 놓았을 때 무섬마을은 비로소 세상과 소통할 수 있었다.

외부와 소통할 수 있게 해주었던 외나무다리

　　무섬마을에 집성촌이 형성될 수 있었던 데는 역사적 배경도 있
다. 조선 중기 이후 집성촌이 형성된 데는 조선시대 양난 이후 사회지
도층이었던 양반 지주들의 삶의 기반이 무너진 것이 하나의 원인으로
작용한다. 조선 전기 중소 지주로 향촌민들의 지지를 받으며 학문에
몰두할 수 있었던 양반의 경제적 기반이 양난 이후 무너져버렸다. 그
들이 가지고 있던 토지는 황무지로 변해버렸고 노비들은 도망치면서
경제적으로 어려움을 겪어야 했다. 또한 사회지도층이던 양반이 전쟁
에서 책임 있는 모습을 보여주지 못하면서 권위도 땅에 떨어졌다. 이
를 해결하기 위한 방편으로 같은 성을 지닌 양반들이 한곳에 모여 사
는 집성촌을 형성해 그들의 권위를 지켜나갔다. 무섬마을도 이 과정
에서 집성촌으로 성장했다.

　　무섬마을에 터를 잡은 반남 박씨와 선성 김씨는 권력에 큰 욕심

을 내지 않고 소소한 일상을 보내면서 살아갔다. 문중이 크게 번창하지는 않았지만 평화로운 삶 속에 아이들이 태어나면서 마을의 규모는 조금씩 커져갔다. 1800년대 무섬마을에 120여 가구, 500여 명의 사람이 살았다고 하니 규모가 작은 집성촌은 아니었다.

── 독립운동의 중심지

300년 가까이 세상일에 깊이 관여하지 않고 행복한 삶을 영위하던 무섬마을의 사람들도 일제에 나라를 빼앗기자 분노를 감추지 못했다. 입신양명을 추구하지 않고 유유자적 살아가던 전통의 삶을 버리고 독립운동에 참여하는 사람들이 하나둘 늘어났다. 특히 일제의 식민지 교육으로 독립운동에 참여할 인재를 양성하기 어려운 현실에서 김화진이라는 사람이 무섬마을에 1928년 아도서숙이라는 교육기관을 세웠다.

사람의 왕래가 어려운 무섬마을은 일제의 눈을 피해 애국심을 고취하는 교육을 하기에 최적의 장소였다. 아도서숙은 겉으로는 농업기술을 가르치며 일제의 눈을 피하면서, 아이들과 청년들에게 한글을 가르치고 애국심을 고취했다. 그 결과 아도서숙은 일제에 순응하지 않고 독립을 위해 일할 수 있는 인재를 많이 양성했다. 광복 이후 무섬마을에서 독립운동가 5명이 서훈을 받을 수 있었던 것도 아도서숙에서 이루어졌던 교육의 힘이 얼마나 대단했는지를 짐작케 한다.

아도서숙을 통해 독립운동가가 계속 양성되자 일제는 가만있지 않았다. 결국 아도서숙은 일제의 철저한 감시와 탄압을 받은 끝에 1933년 문을 닫고 말았다. 그 당시 일제의 탄압이 얼마나 심했는지

아도서숙은 현재 터만 남아 있다. 그러나 나라를 위해 인재를 양성하고자 했던 큰 뜻은 사라지지 않고 오늘날까지 이어지며 영주 사람들의 자긍심을 높여주고 있다.

── 빠른 변화에 직면한 무섬마을

일제강점기 독립운동의 거점으로 활용한 무섬마을은 더 이상 세상에서 고립될 수 없었다. 과거처럼 농사를 지으며 세상일에 연연하지 않고 살아갈 수 없게 되었다. 광복 이후 모든 것이 빠르게 변해가는 과정에서 무섬마을에 살던 사람들은 저마다의 이유로 하나둘 타지로 떠나갔다. 사람들이 떠나면서 120여 가구가 모여 북적였던 곳은 현재 40여 가구만이 남았다.

사람들이 떠나며 활기가 사라진 무섬마을은 사람들의 기억 속에서 점차 잊혀갔다. 소수의 사람만이 이따금 무섬마을을 찾아오곤 했다. 그런 무섬마을에 변화가 시작된 것은 4대강 사업이 시작된 2008년이라고 개인적으로 생각한다. 내가 무섬마을을 알게 된 것도 이때쯤이다. 텔레비전에서 무섬마을의 생태환경과 자연에 스며들어 살아가는 주민들의 모습이 자주 나왔다. 특히 할아버지 여럿이 어릴 적 물고기 잡던 모습을 회상하며, 무릎까지 바지를 걷어 올리고 어린아이처럼 물고기를 잡는 모습이 인상적이었다.

그러나 방송 후반부로 갈수록 4대강 사업으로 인해 무섬마을이 곧 사라질 수 있다는 우려와 탄식이 섞인 멘트가 나오기 시작했다. 영주댐에서 7km 거리에 떨어진 무섬마을이 4대강 사업으로 예전의 모습을 잃어가는 여러 사례가 방영되었다. 방송은 유량이 줄어들면서

왼쪽 | 전통가옥으로만 이루어진 무섬마을
오른쪽 | 마루 밑에 쌓여 있는 땔감과 고무신이 향수를 불러일으킨다.

무섬마을 주민들이 여름철 모래밭에 나가 풀을 뽑는 모습과 무섬마을에 사는 할아버지들이 물고기가 사라지고 있는 현상에 아쉬움을 토로하는 장면으로 끝이 났다.

　4대강 사업은 한강, 낙동강, 금강, 영산강에서 2008년부터 2013년까지 진행되었다. 4대강 사업에 대한 평가는 아직도 상반된 의견이 부딪히며 결론을 내지 못하고 있다. 여기에 감사원이 상반된 평가를 하면서 더욱 혼란을 부추겼다. 2011년에는 4대강 사업을 긍정적으로 평가했지만, 2013년에는 총체적 부실이라고 발표했다. 그러나 〈가디언〉지는 세계 10대 애물단지로 4대강 사업을 선정하며 비판했다. 국내에서는 '녹조라테'라는 신조어가 생기고, 4대강으로 입은 피해를 복구하는 데 얼마나 큰 비용이 필요한지 저마다 이야기했다. 이에 반해 4대강 사업을 찬성하는 사람들은 녹조 현상이 4대강 사업과는 무관하다고 주장하고 있다.

6
장.

언론을 통해 접하는 내용만으로는 어떤 주장이 맞는지 나는 알 수 없다. 4대강 사업 이전의 무섬마을을 가본 적이 없기에 예전의 모습과 현재를 비교할 수 없기 때문이다. 그렇지만 방문 당시 내성천 상류 지역에서 모래를 퍼 올리는 공사 현장을 마냥 좋은 시선으로 보기는 어려웠다. 어찌되었든 오랜 기간에 걸쳐 형성된 자연이 인간의 잘못으로 훼손되는 일은 없으면 좋겠다.

무섬마을의 변화는 현재도 진행 중이다. 무섬마을에 사람이 살지 않는 것이 먼저일지, 아니면 생태계가 먼저 변화될지 우리는 알 수 없다. 단지 이촌 향도 현상(농촌을 떠나 도시로 향함)과 급격한 사회 변화로 무섬마을 주민이 삶의 터전을 버리고 떠나가는 것이 안타까울 뿐이다. 그러나 현지인이 빠져나간 빈자리의 고요함은 무섬마을을 보기 위해 찾아오는 외지인들이 채우고 있다. 무섬마을에 남은 주민들은 비어 있는 방을 사람들에게 빌려주고 그들에게 밝은 웃음과 삶의 활력을 선물받는다. 무섬마을을 방문한 외지인들은 번잡했던 삶에서 벗어나 잠시나마 여유를 얻어간다. 이처럼 사람들이 마을을 떠나가는 것을 그저 아쉬워하는 데 그치지 않고, 그 자리를 새로운 사람으로 채워 넣는 무섬마을의 모습은 밝은 내일을 기대하게 만든다.

조선시대 교육의 장

소수서원

── 소수서원으로 가는 길목

학창시절 역사 시간에 빠지지 않고 배우는 것 중의 하나가 소수서원이다. 수업 시간에 우리는 소수서원을 사액 서원이라고 배웠다. 그런데 우리는 사액이란 의미도 모른 채 달달 외우기만 했다. 시험에서 우리나라 최초의 사액 서원을 묻는 문제가 나올 때마다 기계적으로 소수서원이라는 답을 채워 넣기 바빴다. 국가에서 서적·토지·노비를 지원받은 최초의 사액 서원이자 조선을 이끌어간 수많은 인재를 배출했던 소수서원은 얼마나 가치 있는 곳일까?

소수서원이 위치한 곳은 신라시대 숙수사라는 사찰이 있던 곳이다. 숙수사의 전각은 흔적도 없이 사라졌지만, 사찰을 알리기 위한 불화(佛畵)가 그려진 깃발을 걸던 당간지주가 서원으로 가는 길목에 홀로 서 있다. 소수서원을 찾는 이들에게 당간지주는 그저 스쳐 지나가는 풍경의 일부지만, 보물 제59호로 지정된 귀중한 문화재다. 당간지주가 많이 훼손되기는 했지만, 크기를 보았을 때 숙수사가 얼마나 큰 규모의 사찰이었을지 짐작된다.

그런데 이 당간지주가 나에게 여러 궁금증을 준다. 숙수사가 있던 자리에 소수서원을 세운 이유가 조선시대 불교를 억압하고 성리학을 숭상하는 숭유억불 정책의 일환이었는지, 아니면 소수서원이 세워지기 전에 이미 없어졌는지 너무도 궁금하다. 또한 소수서원 근처에서 숙수사와 관련해 출토되는 유물과 유적의 양이 상당하다는 점을 보면 숙수사가 인근 부석사에 뒤처지지 않을 만큼 큰 사찰이었을 텐데 왜 갑자기 사라진 것일까? 머릿속에서 질문이 끊임없이 맴돈다.

당간지주를 지나 소수서원으로 가는 길목을 휘감아 도는 얼어붙은 죽계천에 위치한 정자가 눈에 들어온다. 정자 이름은 '취한대'로, 공부하다 지친 학생들이 쉴 수 있도록 만든 장소다. 제대로 쉬지도 못하고 공부를 해야 하는 오늘날과 달리 선조들은 휴식의 가치를 알고 삶 속에서 실천했음에 감탄하게 된다. 지금의 취한대는 복원된 건물이라 아쉽기는 하지만, 세워진 위치가 휴식이라는 취지를 실현하기에 아주 알맞은 장소다. 몸을 어느 방향으로 돌리느냐에 따라 소수서원을 볼 수도 있고 보지 않을 수도 있다. 더욱이 취한대에 올라서서 시원하게 흐르는 죽계천의 물소리에 근심과 걱정을 흘려보내고, 뒤편 야산에서 불어오는 바람에 마음속의 번잡함을 내려놓으면 휴식을 취하는 데 부족함이 하나 없다.

소수사원을 휘돌아나가는 죽계천

── 소수서원의 시작과 기능

소수서원 입구의 우측에는 주세붕이 지은 경렴정이란 정자가 자리하고 있다. 경렴정은 서원에서 학문을 닦던 원생들이 모여 시를 짓고 학문을 토론하던 장소다. 서원에서 공부하던 학생들이 선생에게 배우고 익힌 학문을 바탕으로 사회지도층으로서 자신들이 해야 할 일을 모색하고 고뇌하던 공간이다. 그리고 소수서원에서 이황이 아닌 주세붕을 만날 수 있는 곳이기도 하다.

소수서원은 조선 중종 때 풍기 군수였던 주세붕이 성리학을 고려에 들어온 안향의 위패를 모시면서 시작되었다. 주세붕은 1542년에 안향을 위한 사묘를 세우고 성리학을 인근 양반 자제들에게 가르치기 위해 오늘날 사립학교에 해당하는 백운동 서원을 세웠다. 이후 풍기 군수로 부임한 퇴계 이황은 조선이 배출한 성리학자에게 제를 올리고

시를 짓고 학문을 토론하던 경렴정

학문을 익히는 과정을 바람직하게 보았다. 유생들이 현실에 필요한 학문을 익혀 자주적인 나라로 만드는 것을 효과적으로 보았기 때문이다. 여기에 이황은 모든 사람에게 교육하는 것보다는 양반을 통해 백성들에게 삶의 도리를 가르치는 것이 바람직하다고 여겼다. 그런 측면에서 양반 자제를 대상으로 교육하는 서원이야말로 국가에 필요한 최적의 교육기관이었다.

이황은 명종에게 조선의 미래를 위해 국가 차원에서 서원을 지원해달라고 간곡하게 건의했다. 명종은 퇴계 이황의 건의를 받아들여 '소수서원'이라는 친필 현판과 함께 서원에 대한 지원을 아끼지 않았다. 이후 서원이 국가의 지원을 받을 수 있도록 이끌어냈다는 점과 성리학을 들여온 안향을 배향한다는 점에서 소수서원의 가치는 더욱 높아졌다.

── 소수서원의 부속건물

소수서원에 들어서면 서책들을 보관하던 장서각을 마주하게 된다. 오랜 역사를 지닌 서원이라 서고의 규모가 클 것 같지만, 예상과는 다르게 장서각의 크기가 아담하다. 장서각의 크기가 너무 작다는 것이 의아하고 놀라울 수도 있지만, 과거에는 오늘날보다 출간된 책이 적었다는 점을 고려하면 이해가 되기도 한다.

서책을 보관하던 장서각 앞에는 관세대가 있다. 방문객들은 관세대에 큰 관심을 두지 않고 스쳐 지나가는 경우가 많다. 소수서원을 방문한 사람에게 관세대를 보았냐고 물어보면 고개를 갸우뚱거리며 기억하지 못하는 이도 많다. 그러나 관세대는 사당을 참배할 때 손을 씻을 수 있도록 대야를 올려놓는 받침돌로, 매우 중요한 역할을 담당한다. 서원 내에서 늘 정갈함과 경건함을 갖출 수 있도록 유생들은 이곳에서 손을 씻으며 선현들의 뜻을 되새겨 학문을 익히도록 노력했다. 열심히 배우고 익힌 학문으로 세상을 바르게 이끌고자 하는 마음을 품는 시작점이 바로 관세대다.

소수서원의 영정각에는 소수서원과 관련된 분들이나 퇴계 이황처럼 문인으로 크게 이름을 떨친 여러 선현이 모셔져 있다. 수업 시간에 한번쯤은 들어봤을 허목, 이원익, 주세붕, 이제현 등 뛰어난 위인을 영정각에서 만날 수 있다. 소수서원을 거쳐 간 유생만 4천 명이 넘으니 조선을 이끌었던 훌륭한 지도자가 얼마나 많이 배출되었을지 쉽게 짐작할 수 있다. 소수서원과 관련된 수많은 인물 중 안향과 주세붕, 이황은 꼭 알아야 한다.

안향은 고려 말 불교가 쇠락하면서 새로운 사회를 만들 이념으로

유생들의 기숙사였던 학구재

성리학을 제시했다. 그의 가르침을 받은 사람들이 신진사대부가 되어 조선이라는 새로운 시대를 열었다. 두 번째는 백운동 서원을 건립해 안향에게 제사를 올리고 학풍을 이어가려 했던 주세붕이다. 사대주의에 빠져 중국만 숭상하는 풍토를 경계하고, 우리 안에서 성장의 동력을 찾으려 했다는 점에서 의미가 있다. 마지막으로 최초의 사액 서원이 될 수 있도록 조정에 건의한 이황 선생이다. 사학을 국가적 차원에서 장려하고 진흥할 수 있도록 선례를 만들어 교육의 중요성을 후대에 알려주었다.

유생들이 서원에 머물면서 공부하던 기숙사 전각의 이름은 학구재다. '학문을 구한다'는 의미의 학구재는 학생들에게 언제 어디서나 학문을 탐구하는 자세를 유지하라는 뜻에서 붙인 이름이다. 그리고 학문을 상징하는 숫자 3에 맞추어 3칸으로 학구재를 만들었다. 학생들이 언제 어디서든 배움의 자세가 흐트러지지 않도록 스스로 경계할 것을 전각에도 심어놓았다.

소수서원을 방문하면서 개인적으로 가장 아쉬웠던 점은 명륜당 보수공사였다. 명륜당은 학문을 익히는 공간으로 서원의 핵심이라고 할 수 있는데, 명륜당을 보지 못했던 것이 너무 아쉬웠다. 그나마 사료관을 통해 소수서원에 대한 전반적인 내용을 보면서 명륜당을 보지 못한 아쉬움을 달랠 수 있었다. 그리고 전각보다는 그 안에 담긴 의미를 보는 것이 더 중요하다며 위안을 삼았다.

—— 경(敬)의 의미

소수서원 밖으로 나오니 죽계천이 겨울에도 우아한 자태를 뽐내며 흐르고 있었다. 소수서원은 자체로도 멋진 풍경을 가지고 있지만, 일대를 휘돌아가는 죽계천과 소나무 숲도 이에 뒤지지 않는다. 소수서원을 나와 죽계천을 따라 돌아가는 길에 주세붕이 바위에 붉은색으로 '敬(공경할 경)'이라 새겨놓은 한자가 눈에 들어온다. 주세붕이 바위에 이 글자를 새겨둔 이유를 생각해보았다. 조선시대는 모든 사람이 도리를 알고 행하는 사회 건설이 국가 목표였고, 그 역할을 담당할 계층이 선비라고 생각했다. 깨달음에 멈추지 않고 실천했던 선현들을 공경하고 배우고자 하는 의지를 이 한 글자에 담아놓은 것은 아닐까? 선조의 지혜에 감탄이 흘러나왔다.

조선 후기 이황 계열의 동인이 권력에서 밀려나지 않았다면 소수서원은 어떻게 다른 모습을 가졌을지 궁금해진다. 더불어 조선 후기 많은 이들이 '경(敬)'의 의미를 제대로 알고 실천했더라면 얼마나 좋았을까 하는 아쉬움도 남는다. 하지만 조선은 망했어도 소수서원의 역할은 끝나지 않았다는 생각이 든다. 소수서원은 교육을 백년지대계로 삼았던 문화 강국이자 교육 강국이던 조선을 보여주며, 앞으로 우리가 해야 할 일이 무엇인지 가르쳐주고 있다.

아름다운 자연과 전설이 만나다

우포늪

── 세계적으로 인정받은 습지

서울에서 태어난 터라 자연과 호흡하며 살아본 경험이 많지 않다. 더욱이 최근에는 공원을 일부러 찾아가지 않는 한 자연을 접하기가 더욱더 어렵다. 그래서 결혼을 하고 두 아이를 둔 아빠로서 가족과의 여행을 준비할 때마다 되도록 다양한 자연을 접하고 함께할 수 있는 곳으로 가려 한다. 그런 점에서 우리의 영토가 넓지는 않지만, 전 세계의 자연환경을 모두 접할 수 있는 다양성을 가지고 있다는 점에서 축복받은 땅이라고 할 수 있다. 그중에서도 1억 4천만 년 전, 한반도가 형성되는 과정에서 만들어진 아주 특별한 우포늪이 현재까지 남아 있다는 것은 감사할 정도다.

하루 종일 풍경을 감상하고 싶게 만드는 우포늪은 다양한 설화를 간직하고 있다.

　　우포늪은 우리나라에서 강원도 인제군 대암산 용늪 이후, 두 번
째로 람사르 협약에 의해 보호하도록 되어 있는 곳이다. 람사르 협약
은 1971년 2월 이란의 람사르에서 물새 서식지로서 중요한 습지를
보전하기 위해 채택된 국제 협약으로, 우리나라는 1997년 세계에서
101번째로 람사르 협약에 가입했다. 이처럼 람사르 습지로 선정되어
세계적으로도 가치를 인정받으며 보존이 잘 이루어지고 있는 우포늪

은 창녕군에서도 문화관광상품으로 활용하기 위해 보존에 많은 노력을 기울이고 있다.

── 간척사업으로 축소된 우포늪

우포늪은 크게 4개의 습지로 이루어져 있다. 우포늪(130만㎡), 목포늪(53만㎡), 사지포늪(36만㎡), 쪽지벌(14만㎡)로 실로 엄청난 면적을 차지하고 있는 거대 습지다. 축구장 면적이 7,140㎡라는 점을 가지고 우포늪의 면적을 짐작해본다면, 하루 이틀에 우포늪을 모두 보는 것이 불가능하다는 사실을 쉽게 알 수 있다. 이처럼 드넓은 면적의 우포늪은 과거에는 지금보다 훨씬 더 넓었으나 인간에 의해 점차 축소되어왔다. 삼한시대부터 오늘날까지 우리 민족은 농경지를 확보하기 위해 끊임없이 간척사업을 벌였다. 내륙과 바다에 관계없이 벼농사를 짓기 위한 땅을 확보하기 위해 간척사업이 이루어졌고, 이 과정에서 많은 습지가 사라져갔다.

우포늪도 예외일 수 없었다. 농지를 확보하기 위해 우포늪에 인공제방을 쌓아 습지를 줄이지 않았다면 지금보다도 훨씬 넓은 면적을 보유하고 있었을지도 모른다. 자연의 소중함을 인식하게 된 오늘날의 시선으로 볼 때 습지가 축소되는 건 아쉬울 수 있지만, 과거 먹을 것이 부족하던 시기에 농경지를 얻기 위한 간척사업은 꼭 필요한 일이었다. 더불어 수해로부터 오는 피해를 막기 위해서도 우포늪에 제방을 만들어야 했다. 우포늪의 풍부한 수량은 농사를 짓는 데 큰 도움이 되었지만, 장마나 태풍이 오면 이야기가 달라졌다. 우포늪은 여름철에 비가 많이 내리면 빠른 속도로 수위가 높아져서 인근 논밭으로 물이 넘쳐흘렀다. 물의 범람은 애써 심어놓은 벼농사를 망칠 수 있는 가장 큰 위험요소였다.

—— 천년 잉어 이야기

인근 농민들은 우포늪이 범람하지 않기를 바라는 마음으로 여러 가지 전설을 만들어냈다. 그중에서도 대표적인 전설이 잉어의 약속이다. 전설에 의하면 우포늪에는 천 년 넘게 살고 있는 잉어가 있었다고 한다. 오랜 세월을 살아온 만큼 지혜도 깊어서, 인간의 눈에 띄지 않고 우포늪에서 유유자적 행복하게 살아가고 있었다. 그런데 지금으로부터 100여 년 전 우포늪에서 물고기를 잡아 생계를 유지하던 어부에게 어이없게 잡혀버렸다. 천년 잉어를 잡은 어부는 기쁘기보다는 덜컥 겁이 났다. 살아생전 이렇게 큰 잉어를 잡아본 적이 없어서 전설 속의 천년 잉어일지도 모른다는 생각이 떠올랐다. 어부는 천년 잉어를 잡아 올렸다가 자칫하면 하늘의 벌을 받을 수 있다는 불안감에 앞뒤 생각 없이 천년 잉어를 도로 늪에 풀어주었다.

반면 주변을 제대로 살피지 않고 생각에 잠겨 있다가 어부에게 어이없이 잡힌 천년 잉어는 자신의 경솔함에 삶을 포기하고 있었다. 자신의 모든 것을 내려놓으려는 찰나, 어부가 자신을 늪에 풀어주자 처음에는 의아했으나 곧 살려주었다는 사실에 감사함이 밀려왔다. 그리고 자신을 살려준 어부에게 감사한 마음을 표현하고 싶었다. 천년 잉어는 본래 자신의 모습인 용왕의 아들로 변해 어부에게 말을 걸었다. 자신은 그물에 걸려 죽을 거라 생각하고 자포자기하고 있었는데 이렇게 살려줬으니, 그 답례로 어부가 평생 물고기를 잡으며 행복

우포늪의 자연과 인근 주민들의 삶을 한눈에 보여주는 조형물

하게 살 수 있도록 우포늪을 영원히 지켜주겠다고 약속했다. 이후 우
포늪은 어부가 편안하게 물고기를 잡을 수 있도록 큰 자연재해가 일
어나지 않았다고 한다. 이 전설을 통해 우포늪 인근 주민들이 물을 다
스리는 용왕을 통해 자연재해를 막고자 하는 바람이 얼마나 절실했
는지를 느낄 수 있다.

— 엄마 개구리의 사랑

이와 비슷한 전설로 엄마 개구리 이야기도 있다. 애골이라는 계
곡에 금개구리 부부가 살고 있었는데, 큰 장마로 인해 아기 개구리들
이 큰 물살에 휩쓸려갔다. 남편 개구리는 소나무 가지를 타고 거친 물
살을 헤치며 아기 개구리들을 구하기 위해 앞으로 나아갔다. 그러나
아기 개구리를 구하러 떠난 남편 개구리마저 한참이 지나도록 돌아오

지 않자, 엄마 개구리는 걱정되는 마음에 남편과 아이들을 찾아 길을 나섰다. 잃어버린 가족을 찾아 한참을 헤매던 엄마 개구리는 한참 떨어진 곳에서 남편 개구리가 타고 나갔던 소나무 가지를 발견했다. 그러나 소나무 가지 주변에는 아무도 보이지 않았다.

가족을 만날 수 있다는 희망을 버리지 않은 엄마 개구리는 이곳에서 기다리면 남편 개구리가 올 것이라 생각하고, 겨울 내내 큰 소리로 남편과 아이들의 이름을 부르며 울었다. 하지만 남편 개구리와 아기 개구리는 돌아오지 않았고, 배고픔과 추위에 지쳐 죽은 엄마 개구리는 바위가 되었다. 이 전설도 우포늪이 넘쳐흐르면 1년 농사를 망치게 되어 가족들이 기나긴 겨울을 넘기기 어려웠던 당시 삶을 개구리에 투영했다고 볼 수 있다. 이처럼 우포늪에 내려오는 전설을 살펴보면, 우포늪은 인근 농민들에게 없어서는 안 되는 매우 중요한 삶의 터전이면서도 삶을 위협할 수도 있는 무서운 자연이었다.

── 판바우와 바우덕의 사랑

우포늪에서 볼 수 있는 가시연꽃에는 판바우와 바우덕이라는 전설이 내려온다. 우포늪 주변에 있는 소목마을에 서로를 아주 사랑하는 판바우와 바우덕이 살고 있었다. 판바우는 늠름한 외모를 갖춘 잘생긴 청년이었고, 바우덕은 뛰어난 미모와 착한 심성을 지니고 있어 주변 사람들에게 잘 어울리는 한 쌍이라는 이야기를 들었다. 둘은 서로를 아껴주며 평생을 함께하기로 약속하고 행복한 시간을 보냈다.

그러던 중 소목마을에 악덕 수령이 부임했다. 악덕 수령은 바우덕의 미모를 보고 자신의 첩으로 만들기 위해 판바우를 강제로 전쟁

경상도

323

터로 내보냈다. 판바우를 바우덕의 옆에서 떨어뜨려놓은 수령은 달콤한 거짓말로 꾀어도 보고 협박도 했지만, 바우덕의 마음은 변치 않았다. 그러나 악덕 수령은 포기하지 않았다. 강제로 바우덕을 품에 안으려 계략을 세웠다. 그러나 수령에게서 더 이상 자신의 몸을 지키기 어렵다고 판단한 바우덕은 높은 벼랑에 올라가 스스로 몸을 던져 세상을 등졌다.

판바우는 전쟁에서 바우덕을 다시 만나 행복한 시간을 보낼 날만 기다리며 어금니를 꽉 깨물고 온갖 어려움을 이겨냈다. 전쟁이 끝나자 바우덕을 만날 생각에 쉬지 않고 고향으로 달려왔지만, 사랑했던 여인은 이미 이 세상 사람이 아니었다. 삶의 의미를 잃은 판바우는 바우덕이 뛰어내린 바위로 올라가 자신의 몸을 던지며 저승에서의 만남을 기약했다. 그리고 얼마 뒤 서로를 안고 있는 두 사람의 시신이 목포늪에서 발견되었다. 두 사람의 시신을 본 사람들은 죽은 후에도 떨어지지 못하고 사랑하는 모습을 보고 안타까운 마음에 눈물을 흘리며 늪 주변에 무덤을 만들어주었다. 이듬해 여름이 되자 연인의 무덤 옆에는 지금까지 보지 못했던 연꽃이 피어 있었다. 사람들은 이 연꽃을 판바우와 바우덕이라 생각하며 가시연꽃이라 불렀다.

이 외에도 우포늪에는 많은 전설과 꼭 가봐야 하는 명소가 많다. 판바우와 바우덕의 사랑이 깃들어 사랑의 수호신이 된 서낭목과 함께 영화나 CF 등에서 아름다운 한국의 모습으로 비춰지는 주매제방 등 명소가 많다. 짧은 시간 안에 우포늪의 모든 곳을 다 볼 수는 없었지만, 우포늪에서 방문객을 위해 애써주시는 해설사를 따라다니며 재미있는 이야기를 많이 들을 수 있었다. 우포늪에 서식하는 나무와 풀 등 우리가 모르는 것들을 잘 설명해주었기에 더욱 귀 기울여 들었다. 그럴 수밖에 없는 것이 도시에서 태어나고 자란 나에게 광활한 자연을 느끼게 해준 우포늪은 아주 특별한 장소였기 때문이다. 나중에 기회가 된다면 물안개가 피어나는 새벽 무렵부터 해가 지는 저녁의 노을까지 우포늪에서 하루 종일 망중한을 즐기고 싶다.

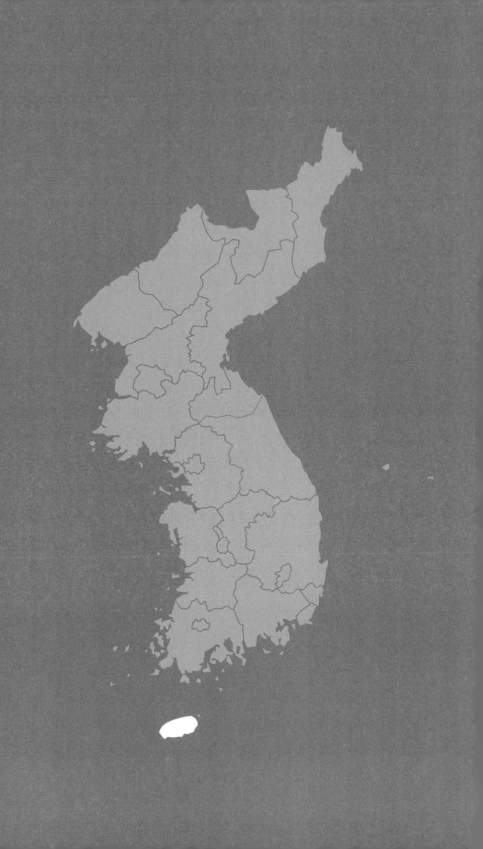

7장

제
주
도

도두봉 비자림 용머리해안 천제연폭포

성산일출봉과 광치기해변 한라산 마라도

제주도는 삼한시대 독자적인 문화를 가진 국가였다. 그러나 약소국의 한
계를 벗어나지 못하고 내륙 국가의 지방행정으로 편입되는 과정에서 수
많은 고난을 겪어야만 했다. 지금이야 세계적으로 많은 사람들이 좋아하
는 섬이지만, 제주의 모든 곳에는 깊은 아픔이 서려 있다. 제주도의 아픈
역사를 안다면 제주도를 보다 더 사랑할 수 있지 않을까?

| 제주도에서 가볼 곳

도두봉

한라산

비자림

우도

제주시

서귀포시

가파도

마라도

마라도

용머리해안

천제연폭포

성산일출봉

탐라국 수도를 내려다보다

도두봉

—— 제주도의 주인에서 몰락까지 1천 년

딸들이 종종 비행기를 타고 싶다고 이야기하곤 했다. 그러나 딸들과 여행을 다니는 시기는 주로 성수기라 비행기를 타는 것이 경제적으로 큰 부담으로 다가왔다. 그럴 때마다 이런저런 핑계를 대며 차일피일 미루다 보니 아이들이 어느새 초등학생이 되어 있었다. 아이들에게 미안한 마음에 큰마음 먹고 여름 성수기에 제주도 여행을 계획하면서 많은 고민이 뒤따라왔다. 비행기를 처음으로 타본다는 설렘과 더불어 제주도에 대한 환상에 들떠 있는 딸들을 위한 맞춤형 제주도 여행 코스를 계획하는 일이 보통 어려운 게 아니었다.

며칠간의 고민 끝에 제주도 2박 3일 여행 코스를 계획했다. 김포

공항에 들어서는 순간, 비행기를 보고 두 눈이 휘둥그레진 두 딸의 모습을 보고 귀여움과 동시에 미안한 마음이 교차했다. 하지만 그것도 잠시, 비행기가 보이는 유리창에 딱 붙어서 연신 감탄사를 남발하는 딸아이들이 부끄러워져서 나도 모르게 한 발자국 뒤로 물러섰다. 비행기에 탑승하고 나서는 기내식을 왜 주지 않느냐는 딸들의 질문에 주위의 눈치가 보여 식은땀을 흘려야 했다. 비행기를 탔다는 것만으로도 너무나 즐거운 아이들과는 달리 나는 제주도로 가는 내내 딸들에게 미안한 마음이 가득했다.

제주공항에서 내린 후 렌터카를 타고 제일 먼저 향한 곳은 도두봉이었다. 제주공항과 멀지 않으면서 '제주시 숨은 비경 31'에 속하는 도두봉은 해발고도 63m에 불과해서 아이들도 쉽게 오를 수 있다는 장점이 있다. 또한 도두봉 정상에서 내려다보이는 해안도 무척 아름답기 때문에 여행 코스에 넣었다.

도두봉 오름은 '섬의 머리'라는 의미를 가지고 있다. 이 작은 오름이 제주도의 머리라는 의미의 이름을 가지게 된 데는 탐라국의 역사와 깊은 관련이 있다. 탐라국은 삼국시대부터 고려시대까지 제주도를 통치하던 소국이었다. 그리고 제주도를 오랫동안 통치했던 탐라국의 수도가 도두봉 오름에서 한눈에 내려다보이는 도두동(오늘날 행정구역 명칭)이다.

백제와 신라라는 강대국으로부터 탐라국의 안전을 보장받기 위해 탐라국은 내륙으로 사절단을 자주 보내야 했다. 하지만 당시의 조선술(배를 만드는 기술)과 항해술로 제주의 거친 바다를 헤치고 내륙으로 가는 것은 매우 위험한 일이었다. 그래서 탐라국 사절단이 바다를

벤치에 앉아 바다를 내려다볼 수 있는 도두봉

향해 출발하면 탐라국의 많은 사람들이 도두봉에 올라 사절단의 안
전한 귀가를 기원했다. 사절단이 탐라국 수도로 돌아올 때는 제일 먼
저 보이는 도두봉을 보며 고향에 돌아온 기쁨을 맞이했다. 나라의 운
명을 위해 제주도를 떠나는 장소이자 도착지인 이곳을 제주도의 머
리라는 뜻을 가진 도두봉이라고 부른 것은 탁월한 선택이었다고 생
각된다.

　　하지만 오늘날 도두봉 아래가 탐라국의 수도였다는 사실을 많은
사람이 알지 못한다. 마찬가지로 탐라국의 역사를 아는 사람도 많지
않다. 탐라국은 제주도의 설화와 깊은 관련이 있으며, 제주도 역사의
시작이기도 하다. 제주도 설화에 따르면 고을나, 양을나, 부을나 3명
이 제주 삼성혈에서 솟아났다고 한다. 3명은 벽랑국 세 공주와 결혼해
자손을 낳으며 제주도에 농경과 문명을 알려주면서 나라를 세웠다.

그 나라의 이름이 탐라국이다.

그러나 탐라국은 해상교통의 요지에 위치하면서 늘 주변국들의 위협을 받아야 했다. 또한 화산섬인 제주도는 대부분의 지대가 현무암으로 이루어져 있어 벼농사를 짓기 어려웠기 때문에 물자가 풍족하지 않았고, 육지와 거리가 멀어 대륙으로의 진출도 어려웠다. 그 결과 탐라국은 중앙집권화를 이루며 막강한 힘을 가지고 팽창하던 백제와 신라 외에도 당나라와 일본과 수교를 맺으며 나라의 안위를 보존해야 했다.

수교를 맺었다고는 하지만 대등한 관계의 수교는 아니었다. 주변국에 비해 힘이 열세였던 탐라국은 신하의 예를 갖추며 관직을 받는 사대관계의 형식으로 나라의 안위를 보존할 수 있었다. 특히 탐라국과 가장 가까우면서도 영향력이 컸던 백제에 조공을 바치며 좌평이라는 관등을 받았다는 기록에서 약소국이던 탐라국의 위치를 알 수 있다. 백제의 보호 아래 탐라국은 안정적으로 발전할 수 있었으나, 백제가 멸망하자 탐라국은 곧바로 신라의 속국임을 자처하며 왕국을 지켜나갔다.

통일신라시대는 중앙에서 관리를 파견해 직접 통치하지 않고, 기존의 지배세력을 끌어들여 간접 통치하는 체제였기에 탐라국은 멸망하지 않고 나라를 보존할 수 있었다. 통일신라가 멸망한 후에도 탐라국은 고려에 조공을 갖다 바치며 오랜 시간 나라를 지켜나갔다. 하지만 고려 중기부터 지방에 관리를 파견해 직접 통치하는 흐름을 거스르지는 못했다.

결국 고려 숙종 때 탐라국은 고려의 지방행정구역인 군(郡)으로 편입되어 왕국의 기능을 잃어버렸다. 이후 의종 때는 군(郡)에서 현(縣)으로 격하되고, 제주도와 관련된 행정업무를 중앙에서 파견된 현령이 담당케 하면서 탐라국 왕실은 제주도의 실질적인 통치력을 상실해버렸다. 마침내 1211년 고려 희종 때는 제주로 명칭이 바뀌면서 탐라국의 왕족들은 성주와 왕자라는 직위만 가지고 명맥을 간신히 유지할 수 있었다. 관리가 파견되지 않는 속현이 완전히 사라지는 조선시대에는 탐라 왕족이라는 사실을 알려주던 성주라는 명칭도 사라졌다. 탐라 왕족은 좌도지관·우도지관이라는 관직으로 불리며 중앙행정조직으로 완전히 편입되었다가, 세종 때는 왕족들 모두 평민이 되어버렸다.

── 잊혀야 했던 탐라국

탐라국은 문헌 기록에 등장한 476년부터 고려의 지방행정구역으로 편입된 1105년까지 계산해도 629년이라는 긴 세월 동안 존속했다는 계산이 나온다. 탐라국 왕족이 조선 세종 때까지 명맥을 유지한 기간은 천 년이 넘는다. 결코 짧은 기간이 아닌데도 우리는 왜 탐라국에 대해 잘 알지 못하는 것일까?

그 이유는 크게 두 가지다. 첫 번째는 한반도의 역사에 크게 영향을 주지 않았던 소국이었던 것에 기인한다. 두 번째는 조선시대에 제주도를 극심하게 탄압하고 수탈하는 과정에서 탐라국을 일부러 격하시켰던 점에서 그 이유를 찾아볼 수 있다. 제주도 사람들에게 본토 사람들과 뿌리가 다르다는 인식을 심어주는 탐라국을 없애버림으로써 수탈에 저항하는 제주도 사람들의 구심점을 제거했다고 보면 된다.

예를 들어 탐라국 시대 중국과 일본으로까지 사신단을 파견할 정도로 배를 만드는 기술이 뛰어났던 제주도 사람들을 조선시대에는 뗏목만 사용해 어업을 하게 한 것은 가혹한 수탈에도 이들이 도망칠 수 없도록 하기 위해서였다.

배를 만들지도 못하고 제주도라는 섬에 갇힌 제주도 사람들은 선조들이 세웠던 탐라국을 잊은 채 자신들을 향해 다가오는 시련을 무기력하게 받아들여야 했다. 한때 막강한 영향력을 행사했던 탐라국은 고려시대부터 현으로 격하되어 일반 마을이 되었다. 탐라국 왕들이 사절단을 배웅하고 맞이하기 위해 올랐던 도두봉 오름은 조선시대 도원 봉수대라 불리며 나라의 위급함을 알리는 장소로 사용되었다.

이후 나라를 잃고 고려와 조선의 지방행정조직으로 편입되어 어려운 삶을 살아야 했던 제주도는 2000년대 이후 그 위상이 바뀌었다. 이제는 대한민국의 영토로서 한국인만이 아니라 전 세계의 많은 사람이 제주도의 아름다운 풍경을 보러 찾아온다. 하지만 아직까지 제주도의 시작점이면서 아름다운 풍경을 볼 수 있는 도두봉 오름을 찾는 사람은 많지 않다. 그렇기에 2009년에는 도두봉이 제주시의 숨은 비경으로 선정되기도 했다.

도두봉이 정말 제주시의 숨은 비경인지를 확인하고자 한다면 직접 방문해볼 필요가 있다. 직접 찾아가보면 도두봉 오름을 알려주는 표시가 작아서 눈에 잘 띄지도 않고, 오름이라는 느낌도 받기 어렵다. 도두봉 오름의 정상에 올라가는 길목도 낮은 야산을 올라가는 것처럼 느껴져 특별한 볼거리가 없다. 그리고 오름 정상에 도착해도 해변을 끼고 있는 도두동의 전경은 일반적으로 접할 수 있는 해안마을

도두봉에서 바라본 전경

을 보는 듯한 느낌이다. 도두봉 오름은 분화구도 없어 제주도만의 특별한 자연경관을 기대한 사람들에게는 다소 실망스러운 모습을 주기도 한다. 하지만 도두봉 오름의 정상에서 주위를 천천히 둘러보면 시선이 멈추는 곳마다 각기 다른 풍경을 감상할 수 있다. 일출이나 일몰 시에 방문해 정상에 있는 벤치에 앉아 분주할 것 같은 항구와 제주도의 망망대해를 바라보기에 이곳만큼 최적의 장소를 찾기란 쉽지 않다. 더불어 이곳이 잊힌 제주도의 수도였다는 사실에 전율이 느껴지기도 한다.

제주도

원시 숲을 보존하다
비자림

—— **인간이 사랑해서 수난을 겪어야 했던 비자나무**

　　제주도를 대표하는 장소이자 많은 사람이 꼭 방문하기를 추천하는 장소가 비자림이다. 빽빽하게 들어선 삼나무 숲이 만들어낸 도로(비자림로)를 따라 차를 타고 달리다 보면 원시 자연을 간직하고 있는 비자림에 도착하게 된다. 비자림은 말 그대로 비자나무 군락지다. 그러나 대부분의 사람들에게 비자나무는 처음 들어보는 생소한 이름이다. 이름에 뭔가 특별한 의미가 있을 것 같지만, 막상 비자나무란 이름이 붙여진 이유를 알면 너무도 허무하다. 비자나무잎이 한자 '비(非)' 자와 닮았다고 해서 붙여졌기 때문이다. 비자(非字)를 다시 우리말로 바꾸면 '비(非) 글자처럼 생긴 잎을 가진 나무'가 되는 것이다.

비자나무는 우리나라 남부 지방(내장산 이남)과 제주도에서 주로 서식하기에 남도에 살지 않는 이에겐 낯선 나무다. 특히 비자나무는 예부터 사찰 주변에 씨를 뿌려서 키웠기 때문에 자연에서 만나기도 쉽지 않다. 또한 사찰에 간다고 할지라도 특별한 관심을 기울이지 않는다면 비자나무를 알아보기도 어렵다. 비자나무를 자연에서 만나기 어려운 또 다른 이유는 무엇일까? 비자나무가 생존에 약한 나무여서가 아니다. 창경궁에 있는 비자나무는 도심에서도 잘 자라고 있다. 오히려 비자나무를 접하기 어려워진 이유는 인간의 욕심 때문이었다.

비자나무와 그 열매는 과거 우리 선조들에게 부(富)를 드러내는 데 꼭 필요한 물품이었다. 비자나무는 목재로서 상품성이 높아 국가에서 진행되는 토목공사에 필히 사용되었다. 과거 고려시대에 원나라 궁궐을 짓는 데 비자나무를 바쳤다는 기록이 남아 있는 것으로 보아 비자나무의 상품 가치가 매우 높았음을 짐작할 수 있다. 특히 권력과 부를 가진 지배계층은 비자나무로 만든 바둑판을 갖는 것이 큰 자랑거리였다. 비자나무로 만든 바둑판은 은은한 향이 나면서 바둑돌을 선명하게 보이게 만드는 시각적 효과가 뛰어나다. 또한 바둑돌을 놓을 때마다 울리는 청명한 소리는 과히 일품이라고 한다. 그래서 집에 비자나무로 만들어진 바둑판이 있다는 것은 그 집의 재력 수준을 보여주는 징표였다.

비자나무 열매의 경우 예부터 구충제와 변비 치료제로 널리 사용되었고, 씨에서 짠 기름은 고급 식재료였다. 과거 의학서적인 『향약집성방』과 『동의보감』에서는 비자열매의 구충 효과를 크게 강조했다. 농업기술서인 『농정회요』에서는 비자나무 열매는 독이 없고 열매 수확량이 많아 나무 하나에서 수십 말의 열매를 얻을 수 있다고 기술하고 있다. 이를 통해 비자나무가 인근 농민들의 주 수입원이 되었음을 짐작해볼 수 있다.

하지만 비자나무는 성장이 매우 더딘 나무 중 하나다. 1년에 보통 1.5cm 정도 자라다 보니 100년 동안 자라도 지름이 20cm 이상으로 커지지 않는다. 또한 15~20년이 지나야 열매를 맺게 되니 비자나무를 심어 짧은 기간에 이익을 취하기 어렵다. 이처럼 열매를 수확하거나 나무를 베어 바둑판으로 만들기 위해서는 정말 오랜 시간을 필요로 한다. 경제적 용어로 말하면 수요는 크고 공급은 부족하다 보니 희소성이 큰 비자나무는 우리나라에서 점차 찾아보기 힘들어졌다. 하지만 부와 권력을 가진 사람들은 비자나무를 원했고, 힘없는 많은 백성들은 수탈로 인한 어려움을 겪어야 했다.

특히 제주도에서는 1053년(고려 문종 7년)에 탐라국 왕자 수운나가 비자를 진상한 이후부터 제주도민들은 조선시대까지 비자나무 열매를 국가에 진상해야 했다. 이 과정에서 수탈과 비리로 많은 백성의 아우성이 얼마나 커졌는지 조선 성종 때는 비자나무를 베지 못하도록 금지했다는 기록이 『조선왕조실록』에 남아 있다. 이를 통해 확실히 알 수 있는 것은 비자나무 군락지 근처에 살던 백성의 삶이 매우 고단했다는 점이다.

조선 후기에는 국가가 제 기능을 하지 못하고 관리들의 부정부패가 많아지면서 비자나무는 수탈품목 1순위가 되었다. 조선 후기 제주도에 부임한 관리들은 매해 수확할 수 있는 비자나무의 양을 세어보지도 않고 일률적으로 더 많이 징수했다. 이에 많은 제주도 사람들은

세계에서 단일수종으로는 가장 큰 숲 비자림

세금을 줄이기 위해 눈물을 머금고 오랜 세월을 함께해왔던 비자나무를 베어야 했다.

── 비자림을 만날 수 있게 해준 고마운 분들

이처럼 생장 속도가 느릴 뿐 아니라, 사람의 이기적인 욕심에 의해 수없이 베어져야 했던 비자나무가 북제주군 구좌읍에 숲을 이뤄 지금까지 존재한다는 것은 매우 놀라운 일이다. 제주도 사람들은 제사를 지내고 난 뒤 버렸던 비자 씨앗이 싹을 틔워 구좌읍에 비자림이 만들어졌다고 믿고 있다. 그러나 숲 전문가들은 이는 전설일 뿐, 실제로는 한라산에 자생하던 비자나무에서 떨궈진 씨앗들이 계곡물을 따라 흘러와서 비자림이 조성되었다고 본다. 어떠한 과정으로 만들어졌든 현재 구좌읍에 있는 비자림은 45만㎡에 500~800년생 되는 나무만 2,800여 그루로, 세계에서 단일수종으로는 가장 큰 숲으로서 가치를 인정받고 있다.

비자림에서 최고령 나무의 나이는 900살이다. 더욱 놀라운 것은 900살의 비자나무가 한 그루가 아니라 여러 그루라는 점이다. 산불 같은 자연재해와 인간의 욕심으로 사라져버릴 운명을 이겨내고 오늘날까지 용케 버텨준 것이 기적이라고 해도 과언이 아니다. 일제강점기와 6·25 전쟁 그리고 어려운 경제 환경에서도 비자나무의 효용성보다는 숲의 가치를 알아보고 비자림을 조성해 관리한 제주도민들에게 감사해야 할 일이다. 특히 비자림을 제주도 최초의 삼림욕장으로 만들고 비자나무마다 일련의 번호를 하나씩 부여하면서 정성 들여 관리해준 분들에게 감사하다.

또한 비자림을 조성하는 과정에서 나무만이 아니라 방문하는 사람들도 배려했음을 보여주는 것이 바로 입구에서부터 만나게 되는 붉은색 흙이다. 이 흙은 화산 활동을 통해 만들어진 크고 작은 바위 파편, 즉 화산쇄설물로 '송이'라고 부른다. 송이는 식물이 자랄 수 있는 최적의 환경을 제공하기도 하지만 우리 몸의 신진대사를 활발하게 촉진하는 기능도 가지고 있다. 비자나무가 주는 음이온과 송이에서 내뿜는 좋은 물질 덕에 우리는 비자림에 들어서는 순간 매우 건강해지는 느낌을 받을 수 있다.

2000년에 새천년나무라는 이름으로 비자림을 대표하는 비자나무 한 그루를 선정했다. 새천년나무는 820년 이상의 수령으로 비자림에서 가장 오래된 나이는 아니다. 그러나 새천년나무는 키가 14m, 둘레만 6m로 장정 4명이 두 팔을 벌려 안아야 할 정도로 거대함을 자랑

자연과 인간 모두에게 유익한 송이길

하는 멋진 자태를 지니고 있다. 위에서도 말했듯이 비자나무의 더딘 생장 속도를 감안했을 때 새천년나무가 갖는 가치는 우리가 상상하는 그 이상이다. 비자림에서 새천년나무를 찾는 것은 어렵지 않다. 비자림은 1km를 걷는 40분 코스와 2.2km를 걷는 1시간 20분 코스 2개로 이루어져 있는데, 어느 코스를 걷든 새천년나무를 만나도록 조성되어 있다.

내가 비자림을 방문했을 때 인상 깊었던 것은 비자림의 관리 상태였다. 비자림에서는 오물과 쓰레기를 볼 수 없었다. 숲에는 인위적인 건축물을 배제해놓아 화장실도 없었다. 이는 인간보다 숲이 우선임을 보여주는 확실한 메시지였다. 숲에 인간의 방문은 허용하지만 훼손은 용납하지 않겠다는 강한 의지가 엿보였다.

또한 비자림에서는 여러 어린이집에서 소풍 온 아이들을 쉽게 만날 수 있다. 제주도의 다른 장소보다도 비자림에서 어린아이를 많이 만날 수 있는 이유가 무엇인지 생각해보니, 이곳이 어린아이들이 마음껏 뛰어다녀도 될 만큼 안전하기 때문이었다. 비자나무는 모기 등의 해충을 내쫓는 향이 있어 아이들이 벌레에 물릴 걱정을 하지 않아도 된다. 송이길은 마음껏 뛰어다니다 넘어져도 크게 다칠 일이 없어 아이들이 안전하게 뛰놀 수 있는 환경을 만들어주었다. 지금은 딸들이 자연보다는 다른 것에 관심을 더 많이 두는 나이다 보니, 이곳에 더 일찍 데리고 오지 않은 것에 대한 후회가 밀려왔다. 그나마 이제라도 함께 온 것이 다행이라는 생각이 들었다.

제주도의 고난을 예견하다

용머리해안

── **용머리해안에 얽힌 전설**

　　제주도에서 가장 아름다운 절경을 뽑는다면 용머리해안이라고
말하고 싶다. 자연이 빚은 가장 오묘한 현상을 마주할 수 있는 장소인
용머리해안은 발을 내딛는 장소마다 탄성이 저절로 나온다. 자연이
아니라면 절대 만들어내지 못할 것이라는 말에 누구도 감히 반박할
수 없을 정도의 절경을 갖춘 곳이 바로 제주도 용머리해안이다. 하지
만 용머리해안은 인간에게 쉬이 길을 내주지 않는다. 바람이 거세거
나 비가 조금만 많이 와도 인간의 진입을 허락하지 않는다. 우리에겐
약하다고 생각되는 바람에도 용머리해안으로 출입하는 것이 불가능
해진다. 그래서 여러 번 용머리해안을 찾아갔지만, 실제로 입장할 수

있었던 것은 한 번뿐이었다.

용머리해안으로 입장할 수 없을 땐 산방사 주차장 맞은편에 있는 산방연대에 올라간다. 연대는 외적의 침입을 알려주는 봉수대처럼 횃불과 연기로 제주도에서 해적이나 왜적의 침입을 알려주는 역할을 하는 곳이다. 산방연대는 제주도의 몇 개 남지 않은 연대다. 과거 제주도의 거센 바람을 맞으며 횃불과 연기를 피우느라 선조들이 얼마나 고생했을지 생생하게 느껴진다. 산방연대는 용머리해안을 전체적으로 전망하기에 매우 좋은 위치에 있다. 산방연대에서 용머리해안을 내려다보면 흡사 커다란 용이 바다로 입수하고 있는 듯한 착각을 불러일으키게 한다. 그리고 왜 이곳을 용머리해안이라 불렀는지 고개가 끄덕여진다.

용머리해안에도 제주도의 다른 곳처럼 전설이 내려온다. 옥황상제의 노여움으로 한라산 정상이 이곳으로 옮겨져 산방산이 되었다는 전설과는 달리, 용머리해안에는 과거 역사 속 실제 인물이 등장한다. 그 전설은 중국에서 시작된다. 혼란했던 춘추전국시대를 통일한 진시황은 천하를 얻었지만, 많은 근심과 걱정으로 하루도 편할 날이 없었다. 진나라가 영원하기를 원했던 진시황은 자식들도 믿지 못했고, 자신이 영생불멸해 진나라를 계속 이끌어야 한다고 생각했다. 그러나 인간의 불로장생은 불가능한 일이었다. 진시황은 수많은 신하를 세계 여러 곳에 보내 불로장생의 방법을 구해오게 했으나 모두 실패했다. 결국 진시황은 자신이 영원히 살 수 없다면 진나라를 영원토록 보존하는 방법은 황제가 될 수 있는 뛰어난 인물이 태어나지 못하도록 막는 길뿐이라고 생각했다. 마침 진나라에서 가장 뛰어난 풍수가였던

태고적 모습을 간직하고 있는 용머리해안과 산방산

호종단은 진시황에게 제주도가 황제가 나올 만한 기운이 모여 있는 장소라고 말했다. 이에 진시황은 호종단에게 제주도의 지맥을 끊어 큰 인물이 나오지 못하도록 막을 것을 명령했다.

호종단이 진시황의 명을 받고 제주도의 여러 곳을 다니며 지맥을 끊어놓자, 제주도는 지기(地氣)가 뒤틀리며 자연에 변화가 나타나기 시작했다. 호종단이 물의 혈을 끊어놓으면서 지하수가 더 이상 나오지 않아 사람이 살 수 없는 마을이 되는 등 제주도는 심하게 훼손되어 갔다. 그런 과정에서도 호종단이 가장 신경 쓴 장소가 산방산에서 내려다보이는 해안이었다. 이곳은 거대한 용이 바다로 뻗어나가는 형국으로 큰 인물이 나올 가능성이 가장 높은 지역이었다. 이에 호종단이 칼로 용의 꼬리와 잔등 부분에 해당하는 부분을 끊자, 땅에서 검붉은 피가 솟구쳐 나오면서 용의 신음소리가 천지를 울렸다고 한다. 그리고 잠시 후 용이 고통에 신음하다가 바다에 머리를 떨구고 죽었다.

진시황의 명대로 왕이 나올 수 있는 제주도의 기를 끊어버린 호종단은 분노에 찬 제주도민을 피해 배를 타고 중국을 향해 도망쳤다. 제주도를 빠져나오자 호종단은 진시황에게 칭찬과 함께 큰 포상을 받을 수 있다는 생각에 행복했다. 그러나 제주도의 기를 끊고 도망가는 호종단을 제주도의 여러 신들이 가만두지 않았다. 노여움이 하늘까지 닿을 듯 화가 난 제주의 신들은 태풍을 불러일으켜 중국으로 향하던 호종단의 배를 뒤집어 모두를 죽여버렸다. 그러나 호종단에 의해 끊긴 제주도의 땅의 기운은 되살아나지 못했다. 호종단이 몸통을 끊어버려 죽은 용은 하늘로 승천하지 못하고 바닷속으로 머리를 담근 채 죽어버렸고, 제주도는 이후 고난의 역사를 겪어야 했다. 그 이후 용머리해안에는 죽은 용의 몸통과 꼬리만이 남아 있게 되었다. 이 전설은 제주도가 내륙으로부터 많은 침략과 수탈을 당했던 역사에 기인한다. 호종단은 춘추전국시대의 인물이 아니라 고려 예종(재위 1105~1122) 때 고려로 귀화한 중국인으로 용머리해안에 내려온 전설이 실제 사실에 근거하지는 않는다.

── 용머리해안 입구의 하멜상선 전시관이 있는 이유

하지만 용머리해안으로 들어가는 입구에 있는 하멜 표류 기념비와 하멜상선 전시관은 실제 역사에 기인한다. 네덜란드 호르큄에서 1630년에 태어난 하멜은 동인도 회사에 취직해 자카르타에서 서기로 근무했다. 동인도 회사란 국가로부터 동양에 대한 무역권을 부여받아 식민지 개척 및 무역활동을 독점한 기업을 말한다. 당시 하멜은 중

하멜상선 모형이 전시되어 있다. 하멜은 거대한 산방산을 보고 어떤 생각을 했을까?

국과 일본에서 생산된 향신료와 청화백자를 유럽에 가져다 파는 일을
담당하고 있었다.

　　1653년 하멜은 일본 나가사키로 가던 중 태풍으로 배가 난파되
어 제주도 용머리해안에 일행 36명과 표착했다. 제주 목사 이원진은
갈 곳을 잃어 헤매던 하멜 일행을 붙잡아 옥에 가두었으나, 의사소통
이 되지 않자 조정에 자문을 구했다. 이에 당시 네덜란드 출신으로 조
선에 귀화해 관료로서 활동하고 있던 박연(Jan. Janse. Weltevree)이 제
주도로 내려와 하멜 일행과 통역을 했다. 하멜은 박연을 통해 일본으
로 자신들을 보내주기를 희망했으나 받아들여지지 않았다.

　　이에 하멜 일행은 제주도에서 일본으로 탈출을 감행했지만 실패
한 뒤, 한양으로 끌려가게 되면서 국외로의 탈출이 더욱 어려워졌다.
당시 북벌운동을 주도하던 효종(1619~1659)은 박연을 통해 새로운 화

포 제작에 큰 성과를 거둔 만큼, 하멜 일행을 통한 신무기 제작에 큰 기대를 걸었다. 효종은 하멜 일행을 훈련도감에 배속시켜 화포 제작을 명했으나, 화포 제작에 관한 지식과 기술이 없던 이들이 할 수 있는 일은 아무것도 없었다. 오히려 청나라 사신이 조선을 방문했을 때 본국으로 돌아가게 해달라고 소란을 피우는 행동으로 조정을 난처하게 만들 뿐이었다.

결국 효종은 1656년 하멜 일행을 전라도 강진의 전라 병영으로 유배 보낸 뒤 잡역에 종사시켰다. 훈련도감에 있던 시절과는 달리 강진에서의 고된 생활은 고향에 대한 향수병을 더욱 불러일으키면서 하멜 일행을 힘들게 했다. 그러던 중 1659년 북벌을 준비하던 효종이 죽자 하멜 일행에 어느 누구도 관심을 갖지 않게 되었다. 1663년에는 전국적으로 흉년이 크게 들었고, 먹고 살기 어려워진 환경에서 감시가 느슨해진 틈을 타서 하멜과 일행 7명은 일본으로 도망가는 데 성공했다. 그 후 하멜은 조선과의 교섭을 통해 나머지 일행 모두를 데리고 1668년 네덜란드로 귀국했다.

네덜란드로 돌아간 하멜은 조선에 있었던 14년 동안의 월급을 받기 위해 조선에서의 생활을 기록했다. 그 기록이『난선제주도난파기(Relation du Naufrage d'un Vaisseau Hollandois)』및 부록『조선국기(Description du Royaume de Corée)』다. 이 책은 출간되자마자 동양에 대한 관심이 높아지던 유럽에서 선풍적인 인기를 끌었다. 그리고 유럽에 조선의 정치·경제·사회·문화 전반적인 부분을 소개하는 계기가 되면서 훗날 유럽이 조선을 찾아오게 되는 시발점이 되었다. 이후 하멜의 책은 우리에게『하멜표류기』라는 책으로 알려졌고, 2002년 한일

파도, 바람, 태양 등 자연이 만들어낸 용머리해안의 멋진 절경

월드컵의 히딩크와 함께 네덜란드를 가까운 나라로 인식하게 하는 데 크게 기여했다.

　1980년 하멜이 제주도에 처음 도착한 용머리해안에 한국국제문화협회와 네덜란드 대사관이 하멜 표류 기념비를 세우고, 2003년에는 하멜이 타고 왔던 배를 모형으로 하는 하멜상선 전시관을 만들었다. 이처럼 용머리해안에서는 제주도민의 애환이 담겨 있는 용머리전설과 세계에 조선을 알린 하멜 이야기를 만날 수 있다. 그러나 무엇보다도 장관인 것은 180만 년 전 화산이 수중 폭발해 만들어진 길이 600m 높이 20m에 달하는 용머리해안이다. 나는 아직도 용머리해안의 그 장엄한 자연환경을 잊을 수 없다. 그래서 제주도를 방문하면 또다시 용머리해안을 둘러볼 기회를 얻고자 이곳을 꼭 들른다.

아름다운 전설이 짓밟히다
천제연폭포

── 칠선녀가 물놀이를 즐겼던 제1폭포

1971년 중문동 일대가 국제관광단지로 지정된 이후 제주도 중문 관광단지에는 우리에게 알려진 유명 장소가 많다. 그중에서도 천제연 폭포는 제주도의 화산지형을 잘 보여주면서 다양한 전설이 내려오는 유명 장소다. 또한 제주 4·3 사건의 아픔을 기억하고자 하는 사람들의 위령비가 세워져 있는 장소이기도 하다. 하지만 천제연을 방문하는 사람들은 천제연 제1폭포만 보고 특별함을 느끼지 못한 채 다른 곳으로 이동하는 경우가 대부분이다.

천제연폭포는 제1, 2, 3폭포 3개로 구성되어 있어 각각의 폭포를 보기 위해서는 많은 계단을 오르내려야 한다. 그러나 방문하는 사람들은 3개의 폭포가 있다는 사실도 잘 모르거나, 제1폭포만 보고 가는 경우가 대부분이다. 더러는 3개의 폭포를 다 보려고 마음먹은 사람도 제1폭포에서 물이 흘러내리지 않는 모습에 고개를 갸웃거리며 괜히 왔다고 중얼거리며 돌아가곤 한다. 우리는 대부분 폭포라고 하면 거대한 물줄기가 굉음을 내며 떨어지는 모습을 상상하기 때문이다. 하지만 천제연 제1폭포는 평상시 주상절리로 이루어진 절벽과 그 아래로 수심 21m에 달하는 웃소(제일 위에 위치한 물웅덩이)만 볼 수 있다. 천제연 제1폭포는 서귀포에 있는 50m 길이의 엉또폭포처럼 비가 와야만 폭포수가 밑으로 떨어지는 웅장한 모습을 볼 수 있다.

웅장하게 떨어지는 천제연폭포를 보지 못했다고 실망할 필요는 없다. 오히려 폭포수가 없어야 절벽 서쪽에 있는 담팔수를 제대로 볼 수 있기 때문이다. 담팔수는 추위에 약해 제주도에서만 서식하는 희귀한 나무로 1년 내내 빨간 단풍잎이 섞여 있는 모습을 보인다. 천제연폭포 주변에 지방기념물로 지정된 담팔수가 여러 그루 자생하고 있는데, 그중에서도 제1폭포 옆에 있는 담팔수는 나이가 600년에 높이만 13m에 달한다. 오랜 세월 거대한 모습을 유지하고 있는 이 담팔수는 예부터 신격화되어 제주도 사람들에 의해 모셔져왔다. 특히 담팔수는 신기하게도 동쪽으로만 가지가 자라 천제연폭포와 관련된 선녀 전설을 떠올리게 한다.

천제연은 예부터 옥황상제를 모시는 7명의 선녀가 물놀이를 즐기기 위해 내려오는 곳이라고 믿어왔다. 그래서 '옥황상제의 연못'이란 의미로 천제연(天帝淵)이라 이름 붙였다. 선녀가 내려와 물놀이를 즐긴다는 사실을 알게 된 사람들이 선녀의 알몸을 보기 위해 몰려들까 걱정된 담팔수는 동쪽으로만 가지를 뻗어 선녀를 보호하려 한 것은 아니었을까? 자신의 가지만으로는 선녀를 온전히 감출 수 없어 1년 내내 붉은색의 단풍을 만들어내고 있는지도 모르겠다.

── 효(孝)를 상징하는 천제연

천제연에는 옥황상제와 관련된 전설이 하나 더 있다. 중문에 살던 한 부부가 오래도록 아이를 낳지 못하자 옥황상제의 연못인 천제연에 와서 온갖 정성을 다해 기도를 올렸다. 이 기도가 하늘에 닿았는지 부부는 건강한 아들을 낳게 되었다. 아이는 부부의 사랑을 듬뿍 받으면서 건강하게 자랐다. 아이는 커갈수록 훤칠한 외모와 뛰어난 능력을 드러내며 부부와 주변 사람들로부터 큰 인물이 될 거라는 기대를 듬뿍 받았다.

그러나 뛰어난 능력에 비해 주변 환경은 이를 뒷받침해주지 못했다. 아버지가 일찍 죽으면서 소년 가장이 된 청년은 홀로 남은 어머니를 지극정성으로 모시며 힘들게 과거 준비를 했다. 하지만 서울에서 가장 멀리 떨어진 제주도의 특성상 과거시험의 출제 경향을 제대로 알지 못했던 청년은 과거 시험에 연거푸 낙방하는 아픔을 겪어야 했다. 청년은 낙방의 충격에서 벗어나기도 전에 어머니가 이름 모를 병에 걸려 앞을 보지 못하게 되었다. 자신의 입신양명보다는 어머니의 병을 낫게 하는 것이 더 중요하다고 생각한 청년은 하던 공부를 포기하고, 매일 천제연을 찾아와 옥황상제에게 어머니의 병을 낫게 해달라고 빌었다.

3년쯤 기도를 올렸을 무렵 하늘에서 "자신의 입신양명을 포기하고 어머니를 위해 지극정성으로 기도하는 모습에 깊은 감동을 받았다. 어머니의 병을 낫게 해줄 테니 앞으로도 많은 사람들이 본받을 수 있도록 행동하거라."라는 소리가 울려 퍼졌다. 하늘의 소리에 깜짝 놀란 청년이 집으로 달려가보니 병석에 누워 있던 어머니가 건강한 모습으로 부엌에서 밥을 짓고 있었다. 청년은 천제연에서 들은 내용을 어머니에게 들려주며, 앞으로는 자신의 입신양명을 위한 과거 공부를 하지 않겠다고 선언했다. 대신 어려운 사람을 도와주며 살겠다며 어머니에게 약속하고, 죽는 순간까지 자신보다 어려운 사람을 위해 희생하고 베풀며 살았다. 옥황상제 덕분에 태어나 하늘의 뜻을 실천하며 살아가는 청년에게 감동한 중문 지역의 사람들도 그를 본받아 어려운 이웃을 위해 희생하고 양보하는 삶을 살았다. 그 결과 서로 돕고 사는 아름다운 미풍양속이 제주도에 뿌리를 내렸다.

그리고 사람들은 효자 청년의 전설처럼 천제연이 옥황상제가 병을 낫게 해주는 장소라고 오랫동안 믿어왔다. 특히 백중과 처서(음력 7월 15일 무렵)에 제1폭포 절벽 동쪽의 동굴 천장에서 떨어지는 물을 맞으면 모든 병이 낫는다고 생각하고 이곳을 찾아오는 사람이 많았다. 이처럼 과거에는 많은 사람이 병을 치료하기 위해 천제연을 찾아왔지만, 현재는 안전사고의 발생을 막기 위해 제1폭포 웃소에 입수하는 것을 금지하고 있다.

천제연과 관련된 전설을 살펴보면 제주도의 자연환경과 깊은 연관을 맺고 있음을 알 수 있다. 화산섬인 제주도의 특성상 아무리 비가 많이 와도 지하로 빗물이 다 스며들기 때문에 생활용수를 구하기가 어렵다. 그나마 해안 저지대에는 지하수가 흘러나오는 곳이 있어 제

위 | 제1폭포
가운데 | 제2폭포
아래 | 제3폭포

주 사람들의 대부분은 해안가에 거주했다. 이런 의미에서 보았을 때 제1폭포 아래 소에서 1년 내내 깨끗한 용천수가 흘러나와 제2폭포와 제3폭포를 이룰 정도로 수량이 풍부한 천제연폭포는 제주도민이 삶을 영위하는 데 필요한 생활용수를 공급해주는 하늘과 같은 고마운 존재였다. 그리고 천제연의 깨끗한 물을 마시는 것만으로도 제주도민들은 건강한 삶을 영위할 수 있었다.

── 일제와 근현대사의 비극으로 훼손되다

옥황상제의 연못으로 신성시되던 천제연은 우리의 전통과 문화를 파괴하려는 일제에 의해 철저하게 훼손되었다. 현재 천제연 주차장 자리는 일제강점기 시절에 소와 돼지를 잡던 도살장으로 사용되었다. 오랜 세월 하늘이라 생각하며 신성하게 여기던 천제연에서 가축을 도살하는 행위는 우리의 전통과 풍습을 한순간에 짓뭉개는 행위였다. 이후 서로를 도와주며 이타적인 삶을 살던 제주도 사람들의 생활도 변하기 시작했다. 더 이상 천제연에 얽힌 칠선녀 이야기, 효자 이야기 등을 믿지 않으며 자신의 이익만을 위해 살아가는 사람들이 늘어나기 시작했다. 내가 살기 위해서 또는 자신의 신념을 지키기 위해서 타인의 생명을 빼앗는 일도 서슴지 않았다.

그 절정이 1949년 1월 4일이었다. 1949년 1월 4일 중문면 관내에 살던 주민 36명이 경찰과 서북 청년단에게 빨갱이라는 죄명으로 쇠줄로 목이 묶인 채 천제연폭포 근처에서 무참하게 살해당한 것이다. 아무 반항도 하지 못한 채 죽음을 맞이해야 했던 이들은, 2003년 노무현 대통령이 제주 4·3 사건은 국가 권력에 의한 대규모 희생임을 인정하고 사과하기 전까지 공산당이란 불명예를 져야 했다. 희생자 가족들도 수십 년 동안 빨갱이 가족이라는 누명에서 벗어나지 못하고 힘든 생활을 버텨야만 했다.

그러나 꼭꼭 숨겨놓았던 제주 4·3 사건의 진실이 하나둘 밝혀지면서 숨죽여 살았던 4·3 사건 희생자 중문 유족회는 2008년 천제연 입구에 위령비를 세웠다. 위령비에는 제주 4·3 사건 당시 희생당했던 786위 영령의 이름을 새겨놓았다. 위령비를 세우면서 유족들은 눈물을 흘리며 다시는 이런 일이 일어나지 않도록 바라고 있다. 그러나 지금 이 순간에도 천제연을 방문하는 사람들이 위령비를 눈여겨볼 것이라 자신 있게 말하기가 어렵다. 50년 가까이 제주도를 대표하는 중문 관광단지에서 제주 4·3 사건을 만날 것이라 생각하는 사람이 많지 않기 때문이다. 제주도 천혜의 자연인 폭포와 자생식물을 만날 수 있고, 오랜 세월 제주도 사람들의 성품을 보여주는 전설이 어려 있는 천제연폭포는 일제에 짓밟힌 근현대사의 아픔도 담고 있다.

아픔을 감춘 제주도의 비경

성산일출봉과 광치기해변

── 성산일출봉이 가진 의미

21세기가 시작되는 2000년에 군대를 제대한 나는 작은 텐트와 여행에 필요한 용품 몇 가지를 가방에 넣고 전국 무전여행을 떠났다. 강원도에서 경상도를 거쳐 부산에 도착한 나는 제주도를 가기 위해 저녁 무렵 여객선에 몸을 실었다. 여객선에서 하룻밤을 지새운 나는 해가 뜨기 전 이른 새벽에 갑판 위로 올라갔다. 13시간이 넘는 시간 동안 머무른 갑갑한 선실에서 벗어나는 순간, 바다 안개 사이로 갑자기 등장한 성산일출봉의 웅장한 모습은 20년이 다 되어가는 지금도 잊을 수 없는 장관으로 남아 있다. 이후 성산일출봉은 나에게 매우 특별한 곳이 되었다.

내가 제주도를 처음 방문하면서 마주하고 한눈에 반해버린 성산일출봉은 육지에서 폭발한 기생화산이 아니다. 성산일출봉은 5천 년 전 바닷속에서 폭발한 화산에 의해 형성된 지형인데, 제주도의 다른 오름에서는 쉽게 볼 수 없는 특이한 경관을 가지고 있다. 바다에서 분출되는 뜨거운 용암이 차가운 바닷물과 부딪치면서 형성된 성산일출봉 같은 수성화산은 급하게 식어버린 화산재가 분화구 둘레에 원뿔형으로 쌓이면서 독특한 형상을 만들어낸다. 제주도에는 도두봉, 송악산 같은 100여 개의 수성화산이 있으나 그중에서도 최고를 뽑자면 영주 10경(제주도에서 경치가 좋기로 꼽는 10곳)에 이름을 올린 성산일출봉이라 할 수 있다.

성산일출봉은 바다에서 만들어진 것이다 보니 처음에는 제주도와 연결되지 않은 작은 섬의 형태였다. 그러나 시간이 흐르면서 바닷물의 흐름이 변하며 성산일출봉과 제주도(신양리) 사이에 모래와 자갈이 쌓이기 시작했다. 작은 모래와 자갈이 오랜 세월 시나브로 쌓이면서 오늘날 너비 500m에 1.5km의 길이 만들어졌고, 성산일출봉은 제주도의 일부가 되어버렸다. 그리고 우리는 성산일출봉에 배를 타고 가지 않고 걸어서 올라갈 수 있게 되었다.

성산일출봉은 오랫동안 제주도를 상징하며 많은 사람에게 사랑받아왔다. 특히 제주도 동쪽에 위치한 성산일출봉은 아름다운 해돋이로 유명하다. 이름에도 나와 있듯이 분화구 위 99개의 바위 봉우리가 성처럼 보인다고 해서 성산(城山)이라 불렸다. 그리고 일출봉은 해돋이를 볼 수 있는 봉우리를 뜻한다. 두 가지를 합치면 성처럼 생긴 봉우리에서 아름다운 해돋이를 볼 수 있다는 의미가 된다.

7
장.

영주 10경으로 꼽힌 성산일출봉

성산일출봉이 아름다운 일출을 보여줄 수 있는 것은 바다에서 떠오르는 원초적인 자연 그 자체의 태양을 보여주기 때문이다. 만약 성산일출봉에 나무들이 우거져 있다면 오늘날과 같은 해돋이 장관을 볼 수 없었을 것이고, 지금과 같은 멋진 일출을 보는 감동도 주지 못했을 것이다.

── 인간에 의해 푸른 숲이 사라지며 상처를 입다

한편으론 성산일출봉에 숲이 없다는 사실이 아쉽고 안타깝기도 하다. 과거 성산일출봉은 수많은 나무로 울창했다. 그래서 성산일출봉의 또 다른 이름이 푸른 산이라는 뜻의 청산(靑山)이기도 했다. 성산일출봉이 과거 울창한 숲이었다는 사실은 역사 기록에 많이 나온다. 고려가 몽골에 항복하고 개경으로 환도할 것을 결정하자, 배중손이

제주도

이끄는 삼별초는 항복을 거부하고 진도로 내려가 여몽 연합군(고려와 몽골의 연합군)에 항전했다. 하지만 여몽 연합군의 공격을 막아내지 못하고 진도를 빼앗기자, 마지막 항전지로 제주도를 선택하고 삼별초는 주둔지를 옮겼다. 이때 삼별초를 이끌던 장수가 김통정이다.

김통정 장군은 배를 선착하기 어려울 정도로 급격한 해안절벽을 갖추고 있어 방어에 매우 적합한 성산일출봉에 토성을 쌓고 군대를 주둔시켰다. 이것은 성산일출봉 내에 마실 물과 밥을 짓는 데 필요한 땔감이 충분했음을 보여주는 것으로, 고려시대까지도 성산일출봉이 울창한 숲이었다는 사실을 우리에게 알려준다.

조선시대에도 임진왜란 당시 제주 목사 이경록이 수산진성(水山鎭城, 세종 때 방어를 위해 성산읍에 세운 성)을 성산일출봉으로 잠시 옮겼다. 이 당시 성산일출봉에 물이 부족하다는 문제로 다시 이전했다는 기록을 토대로 생각해본다면, 성산일출봉이 조선 중기까지만 해도 숲의 형태를 띠었음을 추측할 수 있다. 그러나 제주도 인구가 증가하면서 땔감이 부족해지자 성산리 인근에 살던 사람들이 성산일출봉의 나무를 벌채하면서 숲이 사라지고, 지금은 억새 같은 식물군락만이 남게 되었다.

그러나 인간에 의한 성산일출봉의 훼손은 여기서 끝나지 않았다. 자연이 만들어놓은 성산일출봉은 전쟁을 수행하기 위한 최적의 요새로 끊임없이 등장하고 활용되었다. 일제강점기 말인 1943년, 일제는 성산일출봉 해안 절벽에 24개의 인공 동굴을 만들어 태평양 전쟁의 막바지 전투를 대비했다. 미국과의 전쟁에 연신 패배하면서 위기에 몰린 일제가 제주도를 일본 본토를 지킬 최후의 군사기지로 삼은 것이다. 특히 성산일출봉에 가미카제를 숨겨놓고자 했다. 가미카제란 태평양 전쟁에서 물자가 많이 부족했던 일제가 운영했던 자살특공대다. 정상적인 방법으로는 미국 함대를 맞설 수 없었던 일제의 마지막 발악이었다. 보통 가미카제라고 하면 폭탄이 장착된 비행기를 몰고 미국 함대를 향해 날아들던 모습만을 떠올리지만 그것만이 전부는 아니었다. 일제는 폭탄과 어뢰를 실은 쾌속정으로도 자살특공대를 만들었다.

성산일출봉은 큰 함선을 정박하는 군사시설로 활용하기에는 무리가 있지만, 자살 공격을 목표로 하는 작은 쾌속정을 숨기기에는 아주 최적의 장소였다. 더욱이 광치기해변에서 보이는 성산일출봉의 해안절벽은 망망대해에서는 잘 보이지 않는다는 지리적 이점도 있었다. 지금도 광치기해변에서 성산일출봉을 바라보면 일제가 만들어놓은 인공 동굴을 어렵지 않게 발견할 수 있다. 만약 미국과의 전쟁이 이루어졌다면 우리는 성산일출봉을 보지 못했을 수도 있다.

더욱이 쾌속정을 숨겨놓기 위한 동굴을 만드는 것은 일제의 몫이 아니었다. 성산리 주민들이 생계 활동을 하지도 못한 채 일제에 강제 동원되어 만들어야 했다. 동굴을 만들기에 열악한 장비와 함께 안전을 보장해줄 보호구 하나 없이 해안절벽에 나가서 단단한 돌을 부수는 일에는 엄청난 고생과 희생이 따랐다. 이 당시 일제에 동원되어 동굴을 만드는 일이 얼마나 고되고 힘들었는지, 성산리에 살던 많은 사람들이 살아남기 위해 다른 마을로 도망쳤다고 한다. 제주도를 여행하면서 느끼는 것 중의 하나가 제주도에는 이처럼 아픔과 고통이 없는 장소가 없다는 것이다.

썰물 때 넓은 광야가 보인다고 해서 이름 붙여진 광치기해변

── 제주도민의 어려웠던 과거를 품은 광치기해변

전쟁과 수탈이 아니어도 제주도가 살기 어려웠음을 보여주는 장소 중의 하나가 광치기해변이다. 지금은 올레길 1코스의 마지막 구간이면서 2코스의 시작점이 된 광치기해변은 아름다운 절경을 볼 수 있는 명소지만, 과거에는 가족을 잃은 제주도민의 슬픔을 대변하는 장소였다.

광치기가 '빛이 흠뻑 비친다' 또는 '썰물 때 드넓은 평야가 펼쳐지는 모습이 광야 같다'고 해서 붙여진 이름이지만, 이름에 대한 또 다른 이야기도 전해진다. 조선시대에 제주도가 타 지역에 비해 심한 차별과 가혹한 수탈을 계속 당하자, 많은 제주도민들이 뭍으로 도망치기 시작했다. 이에 당시 조정은 제주도 사람들이 뭍으로 도망치는 것을 막기 위해 선박 건조를 막았다. 바다에서 물고기를 잡아 생계를 유지해야 했던 제주도 사람들은 배를 만들지 못하게 되자 어쩔 수 없이 토막 낸 삼나무를 가지고 뗏목(제주도 말로 떼배)을 만들어 바다로 나가야 했다. 그러나 뗏목은 조금만 풍랑이 일어도 금방 뒤집혀 물고기를 잡으러 나간 어부들이 바다에 빠져 목숨을 잃는 일이 비일비재하게 일어났다.

풍랑을 만나 뗏목이 난파되고 어느 정도 시간이 지나면 죽은 어부들의 시신이 광치기해변으로 흘러들어왔다. 그래서 고기를 잡으러 간 남편과 아들이 돌아오지 않으면 제주도의 남은 식구들은 이곳 광치기해변에 몰려들어 눈물을 삼키며 하염없이 시신이 밀려오기를 기다려야 했다. 그러다 시신을 발견하면 미리 만들어놓은 관에 넣어 장례를 치렀다. 그래서 관을 가지고 죽은 가족을 기다리는 장소라는 의미로 광치기해변이라 불렸다. 성산일출봉과 광치기해변의 아름다운 풍경에 마음을 빼앗기다가도, 조금만 고개를 돌려보면 곳곳에 서려 있는 아픔에 가슴이 먹먹해지기도 한다.

하늘과 인간을 이어주는 산
한라산

── 늘 꿈꾸던 한라산 등정

군대를 제대하고 약간의 경비를 마련한 후 전국 일주를 떠났다. 강원도와 경상도를 거쳐 배를 타고 제주도에 도착했을 무렵, 피곤함에 파김치가 된 나는 한라산 등정은 생각지도 못했다. 신혼여행으로 제주도에 왔을 때도 한라산 등정은 여행 코스에 있지 않았다. 교사가 된 이후 학생들을 인솔해 제주도로 수학여행을 여러 번 갔지만, 역시 한라산 등정은 여행 일정에 포함되지 않았다. 그래서 늘 가슴 한쪽에는 백록담을 눈에 담고 싶은 마음이 가득했다. 특히 텔레비전에서 백록담이 소개되거나 드라마의 배경으로 등장할 때마다 왜 아직도 백록담을 가지 않느냐고 가슴이 미친 듯이 요동쳤다. 그러나 어린 두 딸을 데리고 한라산을 오른다는 것은 현실적으로 쉽지 않은 일이었다.

그러던 중 초등학생이 된 두 아이가 제주도에 가고 싶다는 말에 '이때가 기회다!'라는 생각으로 가장 덥다는 8월에 한라산 백록담을 향해 가족과 출발했다. 초등학생인 두 딸을 위해 백록담에 오르기 가장 쉽다는 성판악 코스로 등산 경로를 선택하고 아침 일찍 숙소에서 나왔다. 일찍 숙소를 나왔으니 주차하는 데 큰 문제가 없을 거라고 생각했으나 아주 큰 오판이었다. 8시 30분에 성판악에 도착하니 이미 주차장은 차들로 가득 차 있었다. 가족들을 성판악 입구에 내려준 뒤 수백m를 되돌아가서 도로변에 한 줄로 정차된 다른 차들을 따라 주차를 했다. 도로변에 차를 세워둔 것이 계속 맘에 걸렸지만, 한라산 등정을 포기할 순 없었다.

성판악 입구에서 샘터까지는 평탄한 코스라 삼림욕을 하는 느낌으로 상쾌하게 걸을 수 있었다. 그러나 샘터를 지나자 고생이 시작되었다. 다리가 아프다며 그만 올라가자고 투정 부리는 아이들을 다독이는 것이 산에 올라가는 것보다 더욱 힘들었다. 두 아이를 앞에서 당기고 뒤에서 밀면서 올라가다 보니 나도 체력에 무리가 오기 시작하면서 점차 쉬는 횟수가 늘어났다. 쉴 때마다 연신 물을 찾는 아이들에게 생수를 먹이면서 가벼워지는 가방의 무게에 처음에는 즐거웠다. 그러나 가져간 생수가 줄어들수록 아이들에게 줄 물도 없어지고 있다는 사실에 초조하고 불안해졌다. 힘들어하는 아이들에게 물까지 먹이지 못한다면 분명 내려가자고 떼를 쓸 것이고, 나는 그 상황을 감당할 자신이 없었다.

다행히 샘터에서 생수병에 물을 다시 채울 수 있었다. 그러나 백

온난화로 죽어가는 한라산의 구상나무

록담을 볼 수 있을 거라는 자신감은 점점 희미해져갔다. 또한 한라산 등정은 진달래 밭에 도착하기 전까지 너무 재미가 없었다. 지리산처럼 능선을 타면서 주변 경관을 둘러보는 코스가 없어, 나무 밑에서 하늘도 보지 못한 채 수많은 돌을 밟으며 걷는 단조로움에 가족 모두가 지쳐갔다. 그러나 진달래밭 대피소를 통과하자 한라산의 모습이 달라졌다. 올라오면서 보지 못했던 파란 하늘과 구름이 내 눈앞에 마술처럼 갑자기 펼쳐졌다. 탁 트인 시야 속에 제주도의 전체적인 모습이 한눈에 들어오면서 한라산의 참모습도 만날 수 있었다. 성판악 입구에서 진달래밭 대피소까지는 정상을 보여줄 듯 보여주지 않는 수줍은 모습이라면, 백록담에 가까워진 한라산은 거친 야성미를 발산하고 있었다. 특히 한라산 정상에 있는 구상나무 숲은 다른 산에서는 볼 수 있는 모습이 아니라서 더욱더 기이하고 신기했다.

── **백록담과 관련된 여러 설화**

백록담에 가까워질수록 백록담과 제주도에 얽힌 설화가 생각났
다. 옥황상제 셋째 딸이던 설문대할망은 호방한 면모가 있었고 호기
심이 많았다고 한다. 설문대할망은 호기심을 이기지 못하고 하늘과
땅을 떼어놓았고, 그 죄로 하늘 아래로 쫓겨나게 되었다. 하늘에서 쫓
겨난 설문대할망은 자신이 머물 곳을 마련하기 위해 육지의 흙을 두
손으로 퍼 담아 바다 한가운데에 쏟아붓기 시작했다. 덩치가 매우 컸
던 설문대할망이 몇 번에 걸쳐 바다로 흙을 나르자 그곳은 곧 섬이 되
었다. 이 섬이 바로 제주도다. 설문대할망이 흙을 옮기던 중 여기저기
조금씩 떨어진 흙은 작은 오름이 되었다. 제주도에는 오름의 개수가
360여 개에 달하니 설문대할망이 마음이 급했거나, 아니면 덤벙대는
성격이었나 보다. 설문대할망이 육지의 흙을 날라다 제주도를 만들고
찬찬히 바라보니 한라산이 너무 높은 것 같아 정상 부분을 한 줌 퍼내
어 서남쪽에다 쌓아두었다. 그래서 한라산 정상에는 움푹 파인 자국
에 백록담이 생기고, 서남쪽에는 한라산 정상에서 옮겨진 흙이 산방
산이 되었다고 한다.

제주도 설화를 생각하며 걷다 보니 어느덧 한라산 정상이 보였
다. 백록담에 가까워질수록 몸은 힘들어도 올라오기를 잘했다는 생각
이 들었다. 구름보다 더 높은 곳에 있다는 것만으로도 마치 내가 신선
이 된 듯한 착각에 빠질 정도로 한라산 정상은 매력적이었다. 그리고
백록담에 가까워질수록 다른 새들은 보이지 않고 까마귀만 보였다.
한라산 정상에 있는 까마귀를 보자 고구려의 삼족오가 자연스레 연상
되었다. 삼족오는 발이 3개 달린 상상 속의 까마귀로, 예부터 우리 민

위 | 물이 있는 모습을 접하기 힘들다는 백록담
아래 | 거친 바위와 까마귀만 존재하는 한라산 정상

족을 상징하는 성스러운 새였다. 태양을 상징하는 삼족오는 고구려가 하늘의 자손이라는 것을 증명하는 존재로, 고분이나 깃발 등 과거 유물에서 쉽게 만나볼 수 있다. 하늘과 인간을 연결해주는 삼족오처럼 백록담 근처에서 까마귀만 보이는 것은 한국인이 하늘의 선택을 받은 민족임을 보여주는 증표가 아닐까?

나는 한국의 영산이라 불리며 민족의 정기가 어려 있는 한라산 정상에 까마귀가 있다는 것에 특별한 의미를 부여하며 혼자 생각에 잠겼다. 특히 진달래밭 대피소에서 만난 까마귀는 내가 태어나서 가장 가까이에서 마주한 까마귀였다. 생각보다 크고 온순한 까마귀가 우리를 가만히 내려다보고 있었는데, 새까만 눈동자는 혐오스럽거나 무서운 느낌이 아니었다. 오히려 깊은 울림을 주는 맑은 느낌이었다.

한라산 정상에 올라서자 백록담이 보였다. 백록담에 물이 고여 있는 것은 보기 어렵다고 하는데, 첫 번째 등정에서 백록담 물을 봤다는 것만으로도 큰 복을 받은 것 같았다. 한라산에 올라가면서 비도 맞지 않고 백록담도 봤으니 우리 가족에게 오래도록 잊지 못할 최고의 기억으로 남을 거라 생각했다. 실제로 몇 해가 지난 지금도 아이들은 백록담 이야기만 나오면 무슨 할 말이 그리 많은지 쉬지 않고 재잘거린다.

백록담에 전해 내려오는 재밌는 설화가 여러 개 있는데, 그중 가장 재미난 설화는 옥황상제를 화나게 한 산신 이야기다. 아주 오래전 하늘의 선녀들이 백록담에 내려와 목욕하는 것이 너무도 궁금했던 한라산의 산신이 호기심을 참지 못하고 선녀들이 목욕하는 모습을 몰래 훔쳐보다 들켜버렸다. 이에 화가 난 옥황상제가 산신을 흰 사슴으로 만드는 벌을 내렸다. 이후 흰 사슴이 된 산신은 매일 백록담에 올라와 자신의 경솔했던 행동으로 사슴이 된 것을 후회하며 슬피 울었다고 해서 사람들이 백록담(白鹿潭)이라 이름 지었다.

또 다른 이야기로는 한 사냥꾼이 한라산 정상에 올라와보니 많은 사슴이 뛰어다니고 있었다고 한다. 사냥꾼은 빨리 사슴을 잡고 싶은 마음에 사슴 무리를 향해 활을 쏘았다. 사냥꾼이 쏜 화살이 날아오자 위험을 직감한 사슴들은 재빨리 피했고, 사슴 무리 속에서 한가로이 여유를 즐기던 애꿎은 옥황상제만이 미처 피하지 못하고 화살에 맞아 버렸다. 활을 맞은 옥황상제는 한라산 봉우리를 잡아 집어 던질 정도로 심한 고통에 몸부림을 쳤다. 이때 옥황상제에게 봉우리가 뽑힌 자리는 백록담이 되었고, 아래로 던져진 한라산 정상은 산방산이 되었다고 한다.

이처럼 해학적인 설화를 가진 백록담은 오늘날 많은 사람들의 방문으로 몸살을 앓고 있다. 방문객의 무게를 감당하지 못하고 산 일부가 무너지고 있는 것이다. 그래서 현재는 무너진 방향의 진입로를 막아 백록담으로 가는 방문객의 입장을 통제하고 있다. 그래도 다행인 것은 자연은 스스로 치유할 수 있는 능력을 갖추고 있다는 점이다. 우리의 한라산이 빨리 쾌유해 건강한 모습을 다시 보여주기를 기대해본다.

노름빛으로 사람이 살게 된 섬

마라도

── **가슴을 먹먹하게 만드는 애기업개 전설**

개그맨 이창명이 마라도 앞바다에서 "짜장면 시키신 분"이라고 외치는 광고가 인기를 얻은 이후로 많은 사람이 마라도 하면 짜장면을 떠올린다. 그러나 마라도에서 짜장면을 팔거나 물질을 통해 생계를 꾸려나가는 사람이 오래전부터 있었던 것은 아니다. 마라도는 배를 선착하기 어렵고, 다른 제주도 지역보다 바람도 매우 거세다. 또한 마라도는 천천히 걸어도 1시간이면 섬을 다 둘러볼 정도로 크지 않으며, 무엇보다 식수를 구하는 일이 매우 어렵다. 그래서 예부터 마라도는 어부들이 잠시 쉬어 가거나 해녀들이 물질을 하는 곳일 뿐 사람들이 거주하는 섬이 아니었다.

사람이 거주하진 않았지만 거친 바다에서 생존을 이어가야 했던 제주도 사람들에게 마라도는 없어서는 안 되는 꼭 필요한 섬이었다. 하지만 내륙으로 도망가지 못하도록 선박 건조가 금지되었던 조선시대에 뗏목으로 마라도에 건너가 물고기를 잡는 것은 목숨을 잃을 정도로 어렵고 위험한 일이었다. 그래서인지 마라도에는 제주도에 살던 사람들의 애환이 어려 있는 애기업개 전설이 내려온다.

애기업개의 전설은 수백 년 전 제주도 모슬포에 살던 한 여인이 우물에서 여자아이의 울음소리를 듣는 것에서 시작된다. 여인은 버려진 아이를 집으로 데려와 친딸처럼 정성스럽게 키웠다. 여자아이는 가족의 사랑을 받으며 무럭무럭 자랐지만, 여인이 친자식을 낳게 되자 상황이 변해버렸다. 주워온 여자아이는 더 이상 사랑받는 존재가 아닌, 집안의 허드렛일을 도맡아야 하는 더부살이 신세가 되었다. 마을 사람들은 이 여자아이를 애기업개(아기를 업는 천이나 띠)라 부르며 안쓰러운 마음에 바다로 데려가 물질을 가르치며 돌봐주었다.

애기업개가 어느 정도 물질을 할 수 있게 되자 해녀들은 더 좋은 해산물을 채취할 수 있는 마라도로 데려갔다. 애기업개와 해녀들이 마라도에서 열심히 해산물을 채취하고 나오려는 순간, 바다의 신이 무엇에 화가 났는지 거센 바람을 불어 뗏목을 띄울 수 없게 만들었다. 해녀들은 바람이 잠잠해지기를 기다렸지만, 여러 날이 지나도 멈출 생각을 하지 않고 더욱더 거세어졌다.

집으로 몇 날 며칠을 돌아가지 못하자 해녀들은 죽음에 대한 공포로 온몸을 떨어야 했다. 그 와중에 해녀 여럿이 애기업개를 마라도에 두고 가면 안전하게 집에 갈 수 있게 해준다는 꿈을 꾸었다. 해녀

거친 파도와 바람으로 가득한 마라도

들은 이를 신의 계시로 생각하고 애기업개를 무리에서 떼어놓기 위해
애기업개에게 바위에 널어놓은 기저귀를 가져오라고 거짓말을 했다.
아무것도 모르는 착한 애기업개가 선착장에서 멀리 떨어진 바위에 널
어놓은 기저귀를 향해 뛰어가자 거짓말같이 바람이 잠잠해졌고, 해녀
들은 이 기회를 놓치지 않고 뗏목을 타고 바다로 나아갔다. 뒤늦게 자
신이 버려진 것을 안 애기업개는 해녀들을 쫓아가며 자신도 데려가달
라고 울부짖었으나, 해녀들은 귀를 막은 채 뒤도 돌아보지 않고 묵묵
히 자신들의 집으로 향해 갔다.

　　해녀들은 애기업개에 대한 미안함과 신에 대한 두려움으로 한동
안 마라도에 가지 않았다. 그러나 먹고살기 어려운 현실 때문에 해산
물이 풍부한 마라도에서의 어업을 포기할 수는 없었다. 결국 마라도
를 다시 찾은 해녀들은 애기업개가 쓰러져 울부짖던 자리에 놓여 있

던 뼈를 보고 미안함과 후회로 고개를 들 수 없었다. 해녀들은 뒤늦게 나마 사죄하는 마음으로 애기업개의 장례를 치르며 자신들의 잘못을 빌었다. 애기업개가 해녀들을 용서했는지 아니면 사람이 그리워서 그 랬는지 모르겠지만, 제를 올리는 순간 마라도의 앞바다가 잠잠해졌다. 이후 해녀들은 안전한 물질을 위해 애기업개의 뼈가 있던 곳에 할망당(제주 말로 할망은 여자를 의미)을 만들어 할망신에게 제를 올렸다.

하지만 할망당에 제를 올리는 전통이 지켜지는 과정이 순탄치만은 않았다. 일제강점기 시절에는 우리의 전통과 문화를 말살시키려는 정책에 따라 제를 올리는 것이 금지되었고, 1976년에는 읍사무소와 관음사 직원들이 할망당을 부수고 불당을 세우기도 했다. 하지만 사람들이 할망당을 부수려고 할 때마다 해녀들의 꿈에 할망신이 나타나 춥다고 호소했다고 한다. 제주도 해녀들은 아직도 할망신에게 제를 올리고 있다.

── 사람이 살면서 변화된 마라도

현재 마라도에는 120여 명의 사람이 터를 잡고 살아가고 있지만, 이곳에 사람이 살기 시작한 역사는 그리 오래되지 않았다. 1883년부터 마라도에 사람이 살기 시작했으니 불과 130여 년의 짧은 역사를 가지고 있을 뿐이다. 마라도에 사람이 거주하게 된 과정이 독특하다. 1800년대 후반 제주도 대정에 김성오라는 사람이 살고 있었다. 김성오는 노름으로 가산을 모두 탕진하고 처자식과 거리에 나앉아 어디에도 갈 곳이 없었다. 측은지심인지 조롱인지 모르겠지만, 마을 사람들은 김성오에게 마라도에 가서 살라고 말했다.

마라도에 사람이 살 수 있게 도와주었던 습지

　　예부터 마라도는 인간의 거주를 허락지 않았지만, 생사의 기로에
선 김성오에게 마라도 외에는 다른 선택지가 없었다. 김성오는 마을
사람들의 말을 듣자마자 대정 현감으로 있던 심원택을 찾아갔다. 현감
심원택은 아무런 가치가 없던 마라도에 누가 살든지 관심이 없었기에
특별한 반대 없이 김성오에게 거주와 개간을 허락해주었다. 이후 김성
오가 마라도에서 화전을 일구며 살아가자, 제주도의 가난한 백성들도
자신만의 땅을 찾아 하나둘 마라도로 들어오기 시작했다. 이후 마라도
는 수백 명이 어업에 종사하며 살아가는 마을로 성장했다.

　　그러나 마을이 생기는 과정에서 마라도의 자연환경이 크게 변해
버렸다. 사람이 거주하기 전에 마라도는 우거진 숲이었다. 그런데 사
람들이 화전을 일구기 위해 숲을 태우기 시작하면서 마라도는 현재
나무가 없는 섬이 되어버렸다. 화전으로 마라도의 자연환경이 훼손된

것에 대한 핑계일까? 마라도에 나무가 없어진 잘못을 뱀에게 전가하는 전설이 내려온다. 전설에 따르면 화전민이 밤에 퉁소를 불자, 마라도의 많은 뱀이 소리를 쫓아 마을로 몰려왔다고 한다. 너무 많은 뱀이 민가로 몰려오자 겁에 질린 화전민들이 뱀을 내쫓으려 불을 피우다 실수로 숲 전체를 태워버렸다는 것이다. 이 전설은 150여 년 전 우리 인간이 자연을 훼손하고 있다는 사실을 인지하고, 죄책감에서 벗어나고자 하는 면죄부를 스스로에게 주는 듯하다.

── 대한민국에 없어서는 안 되는 중요한 섬

김성오가 들어오면서 태곳적부터 이어져왔던 마라도의 자연이 파괴되는 아픔을 겪었지만, 나는 김성오라는 사람에게 고맙기만 하다. 오늘날 중국이 이어도를 자국의 영토라고 주장하는 시점에서 마라도에 사람이 살지 않았다면, 중국은 마라도까지 중국의 영토라고 주장했을지 모른다. 만리장성의 동쪽 끝이 평양이라고 주장하는 중국의 동북공정을 봤을 때 충분히 가능성이 있다. 중국은 자국의 이익을 위해서라면 언제든지 엉뚱한 논리를 내세우며 억지 주장을 내세운다. 그런 의미에서 한국인이 거주하는 대한민국의 최남단 마라도의 지리적 위치는 매우 중요하다. 이어도가 중국 영토보다 대한민국 마라도에 더 가까이에 위치하면서, 중국이 이어도를 자신의 영토라는 억지 주장을 막을 수 있는 중요한 근거가 되기 때문이다. 그래서 마라도는 대한민국을 대표하는 관광지를 넘어 우리의 영토를 수호하는 섬이다.

특히 마라도 등대는 영토 수호의 측면에서 매우 중요하다. 마라도 등대는 1915년 일제가 군사적인 목적으로 세운 이후, 오늘날 동중

항해 지도에 절대 빠지지 않는 마라도 등대

국해와 제주도 남부해역을 오가는 선박에 없어서는 안 될 매우 중요한 안내자 역할을 하고 있다. 항해용 지도에서 제주도가 빠지는 경우는 있어도 마라도 등대는 꼭 표시되는 이유다. 1987년 등대를 개축한 이후로는 48km 떨어진 해상에서도 마라도 등대의 불빛을 볼 수 있다고 하니, 망망대해의 어두운 밤을 헤쳐 나가야 하는 배에선 없어서는 안 될 꼭 필요한 등대다. 이처럼 마라도와 인근 바다가 우리의 영토임을 세계인에게 확인시켜주며 대한민국을 알리는 등대이기도 하다.

마라도는 작은 섬이지만 우리가 부여할 수 있는 의미가 매우 많다. 대한민국 국민으로서 현실적 여건이 가능하다면 꼭 마라도를 가보라고 말하고 싶다. 마라도에서 짜장면을 먹는 것도 좋고, 마라도에 얽힌 전설과 의미를 생각하며 뜻깊은 시간을 보내는 것도 좋다. 무엇보다 한반도 최남단을 거쳐 나중에 통일된 한국의 최북단을 가보면 좋겠다. 이것은 내 여행의 최종 목표이기도 하다.

제
주
도

참고자료 ⌇

최정규 외 3인, 『죽기 전에 꼭 가봐야 할 국내 여행 1001』, 마로니에북스,
    2016
한국문화유산답사회, 『답사여행의 길잡이』 시리즈, 돌베개, 2004

경교장복원범민족추진위원회(kyungkyojang.or.kr)

경주교촌마을(gyochon.or.kr)

과천시 추사박물관(chusamuseum.go.kr)

광한루원(gwanghallu.or.kr)

네이버 지식백과(terms.naver.com)

다음백과(100.daum.net)

대한민국 구석구석(korean.visitkorea.or.kr)

대한불교조계종 제19교구본사 지리산대화엄사(hwaeomsa.com)

두피디아(doopedia.co.kr)

문화재청 조선왕릉(royaltombs.cha.go.kr)

문화재청 종묘관리소(jm.cha.go.kr)

부석사(pusoksa.org)

비짓제주(visitjeju.net)

삼척문화관광(tour.samcheok.go.kr)

송광사(www.songgwangsa.org)

승동교회(seungdong.or.kr)

양양 관광(tour.yangyang.go.kr)

영주무섬마을(musum.kr)

우리역사넷(contents.history.go.kr)

우포늪(upo.or.kr)

운현궁(unhyeongung.or.kr)

정림사지박물관(jeongnimsaji.or.kr)

철암탄광역사촌(cheolamart.com)

청평사(cheongpyeongsa.co.kr)

푸른수목원(parks.seoul.go.kr/pureun)

한국학중앙연구원(www.aks.ac.kr)

해미순교성지(haemi.or.kr)

저자가 직접 찍은 사진 외 이미지 출처

47쪽   경희궁의 옛 사진: 서울역사박물관

74쪽   용문사 대웅전: 용문사

115쪽   세한도: 국립중앙박물관

157쪽   월인석보: 국립중앙박물관

203쪽   진천농다리: 문화재청

229쪽   각황전 앞 석등: 문화재청

231쪽   화엄사 각황전: 문화재청

300쪽   무량수전: 셔터스톡

방구석 역사여행

초판 1쇄 발행 2020년 6월 16일
초판 2쇄 발행 2020년 11월 26일

지은이 | 유정호
펴낸곳 | 믹스커피
펴낸이 | 오운영
경영총괄 | 박종명
편집 | 김효주 최윤정 이광민 강혜지 이한나
디자인 | 윤지예
마케팅 | 송만석 문준영
등록번호 | 제2018-000146호(2018년 1월 23일)
주소 | 04091 서울시 마포구 토정로 222 한국출판콘텐츠센터 319호(신수동)
전화 | (02)719-7735   팩스 | (02)719-7736
이메일 | onobooks2018@naver.com   블로그 | blog.naver.com/onobooks2018
값 | 19,800원
ISBN 979-11-7043-090-2 03980

이 도서의 국립중앙도서관 출판예정도서목록(CIP)은 서지정보유통지원시스템 홈페이지(http://
seoji.nl.go.kr)와 국가자료종합목록 구축시스템(http://kolis-net.nl.go.kr)에서 이용하실 수 있습
니다.(CIP제어번호 : CIP2020019271)